人はなぜ憎しみあうのか

The Human Swarm
How Our Societies Arise, Thrive, and Fall

マーク・W・モフェット
Mark W. Moffett

小野木明恵 訳

「群れ」の生物学 上

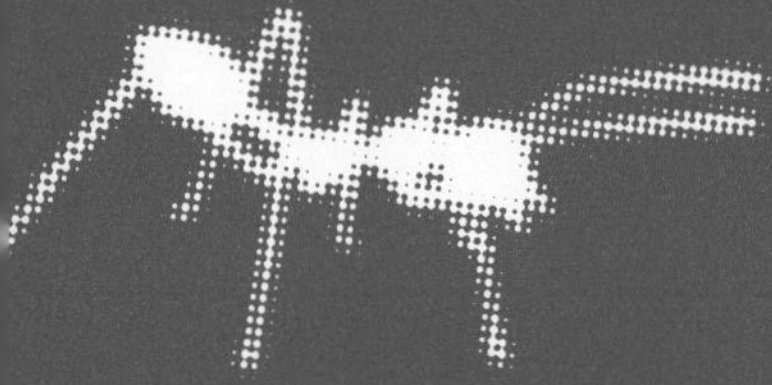

早川書房

人はなぜ憎しみあうのか〔上〕

——「群れ」の生物学

THE HUMAN SWARM

How Our Societies Arise, Thrive, and Fall

by

Mark W. Moffett

Translated by

Akie Onoki

First published 2020 in Japan by

Hayakawa Publishing, Inc.

This book is published in Japan by

arrangement with

Mark W. Moffett c/o The Stuart Agency

through The English Agency (Japan) Ltd.

本書を三人の素晴らしい人物に捧ぐ。

ひとりは、私の師であるエドワード・O・ウィルソンに。詩心があり、科学の多岐にわたる分野を何十年もかけて結びつけ、私のささやかな研究者人生をはじめ、多くの人のキャリアを根気強く支えてくださった。

そして、偉大なる故アーヴ・デヴォアに。さまざまな世代の人類学者たちに批判的な思考をせよと説き、私のような生物学者との会話に何時間も付き合ってくださった。

そして、私のことを信じてくれている素敵な妻そしてパートナーであるメリッサ・ウェルズに。

それでは、われわれの国の支配者たちにとって、国家の大きさをどれだけのものにすべきか、そしてどれくらいの領土をそこに収め、それ以上の土地には手を出さずにいるべきかについての最も適切な基準とは何なのですか、とたずねた。

君ならどういう基準を考えるか。

私なら、国家の統一性が保たれるかぎりまでなら大きくできるとします。すなわち、それが適切な基準です。

とてもよろしい、と先生は答えた。

プラトン『国家』

目次

◉下巻目次

序　章

私たちの種が存在するかぎり、自分たちと同じ社会に所属しない者たちは、人々の心のなかでは非人間的な何かに、さらには一種の害虫とまでもみなされるだろう。よそ者は、虫けらのように踏みつけても構わない卑しい存在とみなされるという現象は、どの時代にもあるものだ。

一八五四年のワシントン準州で起こったことを思い出そう。スカミッシュの長であり新たに建設された町と同じ名前をもつシアトル首長は、先頃、準州の知事に任命されたアイザック・スティーヴンズが部族の長老たちの前でこう命じるのを聞いた。スカミッシュは居留地に移動せよ。シアトルは立ち上がり、やせぎすの知事を見下ろした。母語のドゥワミッシュ語で、両者の社会のあいだにある溝を嘆き、スカミッシュはもう長くは存続できないとの認識を述べた。それでもなお平静を保っていた。「部族は部族に従い、国家は国家に従う。ちょうど海の波のように。これは自然の秩序であり、後悔しても無駄である」[1]

私は、フィールド生物学者として自然の秩序について考えることを生業としている。これまで長年、社会という概念について考察し、人間の部族社会や国家を探索してきた。気づくといつも、異質さというものに興味をそそられている。すなわち、個々のあいだにある客観的に見ればわずかなちがいが人々を隔てる大きな溝になり、生態環境から政治にいたるあらゆる細かな分野へと枝分かれする現象である。本書『人はなぜ憎しみあうのか』の目的は、人間社会をはじめとする動物社会の性質を調べることによって、こうした幅広い現象をできるかぎり理解することである。私の主張は、人間の社会は、私たちがあまり信じたくないほどまでに、社会性昆虫の社会に似ているというものになるだろう。

人間の社会においては、どのような小さなことも異質さを示すものになりうる。私がインドで正しくないほうの手で食事をしたときや、イランで肯定のつもりで、地元の人には否定の意味に映る首を縦に振るしぐさをしようとしたとき、人々から腹立たしげな顔を向けられた。ニューギニアの高地では一面の苔の上に座り、村人たちと一緒に、自動車のバッテリーから電源を取った古いテレビで『マペット・ショー』を観た。私がアメリカから来たことと、『マペット・ショー』がアメリカの番組であることが知られていたので、彼らの崇拝する豚がドレスとハイヒールという出で立ちで画面のなかでワルツを踊っている場面になると、男も女も全員が私の顔をいぶかしげにのぞき込んだ。スリランカで起こったタミル民族紛争の最中、マシンガンを向けられながら自己紹介した。ボリビアでは、用心深い役人たちが、このとても風変わりな男は誰で、この国で何をしているのか——あるいは何をする許可を与えるべきか——と検討している前で冷や汗をかいた。自分の国では、自分と同じアメリカ人たちが、同様の不愉快な面持ちや、当惑した表情や、ときには怒った顔でよそ者たちにたいしてふるまっているのを何度も見てきた。どちら側も、あの人はなんて変わっているのだろうと、原始時代のような反応を見せているのだ。二本の腕と二本の脚をもち、愛や故郷や家族を大切にする人間という、はるかに深い類似点があるにもかかわらず。

『人はなぜ憎しみあうのか』において私は、社会の一員であることとは、人種や民族などと並んで自己意識を構成する特定の要素、すなわち同じものを優先させ、同じ感情を引き起こすことのできる帰属感であると（特に最後のほうの章で）考察している。私たちのアイデンティティにある他の側面と比較して、社会――および民族や人種――のもつ意味がここまで強くなっていることは、ばかげたことのように思われる。たとえばノーベル賞を受賞した経済学者で哲学者のアマルティア・センは、人が、自身のアイデンティティを崩壊させて、他のすべてに優先する集団に納まるのはなぜかを理解しようと取り組んでいる。ルワンダにおける破滅的な対立を典型的な例に取り、「[首都の]キガリ出身のフツの労働者たちは、自身をフツとしてのみとらえて、ツチを殺すように駆り立てられていたのかもしれないが、それでも彼らは、フツであるだけでなく、キガリ人、ルワンダ人、アフリカ人、労働者、人間でもあったのだ」という事実を嘆いている。[2] こうした類いの崩壊が『人はなぜ憎しみあうのか』のテーマのひとつだ。ある社会が拠って立つものは何かということについての信念に対立が生じると、疑念が高まり絆が失われるものである。

「同族意識《トライバリズム》」、すなわち、カーレースや気候変動否定論など何かによって人々が結びつけられることを意味する用語が、ここで頭に浮かんでくる。[3] だいたいこのような文脈で使われる同族・部族という概念は、ベストセラーの本でよく取り上げられるテーマである。しかし、ニューギニアの高地人たちの部族や、私たち自身と社会との結びつきという観点から見た同族意識について語るときに頭にあるのは、長年にわたる帰属感から愛や忠誠心がどのように生まれてくるかだけでなく、そうした帰属感がよそ者との関係で語られるとき、どのように憎悪や破壊や絶望を助長しうるのか、ということだ。

　これらの点について論じる前に、最も基本的な問題について考えなくてはならない。すなわち、社会とは何かという問いだ。これから見ていくように、社会的であること――他の者たちと積極的につながること――と、ひとつの種《しゅ》が、何世代にもわたって存続する社会とよばれる明確に分かれた集団を支えているような状況――こちらが自然界で見られることははるかに少ない――とには、大きなちがいがある。社会の一員であることは選択して決めるものではない。メンバーであること――最近では群れ《スウォーミング》をなすことと言うかもしれない――は、誰の目にも明らかなものなのだ。外見や話しかた、しぐさ、豚からチップまでのあらゆることにたいする考えかたについて、紛れもない異質さをもったよそ者は、こちらを侮辱していると受け止められ、やがて困難の末に受け入れられる。多くの場合は、数十年や数世紀の時間が経過してからようやく完全に受け入れられるのだ。

家族は別として、社会は、私たちが最も頻繁に忠誠を誓ったり、それを守るために戦ったり命を捧げたりする居場所である。[4] しかし日常生活においては、社会が何よりも重要であるとはっきり意識することはあまりなく、自己意識や、他の人々が自分たちとどのようにちがっているかという認識にわずかに影響するだけだ。私たちは日々の活動の一部として政党や読書クラブ、ポーカーの集まり、ティーンエイジャーの集団《グループ》に参加する。同じ観光バスに乗り合わせた人たちでさえ、一時だけ団結する。[5] 集団に入るという傾向があるからこそ、私たちは個人として形作られる。そしてその傾向は、広範にわたる研究の題材となっている。社会がうまくいっているときには、心拍や呼吸と同じくらい意識されない。もちろん社会が困難に陥ったり、その誇りが脅かされる事態になったりすると、それが前面に押し出される。戦争やテロリストの攻撃、あるいはリーダーの死によって、ひとつの世代が形作られることがある。しかし、たとえ何も起こらない時代にも、社会が、私たちの日常の雰囲気を定め、私たちの考えかたに影響を及ぼし、私たちの体験の特徴を決定している。

アメリカのような大陸全土にわたる国であろうと、ニューギニアの一地方に住む部族であろうと、そうした社会間に存在する、ときには乗り越えることができないほどのちがいについて考えるとき、非常に重要な疑問がわいてくる。社会というものは、そして異質なよそ者として他者に標識《ラベル》を貼ることは、「自然の秩序」の一部であり、したがって避けられないことなのか？　社会にはもともと、他の社会より優れているという感覚があり、他の集団から敵意を向けられるものだ。では、どのような社会も、他の社会と衝突した結果、あるいは社会内のメンバーのあいだで疎外感が高まり分断が広がることによって、シアトルの予測したように、もがき苦しみ、転覆する定めにあるのか？

『人はなぜ憎しみあうのか』では、これらの問いに答えようと試みる。本書の議論は、自然史から先史時代、そして文明の発展の過程――シュメールの泥の壁からフェイスブックの広大な電子の世界まで――へと進んでいく。最終的には、社会の一員であることが、配偶者を見つけたり子どもを愛したりすることと同じくらいに、私たちの幸福にとってどれほど重要であるかを示したい。行動科学者たちは、戦略ゲーム理論などを使って人が互いをどう扱うかを解明するなど、狭い文脈のなかでの人間の相互作用について解説するが、私はもっと幅広い取り組みをする。社会の起源と維持、そして消滅にかかわる疑問、すなわち社会がどうやって出現するか、なぜ社会が重要なのかという疑問に答えるために、生物学や人類学、心理学の最近の研究成果や、さらには多少の哲学も扱っていこう。

歴史も本書にかかわってくるが、その詳細というよりも、歴史からうきぼりになるパターンのほうが大切だ。各々の社会にはそれ自身の物語があるが、社会をまとめ上げ、なおかつ崩壊し燃え落ちる原因にもなるような力がどの社会の根底にも潜んでいると述べたい。実際に、征服や変質、同化、分裂、消滅のどの過程をたどるのであれ、動物あるいは人間の社会でも、地道な狩猟採集民の社会でも、巨大な企業でも、すべての社会は終わりに到達する。社会が永続的でないことは、人間の寿命という期間のせいで見落とされがちだ。社会の衰退は、敵意をもった隣人や環境破壊によって定められているのでも（これらの要因はいくつかの社会の衰退にかかわっているが）、人間自身の生命のはかなさによって定められているのでもなく、むしろ社会のメンバーが互いに向けて、そして世界に向けて提示するアイデンティティが流動的であることによって定められているのだ。かつてはなじみのあったものが異質なものへと徐々に変化していくと、人と人とのあいだのちがいが決定的に重要なものになる。

人間には社会を形成する能力があるが、その起源は、私たちが動物だった遠い過去にまでさかのぼる。それについても本書で考察していこう。しかし、社会を、メンバーシップという観点から、そして内集団と外集団という意味合いから説明するという心理学から拝借した考えかたは、生物学においてはこれまでなかったものである。なるほど、私の同僚たちはつねに、はっきりとそう口にすることはめったになくても、動物の社会について語ることを良く思っていない。たとえば、英語では多数の種の社会を指す単語があるが（たとえばサルとゴリラには「トゥループ」、オオカミとリカオンには「パック」、ブチハイエナとミーアキャットには「クラン」、ウマには「バンド」）、研究者はしばしばこうした用語を避け、単に「集団《グループ》」という言葉を使い、そのために話の内容が不明瞭で理解しにくくなってしまう。私がかつて体験したように、サルの集団について話す生態学者の講義を聴いているとしてみよう。その生態学者は、サルの集団が「二つの集団に分かれ」た後に、「集団のうちのひとつが、さらに別の集団と衝突した」と述べた。これらの文の意味を解読するためには、ものすごい集中力を要した。彼の言いたかったことは、サルのひとつの「社会集団《トゥループ》」が二つの方向へと分かれて進み、そのうちのひとつが、別の「社会集団《トゥループ》」と遭遇して必死に自衛した、というものだった。社会集団《トゥループ》は紛れもなく集団ではあるが、それはまさにとても特殊な種類の集団である。閉鎖的で安定したメンバー構成をもち、他のすべてのサルたちから区別されており、そのためにその集団が、それ自体を守るために戦うに値するだけでなく、それ自体の名前によってラベリングされる価値のあるものにもなる。

パック、クラン、トゥループ、プライドなどの集団がいったん、子どもを育てる親たちという日常的なつながりを超えたひとつのアイデンティティを作り出すと、そうした社会の一部であることから多くのものが得られる。私たちは、これらの動物とどういう特徴を共有しているのか？　それらと私たちはどのようにちがうのか？　そして、そうしたちがいは重要なのか？

動物を用いたモデルは、社会がもつ価値を解明し、私たちがどこからやって来たのかについての手掛かりを得る手助けになるが、それだけでは、人間が今現在の地点までどのように到達したのかを説明するには不十分だ。今ある国家はあって当然のもののように世界中の人から思われているが、それらは必然的にそうなったわけではない。文明（都市や記念碑的な建造物をもつ社会を指す）が開化する前、私たち人類は、地球上の居住可能な区域に点在するはるかに小さな社会で暮らしていた。簡単な畑と家畜に頼って生きる部族として、もしくは、すべての食料を野外から調達していた狩猟採集民として。これらの社会が当時の国家だったのだ。すべての人類が狩猟採集民だった大昔までさかのぼれば、現在生きているすべての人の祖先たちはかつて、そうした社会に属していた。確かに、ニューギニアやボルネオ、南アメリカの熱帯雨林、サハラ以南のアフリカ、その他の地域に住む、多くは国の政府からほぼ独立して存続している部族に属する数百人または数千人の人々は、そういった最初期のつながりを保ち続けている。

考古学的な記録に加えて、ここ数百年の狩猟採集民たちの事例を手掛かりにして、最も古くにあった社会の特性を明らかにすることができる。現在のように誇らしい気持ちが胸に満ちるような広大な国というものは、狩猟採集民の祖先には理解しがたいものだろう。どうして変化が生じ、社会が発展していったのかを探索していこう。発展した社会は、規模が大きくなりすぎてメンバーのほとんどが互いを知らない状態となり、匿名の社会となっているにもかかわらず、今でもなお外部の者を差別している。現代の人間社会の特徴である無関心な匿名性は、とりたててどうこう言うことではないと思われるかもしれないが、じつは大きな問題だ。見知らぬ人がいっぱいいるカフェにまったく平気で入っていくという一見すると何でもない行為は、人類が成し遂げたことのなかで最も正しく評価されていないことのひとつである。これは、人類と、社会を形成するその他の大半の脊椎動物とを区別する点なのだ。脊椎動物は出会うすべての個体を特定の社会の一員として認識することができなくてはならないという制約を、たいていの科学者たちは見落としている。しかし、この制約こそが、ライオンやプレーリードッグが大陸を横断するような王国を決して築かない理由となる。社会において、なじみのないメンバーが自分の近くにいても気にならないということが、人間にとって当初からの利点であり、国家の成立を可能にしたのだ。

現代の人間社会のような多数が団結する社会は、爪よりも大きな生き物の歴史においては独特なものだ。しかし私は、爪よりも小さな生き物を研究してきた。すなわち、(個人的な好みから)アリをはじめとする社会性昆虫である。サンディエゴ近郊の町で数マイルにも延びる戦場を目にしたとき、本書のもととなるアイデアが頭に浮かんだ。そこでは、それぞれ数十億の兵力を擁するアルゼンチンアリの巨大《スーパー》コロニー二つが縄張り争いをしていた。これは二〇〇七年の出来事だったが、これらの小人たちを目にしたとき、私は初めて、アリであれ、人間であれ、莫大な数の個体がどのようにして本当の社会になりうるのかという問題について考えるようになった。本書では、私たち人間がどのようにして、アリととてもよく似たやりかたで互いに対応し、その社会が匿名性のあるものになっていくのかを考察する。つまり私たちは、自分の属する社会を他の社会と区別するために、互いをよく知っている必要はないのだ。この能力によって、人間が、他の哺乳類の社会の大半にある大きさの限界を超越する可能性が開かれた。まずは、狩猟採集民の社会が何百人もの規模に成長したように。そして最終的には、歴史上の巨大な共和国への道を開いていったように。

匿名社会はどのようにして実現されるのか。互いを見分けるアリ的な方法は、個体が同じ社会のメンバーであることを示す共通の特徴のうえに成り立っている。アリの場合、そのしるしは単純な化学物質であり、人間の場合には服装からしぐさや言語まで多岐にわたる。しかしそうしたしるしだけでは、大きな人間社会を完全には説明できない。小さな脳をもつアリの場合と比べて、人間の社会を拡大するための好ましい条件は、厳密かつもろい。人々は、社会のメンバー数が増えるに応じて、自身の生活を耐えられるものにするために、頭のなかの道具箱からいろいろな能力を引き出す。仕事やその他の特性（集団性）によって個人間のちがいを強めることもそうした道具のひとつである。意外だろうが、不平等が生じることも、社会のなかの人数を増やしていくにあたり同じように重要だ。その点については、リーダーが台頭する時期に明らかになるため後に論じる。私たちは不平等という現象を当然のこととして受け止めているが、狩猟採集民においては事情がかなり異なる。彼らのなかには、平等なメンバーたちで構成された移動社会で生活をしていた者もいたからだ。

ひとつの社会のなかでさまざまな人種や民族が共存するようになったのはだいたい、農業が始まり、先述のように個人間の差異や他者の権威を受け入れる気持ちが広まってからのことだった。以前は独立していた集団がこうして統合されるのは、狩猟採集民の集団においてはかつてなかったことであり、実際には今日でも他の種においては一切見られない。人々が、生き残るための認知にかかわる道具を、異なる民族集団を受け入れて順応するために応用することがなかったなら、国家というものは根づかなかっただろう。しかし、このように多様性に順応するためにストレス要因が生じ、それによって社会が強靭になる場合も引き裂かれる場合もある。したがって、融和社会の成立という喜ばしいことはあっても、その融和にも限界がある。暴動や民族浄化やホロコーストの根底には、私たちらしさとは何か、という問題が潜んでいるのだ。

本書を通じた私の目的は、読者の皆さんにさまざまな謎への興味を感じてもらうことだ。そのなかには重要なものもあれば、奇妙ではあるがひらめきを与えてくれるようなものもある。少し予告をしておくと、アフリカのサバンナに住むゾウには社会があるが、アジアのゾウにはない。人間はチンパンジーやボノボとこれほど関係が近いのに、類人猿ではなくなぜアリが、道路を作ったり、交通ルールを規定したり、公衆衛生を担当する者がいたり、組み立てラインに従事する者がいたりと、ありとあらゆる「人間的」な仕事を行なうのかという疑問にも取り組んでいく。パントフート（長距離間で個体が交わす高い音声）とよばれる原始的な鳴き声が、私たちの遠い祖先たちが社会への帰属を表明する最初の小さな一歩であったのかどうか、ひいては大陸を横断する王国の土台であったのかどうかについても検討する。なぜ私は、よそ者として別の社会に入り込み、人と人とのちがいを見て見ぬふりをしてなんとかやっていけるのか？　大半の動物、なかでもとりわけアリには、そうしたことはできないのに。あるいは、歴史通に向けた質問をしよう。南北戦争において、当時の南部人のほとんどが自身をアメリカ人でもあるととらえていたなら、その結果は左右されていただろうか？

ジョージ・バーナード・ショーはこう書いた。「愛国心とは基本的に、自分がその国に生まれたからという理由で、ある特定の国が世界で最も良いとする信念である」[6]。それならば、人間の条件にもともとある要素のひとつが、ある社会を偶像的に崇拝してしがみつく一方で、外の人々を頻繁に軽んじ、疑い、卑しめ、さらには憎むというものであるのなら、愛国心とはいったい何なのか？　この事実は、私たち人間がもつ不思議な面であり、私が本書を書いた理由のひとつである。小さな社会から広大な社会へと移行しながらも、私たちは、誰が社会に所属していて誰が所属していないのかということを尋常でないほど意識し続けている。もちろん、私たちはよそ者と友情を結ぶが、それでもなお彼らはよそ者のままである。良くも悪くも区別は残る。社会そのものの内部にも、同様に顕著で、しばしば分裂を招くような区別がある。そうなる理由を本書で明確にしていきたい。類似点と相違点にどのように取り組むかが、社会の性質と未来を決定づけるのだ。

本書がたどる旅路

本書における探求は、一本の長い道をたどるだけではなく、多数の相互につながった道にも入り込む。ときおりぐるりと回って元に戻り、人間を対象とする生物学や心理学、あるいは他の種について、新たな角度から検討することもあるだろう。その道程はつねに時系列的なものとはかぎらない。私たちの行動や思考を理解するために、人類の歴史だけでなく、人類の進化の観点からも描写するからだ。さまざまないくつもの上陸地点をあてどなく探す旅路のように感じられるだろうが、本書に書かれる内容の見通しはきちんと立っている。

本書は九部に分かれている。第1部「帰属と認識」は、幅広い脊椎動物、とりわけ哺乳類の社会を対象とする。冒頭の章では、社会における協力の役割について検討する。ただし、協力はアイデンティティの問題ほどには重要ではないことを証明するつもりだ。社会は、他の社会から区切られたさまざまな関係にあるメンバーから成り立っているが、メンバー全員の仲が良いとはかぎらない。第2章では脊椎動物の他の種、とりわけ哺乳類を対象として、社会内での協力のしくみがいかに不完全であろうとも、社会がメンバーの必要とするものを与えメンバーを保護することによって恩恵を与えているようすを説明する。第3章では、動物が社会内や社会間で移動することが、さまざまな集団の成功にたいしていかに重要であるかを探っていく。離合集散という融通性の高い活動パターンから、特定の種――なかでも最も顕著なのが人類である――の知能の進化を説明するのに役立つような原動力が生まれる。この力については、本書において何度も取り上げることになる。第4章では、大半の哺乳類の社会のメンバーが、社会が存続するために互いをどの程度よく知っていなければならないかを調べる。そこでは、多くの種の社会にある制限を明示する。そうした社会のメンバー全員は、自分以外の個々のメンバーを、好きか嫌いかにかかわらず知っていなくてはならない。そのため、社会を構成する個体の数はせいぜい数十に限られる。このことから、人類がどのようにしてそのような制約から免れたのかという疑問がわいてくる。

第2部「匿名社会」では、この個体数の制限を容易に突破した生物の集団、すなわち社会性昆虫について考える。目的のひとつは、昆虫を「高等生物」、とりわけ人間と比べることにたいして読者の皆さんがもっているかもしれない嫌悪感を、そうした比較を行なう価値があると明確に示すことによって解消することである。第5章では、昆虫社会の規模が拡大し、インフラや分業などが込み入ったものになるにつれて、一般的に社会がいっそう複雑になっていくようすを説明する。この傾向は人間社会においても見られるものだ。第6章では、社会性の最も高い昆虫や、マッコウクジラなど数種の脊椎動物が、自身のアイデンティティを示すようなもの、すなわちアリの場合は化学物質（におい）、クジラの場合は音を使うことによって、どのように社会への帰属を表明しているかを見ていく。こうした単純な手法は記憶力という制限を受けないために、特定の種の社会が巨大な規模に到達することが可能になる。一部のケースでは、その規模には上限がない。その次の章「匿名の人間たち」では、人間がどのように同じ手法を用いているかを説明する。私たち人間は、それぞれの社会が許容可能とみなすものを表すしるしに敏感だ。たとえば、意識下でのみ認識されるような微妙なしぐさなどがある。このしるしによって人々は、匿名社会と私が名づけた社会において見知らぬ人と結びつくことができ、社会が到達しうる規模というガラスの天井を突き破ることができる。

第3部「近年までの狩猟採集民」には三つの章があり、農耕民からの影響を受ける前、あるいは自身が実際に農業を行なうようになる前の人間の社会が、どのようなものだったのかを考える。さらに、今日にいたるまで狩猟採集民として生活している人々の生活様式を取り上げる。そうした人々には、規模は小さいながら広範囲に散らばった、バンドとよばれる集団で移動して生活する人々や、一年の大半を定住して暮らす人々などがいる。遊動民がおおいに注目を集め、人類の祖先の生活形態の代表として取り上げられているが、移動と定住どちらの形態も、おそらく人類の起源までさかのぼる過程のどの時代においても存在していたと言い切れる。さらに、狩猟採集民とは、昔風の生活様式を送っていた昔の人々などではないとも断言できる。彼らは、根本的に私たちと何ら変わりのない人々とみなされなくてはならない。いわば、「今、存在している」人間なのだ。過去一万年間にわたり人類が急激に進化し続けた足跡があるにもかかわらず、人間の脳は明らかに、最初のホモ・サピエンスが出現して以来、根本的に作り替えられていない[7]。これはつまり、人間が現代的な生活に順応してはいても、有史時代における狩猟採集民の生活様式に注目し、初期の人類の社会にあった性質を私たち自身の生活様式の基礎をなすものと考えることができるということである。

そこでおおいに関心がかき立てられるのが、遊動的な狩猟採集民——平等の精神をもち、何でもこなし、問題を話し合いで解決する——と、定住した狩猟採集民——リーダーがいて分業が行なわれ、富の格差が生じる場合が多い——とのあいだの非常に大きなちがいである。後者の社会構造には、私たちが今なおもっている心理学的な柔軟性が認められる。たとえ今日の人々の大半が、定住した狩猟採集民のようにふるまっているにしても。第3部の二つの結論は、近年までの狩猟採集民ははっきり区別できる社会をもっていたということと、それらの社会は今日の社会と同様に、アイデンティティを示すしるしによって識別されていたということである。

つまり、遠い過去のある時点において、私たちの祖先は、社会のメンバーであることを示すしるしを利用するという、とても重要でありながらこれまで見落とされてきた進化の階段をひとつ上がったにちがいない。それはやがて人間の社会が大きく成長することを可能にする。どのように階段を上がったのかを知る手掛かりとするために、ひとつの章からなる第４部では過去に移動する。さらには、現代のチンパンジーとボノボの行動も詳しく調べる。そこで、ひとつの仮説を提唱したい。類人猿が、発声法のひとつであるパントフートの使いかたを少し変え、その音が、社会のメンバーとして互いを認識するために必要不可欠なものになっていったという説だ。そのような変換が、あるいはそれに似たものが、私たちの遠い祖先のあいだでも起こっていたかもしれない。この最初の「合い言葉」に加えて、もっと多数のしるしが加わったのだろう。それらの多くは体と結びついたものであり、体は人間のアイデンティティを表明するための生きた掲示板へと変わっていったのだろう。

アイデンティティのしるしがどのように誕生したのかを検討したら、その次は、そうしたしるしと社会の一員であることとの根底にある心理を探っていく。第５部「社会のなかで機能する（あるいはしない）」にある五つの章では、人間の心について最近明かされた多岐にわたる興味深い事実を見ていく。そうした研究の大半は民族や人種に注目したものだが、社会についても適用できるはずだ。取り上げるトピックには以下のようなものがある。人々がいかにして他者をある本質――社会（や民族や人種）をまるで生物学的種の集団としてとらえるほど根本的な本質――をもつ者とみなしているのか。赤ん坊がどのようにして、そうした集団を認識するようになっていくのか。他者とのかかわりを合理化するにあたりステレオタイプがどのような役割を果たすのか、そうしたステレオタイプがどのように偏見と結びつくようになりうるのか。そうした偏見がどのように無意識のうちに表出され、必然的にしばしば、集団の外にいる人たちを、独特な個人としてよりも、その人が属する民族や社会の一員として認識するようになっていくのか。

私たちが他者を心理学的に評価するやりかたは多種多様であり、そのなかには、よそ者を自分たちよりも「下」に位置づけたり、場合によってはまったくの人間以下であるとみなしたりする傾向もある。第5部の第15章（ここより下巻）ではさらに、私たちがどのように他者の評価を拡大し、社会全体に適用するのかを論じる。外国人集団のメンバー（並びに自国民集団のメンバーも）は、独自の感情的な反応や目的をもった統一された実体として作用できると人々は考えている。最後の章では、少し前に戻り、社会の心理学やその根底にある生物学において明らかになったことを材料に用いて、これまでの全体像のなかで家族がどう位置づけられるかという大きな疑問を提示する。たとえば、社会は一種の拡大家族として理解されうるか、などである。

第6部「平和と対立」では、社会間の関係という問題に取り組む。最初の章では、自然界にある事例を提示する。動物の社会では、対立状態が生じる必要がない場合でも、社会間の平和は比較的まれである。平和な状況はいくつかの種においてしか見られず、しかも競争が最小限である場合にのみ成り立っている。二つめの章では、狩猟採集民に注目して、どのようにして、社会間の平和だけでなく積極的な協力が人類の取りうる選択肢になったのかを検討する。

第7部「社会の生と死」では、どのようにして社会が生じ、そして崩壊するかを見ていく。人間について論じる前に、まずは動物界を調べ、すべての社会が一種のライフサイクルをたどると結論づける。新しい社会が始まるしくみにはいろいろあるが、ほとんどの種において要となる出来事は、既存の社会の分裂である。チンパンジーやボノボから得られた事例に加えて、その他の霊長類についてのデータからも、分裂の前に何カ月も何年もかけて社会のなかに派閥が形成され、それにより軋轢が強まり、最終的には分裂が引き起こされるということがわかっている。通常は何世紀もの期間にわたって人間の社会においても同じように派閥が形成されるが、ひとつの重要なちがいがある。もともとは社会を団結させていた結びつきのためのしるしがもはや共有されなくなり、互いに相容れないと人々が感じるようになることがきっかけで社会が分裂するのだ。さらに第7部では、人々の自身のアイデンティティについての認識が、時の経過とともに変化してきたようすをわかりやすく説明する。その変化は、先史時代においても止めようがなかった。主として、狩猟採集民の集団間での意思疎通が十分でなかったからだ。そのために狩猟採集民の社会は、今日の基準からすれば非常に小さい規模の段階で分裂した。

社会が拡大して国家になることは、第8部「部族から国家へ」において示す社会の変化によって可能になった。リーダーが力を蓄え近隣の社会を支配するようになるにつれ、いくつかの狩猟採集民の集落と、簡単な農業を行なう部族の村が、その方向へと少しずつ歩みを進めた。まずは、部族がどのようにして組織化されて複数の村ができ、それぞれの村がたいていは独立して行動していたかを説明する。これらの村には、社会の崩壊を食い止めることのできるリーダーも、その社会の成員としてのアイデンティティについて共通認識をもち続ける手段——他の地域における同胞の行為との結びつきを保つための道路や船など——もなかった。社会が成長すると、隣人たちの領土へと支配を拡大することも必要となった。これは平和的には行なわれなかった。動物界全体を見ても、社会がすんなりと併合された事例はほとんど見当たらない。人間の社会は互いを征服するようになり、よそ者を内部へと取り込んでいった。他の種においてもメンバーがときおり移動することはあるが、人間社会においてはそうした移動が奴隷制度の出現によって新たな段階に到達し、最終的には集団を丸ごと服従させるようになった。

小さな社会の規模を拡大させ、今日の国家をはじめとする大きな社会に成長させる要因について理解した後は、第8部の最後の章で、そうした社会がどのように最期を遂げるかを見ていく。征服によって作られた社会によく起こることは、狩猟採集民の集団について述べたような派閥への分裂でも、完全な崩壊でもない。そういう場合もありうるが、むしろ、社会がもろくなってはがれ落ちていく。それは、ほとんどつねに、社会に後から加わった人々の住む昔の領土の境界線あたりで起こる。大きな社会は小さな社会と同様に永続的ではなく、平均して数世紀ごとにばらばらになる。

最終部では、民族や人種の発生につながる遠い道程を追っていく。結合したひとつの社会になるためには、征服社会は、かつては独立していた集団を管理することから、それらをメンバーとして受け入れる方向へと手法を変えなくてはならなかった。そのためには、人々のアイデンティティを調節することが求められる。少数派の民族集団が、多数派の集団――ほとんどの場合はその社会を創設し、社会のアイデンティティだけでなく資源や権力の大半を支配している最も有力な集団――に順応するのだ。こうした同化は、ある程度までしか達成されないだろう。その理由はこうだ。個人や社会について先ほども述べたように、民族や人種は、いくつかの共通の属性をもちながらも、それぞれに異なっていると感じられるくらいのちがいがある場合に、一緒にいて最も心地良く感じるからだ。さまざまな少数派のあいだでも身分のちがいが生じ、世代が進むにつれてそれも変化していくだろう。それでも多数派は、ほとんどつねに主導権をしっかり握ったままだ。少数派を社会のメンバーとして受け入れるには、彼らが多数派の人々と融合するのを許すことが必要になる。このように地理的に異なる人々を統合することは、過去の社会すべてが受け入れてきたわけではない。

第9部の第25章では、現代の社会がいかにして、多数のよそ者が友好的に入り込むことを移民というかたちを通じて可能にしてきたかを取り上げる。移動するのはたいてい簡単ではなく、過去の例からわかるように、移民には少ない権力と低い地位が与えられる。移民が、他のメンバーとの競争が最小限ですむような社会的役割を引き受けて、他のメンバーに自尊心をもたせておけば、最低限の反発に遭うだけですむだろう。移住してきた民族がかつての故郷で大切にしていたアイデンティティはしばしば、いっそう幅広い民族集団に合わせて作り替えられる。新入りが自身の認識を切り替えるように強制される場合もありうるが、受け入れられた社会においてより広範な社会的支援の基盤を得られるという利点のために、そうした変化を選択することもあるだろう。この章の締めくくりに、社会の一員であることの基準が、人々がある社会に属しているとみなす際の心理学的な基準から逸脱してきていることについて説明する。後者の心理学的な基準は、社会の重要性が、さまざまな個人や集団を養うという点にあるのか、それとも彼らを守るという点にあるのかについての人々の考えかたに大きく左右される。この二つはそれぞれ、愛国主義と国家主義につながるものだ。これらの特徴がメンバーのあいだでさまざまに異なることは、健全な社会にとっては必要なことだろう。しかしそれはまた、今日、ニュースの見出しとなっているような社会的な対立を生むことにもなる。これらの重要な点を受けて、最終の第26章「社会は必要か?」では、社会は必要であるか否かという問題を提起する。

本書ではできるかぎりの推論を行なうが、社会の研究という統合的な分野の確立は遠い夢であることを前もって認めておこう。学問分野というものはたいてい、特定の思考様式につねに集中し、なじみのない考えかたを軽んじるように促すものだ。そして知的な世界を、生物学や哲学、社会学、人類学、歴史として知られる相容れない社会へと分断し、議論のはざまに大きな隙間を生じさせる。たとえば「モダニズム」的な歴史学者は、国家は最近の現象であるとみなす。ここで明らかにしておきたいが、私の主張は、国家の起源は古代にあるというものだ。一部の人類学者や社会学者は、社会は任意のものであり、人々の利益にならないのであれば、漠然と広がったりばらばらに崩れ落ちたりするものだと考えている。私に言わせれば、社会は本質的なものだ。私自身の専門分野である生物学においても、一部の研究者たちの誤りを証明したい。社会は明確なアイデンティティとメンバーシップを彼らもつ集団として研究されるべきだという考えに強硬に反対の声をあげる生物学者たちもいる――彼らの研究対象が社会についてのその基準に合致しないときに。こうした激しい反応は何よりも、「社会」という用語の重みを表している。

専門家のあいだの論争はさておき、どのような政治的な信念をもつ読者も、現在の科学から良い知らせも悪い知らせも受け取ることになるだろう。あなたがどういう社会的な視点をもっていようとも、ふだんは興味をもっていない分野から学んだことについて考察し、あなた自身のしばしば意識下にある偏見や、周囲の人々――しかも非常に多くの人々――のもつ偏見が、自国の行為や、自分自身の他者とのふだんのかかわりに影響を及ぼしているかもしれないと疑うようになってほしい。

第1部　帰属と認識

第1章　社会がそうでない姿（および、そうである姿）

ニューヨークはグランド・セントラル駅のメインコンコースにある階段の最上段から見下ろすと、有名な四面時計の下で人々が群れをなしてぐるぐる回っているのが見える。テネシー大理石にカツカツと響く靴音や騒々しい声が、貝殻を耳に当てると聞こえてくる寄せては引いていく波の音のように、洞窟のような音響効果の高い空間に響き渡る。頭上の丸天井には、一〇月のニューヨークの夜空に並ぶ二五〇〇個の星が微動だにせず描かれており、下方にいる人間たちの大騒ぎとの完璧な対比をなしている。

急ぎ足ですれちがう人々、あるいはそこここで固まり会話をしている人々の数や多様さだけをとっても、この場面はそっくりそのまま人間社会の縮図を表す。すなわち、人々が任意で寄り集まった社会ではなく、永続する集団としての社会である。そのような社会について考えるとき、アメリカ合衆国や古代エジプト、アステカ、アメリカン・インディアンのホピなどが頭に浮かぶだろう。人間という存在の核となるものであり、人間全体の歴史の礎となるような集団である。

社会を形作るような集団には、どのような特徴があるのか？　あなたが思い浮かべているのがカナダであれ、古代中国の漢であれ、アマゾン流域の部族であれ、さらにはライオンの群れであれ、社会とは、単純な家族──ひとりか二人の親とその子ども──よりも多い数の個体からなる独特の集団であり、メンバーが共有するアイデンティティによって他の同じような集団から区別され、何世代にもわたって継続的に維持され、さらには、アメリカ合衆国が大英帝国から分離したときや、ライオンの群れが二つに分かれるときのように、いつかは同じような社会を生み出すこともあるかもしれないようなものである。最も重要な点は、社会のメンバーが変化することはめったになく、そうする場合には困難を伴うということだ。このような集団は閉鎖されている、あるいは「有界」である。構成員たちは、核家族との絆は別として、他のどのような種類の帰属関係よりもその集団に所属していることを重んじ、社会のために闘ったり、さらには命を落としたりするような献身的な行為を通じて、社会の重要性が人々のあいだに知らしめられる。[1]

社会科学者のなかには、社会はまず何よりも政治的な便宜上の構成物であり、ここ数百年のあいだに出現した構造であると考える者もいる。このような見解をもつ学者のひとりに、すでに他界した歴史学者で政治学者のベネディクト・アンダーソンがいる。彼は、国家は「想像の共同体」であると考えた。構成者数があまりに多すぎて、社会のメンバーが直接顔を合わせることが不可能であるために、国家はメンバーの想像の産物でしかないという理由からだ。[2] じつのところ、私は彼の基本的な考えかたに同意している。共有される想像は、所属している私たちをよそ者である彼らから区別する働きをする。だから、そうした想像さえあれば、きちんとした実体をもつ本物の社会、原子と分子を結合させている物理的な力と同じくらい現実的な精神力によって結びつけられた社会を十分に作り出せるのだ。しかしアンダーソンは、このような作られたアイデンティティは現代性やマスメディアの産物であるとも述べており、この点が私の意見とは異なる。実際のところ彼の概念は、現代社会だけでなく、おそらくは人間社会の起源から現在にいたるまでのすべての社会に当てはまるのだ。狩猟採集民の社会は共通のアイデンティティによってまとまっていたが、これから見ていくように、メンバーが一対一の関係を築くことや、さらには知り合いであることを必要としてはいなかった。同様に動物のあいだでも、社会はそのメンバーの心のなかでしっかりと表象されており、その点においては、こちらもまた想像の産物である。

私が本書で示す観点は、「社会」について話すときにほとんどの人が念頭に置くものをとらえていると思う。もちろん、どのような言葉にもいくらかのばらつきが含まれるものであり、人間の社会でもまったく同じものが二つとないように、人間の社会とまったく同じである動物の社会もない。どこで線を引くべきかと悩んでいる人たちに、次のように述べたい。どのような定義でもその有用性は、言葉があまり役に立たない変則的な状況から私たちがどれだけ多くを学べるのかによって明らかになるものだ。強い圧をかければ、数学用語やその他の抽象概念のための用語以外の定義は崩壊するだろう。車を見せるとしたら、かつて車として機能していたがらくたの山を見せよう（修理工の頭のなかではそれでもまだ車なのかもしれない）。星を見せるとしたら、天文学者なら、収束する加熱された塵の集まりを指し示すだろう。優れた定義Xには、X集合の境界をきちんと定めるだけでなく、概念Xが興味をかき立てるようになったときに必然的に問題を引き起こす（定義が崩壊する）という特徴がある。[3] したがって、私の社会の見かたでは無理が生じるような状況、すなわち、国内でクルド人が、自分たちは独自の国家をもつべきだと考えて、自身の領土（その範囲はイラクとシリア、トルコまで及ぶ）をもつ権利を主張しているイランのような国を見れば、社会を引き裂き、新たな社会を誕生させうる要因が明らかになるのだ。

私の専門分野である生物学の専門家や、さらには人類学者も、社会をこれとは異なるやりかたで定義し、協力的な方法で組織された集団と描写する。[4] 社会学者もまた、協力は社会の成功にとって不可欠であるとみなす。一〇〇年以上前に社会学という分野を確立したエミール・デュルケムは、協力は社会の重要な要素であると考えた。しかし、社会学者が、社会を単なる協力を行なうしくみとみなす例は少なくなってきている。[5] それでもなお、社会はそのようにとらえられがちだ。それにはもっともな理由がある。私たち人間は、生き残るためには協力が重要であるような状況において進化してきたからだ。人間は他の動物よりも協力が上手で、共通の目的を追求するなかで、自分の意図を他者に伝え、他者の意図を推測する技を磨いてきたのだ。[6]

協力とアイデンティティ

協力を社会的アイデンティティと対比し、社会にある重要な特徴であり、ある社会を別の社会から区別する根拠となるものとして考えるにあたり、出発地点とするのにふさわしいものが、人類学者が知性の起源を説明するために作り上げた社会脳仮説である。その仮説では、私たちの脳が大きくなるにつれ社会的な関係も同様に拡張したと仮定している。すなわち、脳と社会関係の双方が、いっそう大きく複雑になるように相互に作用したとされているのだ。[7] オックスフォード大学の人類学者、ロビン・ダンバーは、種の脳の大きさ——正確に言えば大脳新皮質の容量——と、その種が平均して維持できる個人間の社会的関係の数との相関について記述している。ダンバーの示したデータによれば、私たち人間に最も近いチンパンジーは、だいたい五〇の仲間や味方をもつことができる。ひとつの個体が最も寛大に協力する相手となる五〇の個体を友だちとよぼう。[8]

ダンバーの計算によれば、人間の場合には、ふつうの人はだいたい一五〇の近しい関係を維持することができ、時がたつにつれて友人ができたり友人でなくなったりしながら、特定の友人たちの顔ぶれが変わっていく。ダンバーはこの数を、「偶然バーで出会ったときに、誘われていなかったのに一緒に飲んでも居心地が悪くならない人の数」と表現している。[9] この数は、ダンバー数として知られるようになった。

社会脳仮説には、議論の余地がおおいにある。ひとつに、これは還元主義的だ。灰白質が多ければ、あなたの出会ったトムやディックやハリーなどを記録しておく他にもきっと利点があるだろう。文脈も問題になってくる。たとえば学会などでは、学者たちは、出席者のうちのかなりの割合の人々と共通の関心事を分かち合うだろうし、その会場のバーでは、誘われていなかった人たちとも楽しく一緒に飲むだろう。また、友情とはイエスかノーで分けられる二元的なものではない。ダンバー数が五〇または四〇〇のどちらと判明しようとも、基本的な親密さや関係の程度の基準をどこに置くかを示すだけだろう。

しかし、ダンバーもわかっていたように、これらの数は明らかに国家の大きさとは釣り合わない。人間が一五〇人の仲の良い人たちを人生のなかに迎え入れるという能力と、チンパンジーが五〇匹に対応できるという能力とのあいだのちがいはあまりに小さすぎて、圧倒的な規模となっている今日の人間社会、あるいは過去にあったもっと小さな人間社会のどちらも説明づけることができない。実際、石器時代からインターネットの時代にいたるまで、兄弟集団、すなわち互いに敬意をもって生活する共通の友人や家族の集まりだけで構成された人間社会は、ほんの一時期を除いてはひとつも存在しない。それを否定すれば、友情の性質を、ひいては友人という私的なネットワークの性質を誤解することになるだろう。人口過密なインドでも、人口一万二〇〇〇人のポリネシアの島国ツバルでも、ケニアのトゥルカナ湖岸に住む少数民族のエルモロにおいても、社会のなかのすべての人を助けたり協力したりする人はいない。誰しも相手を選ぶのだ。イエス・キリストが、己を愛するがごとく汝の隣人を愛せよと言ったとき、すべての人と友だちになるべきだと言いたかったのではなかった。エルモロは別として、私たちの社会には、自分が今後一度も会うことがない、ましてや助けることもないような人たちが少なくともいくらか――たいていは多数――は含まれている。それに、自分が友として選ばない人や、自分を拒絶する人がいても構わない。同じ国のパスポートをもっている人々のなかに最も危険な敵がほぼ確実にいるものだからだ。

個人がどのように相互作用するのかについてのデータからも、種がもつダンバー数と、その種の社会の大きさとのあいだに同様の食いちがいのあることが明らかになる。コミュニティとよばれるチンパンジーの社会には、一〇〇を優に超えるメンバーがいることが多いが、親しい仲間だけで構成されることが可能であるとダンバーが計算するメンバー数が五〇のコミュニティにおいてでさえ、実際のところそういう例は決してない。[10]

「集団の大きさにたいする認知的な制約」（ダンバーの表現）は社会脳仮説を支持する人々の一部を悩ませているが、そうなるのは、社会的なネットワーク（そのなかにおける社会的な結びつきの強度はさまざまであり、各々の考え方によっても変わってくる――たとえばダンバー数で説明したように）と明確なメンバーをもつ別個の集団（とりわけ社会そのもの）を混同するからだ。[11] この二つのどちらも、人間や他の動物の生活において果たすべき役割をもっている。集団のアイデンティティからは、おそらくつねに変化を続けるが長期的な協力のネットワークが育ちうる、とても豊かな土壌が培われる。そのネットワークにはときには全員が含まれるが、とても仲の良い特定のメンバーたちのあいだでこそネットワークは最も繁栄する。そうしたメンバーたちは知性や協力の手法を自在に操っているのだ。

また、メンバーのアイデンティティによって他と異なるものとして区分された社会の基盤にあるのは、味方で作られた個人的なネットワークだけではない。当然ながら人間は他の種とは異なり、社会に応じてさまざまなかたちで施行されるルールを用いて社会生活を機能させ、社会のネットワークを強化している。私たちは、相互の利益を目的として大勢の人々のあいだで作用するような公正なやりとりと道義的なふるまいを奨励するために、行なうべきこと――および処罰――を徹底的に検討する。そのごみ収集人は、賃金と引き換えに見知らぬ人の捨てたごみを拾うことで自分の役割を果たす。そのごみ収集人が、街角の店で知らない人からコーヒーを買ったり、教会や組合の総会で出会う何百という知り合いでもない人々に話しかけたりすることもあるだろう。しかし、そうした相互作用を実行するにも限界がある。社会から授けられる経済的および自衛上の利益を共有しているにもかかわらず、派閥間の意見の相違から痛みが生じることがある。とりわけ、何が自身の役割を果たすことであり、相互の利益になるとみなされるかという点についての意見の食いちがいから。ただし、そうした食いちがいはごく最低限の例であり、どんな社会でも、社会の正式なメンバーがひとりで、あるいは、反目し合う複数のメンバーたちが、罪を犯したり暴力を振るったりしている（協力とは対照的）。それでも、たとえ機能不全から崩壊の過程が進んでも、社会は数百年間もちこたえることができる。ここでローマ帝国がすぐに頭に浮かぶが、そうした国は他にも無数あった。

しかし一般的には、社会は協力のほうを好むということを私たちは直観的に知っている。社会が分裂するほどの利己心や対立は、おそらく直観的に推測されるよりもはるかに大きいものだ。イギリス生まれの人類学者、コリン・ターンブルは、著書『ブリンジ・ヌガグ――食うものをくれ』（幾野宏訳／筑摩書房）で、一九六〇年代の大飢饉の際、ウガンダのイク人のあいだで倫理観が衰退していったようすを詳しく記録した。その飢饉のせいで、社会的な絆が顧みられなくなり、子どもや年寄りが命を落とした。ターンブルの記述から、ストレス下に置かれた社会がいかに徹底的に崩壊するかがわかる。しかしそれにもかかわらず、イク人は生き抜いた。[12] 同様に、経済が何度も破綻し、首都カラカスでは数年間、紛争地帯における死者数よりも殺人件数が上回っていたベネズエラも存続している。ベネズエラに住む大胆不敵な友人のもとを訪れるたびに、彼は私たちを車に乗せると、幹線道路でモトリサドス（政権支持の過激なバイク集団）から狙撃されないように、悲惨な光景の裏通りを高速で駆け抜けていく。こういう状況にもかかわらず、彼は自分の国を愛している。驚くべきことにベネズエラ人たちは、アメリカ人が自国にたいして見せる愛着と誇りとまったく同じものを表明しているのだ。[13] さらに悪い状況を生き抜いてきた社会もある。たとえばゴールドラッシュ時代のカリフォルニアにおける殺人率は、現代のベネズエラの値よりもはるかに高かった。

意見の相違と不愉快な状況によって社会という布地がすり減ることがある一方で、それらの正反対に位置する肯定的なもの、すなわち協力は必ずしも、社会と社会を編み合わせたり区切りをつけたりはしない。これは、協力が社会関係資本に貢献し、社会関係資本がメンバーのあいだで蓄積され、メンバー全体の生産性が増強される場合にさえも当てはまる。協力の上に成り立つ社会における生活がどのようなものになるのかを記述するにあたっての最大の問題は、社会のなかで存在することを難しいものにしている要素の多くが見落とされているということだ。一九世紀の社会学者、ゲオルク・ジンメルは、協力と対立を、もう一方なしには考えられないような不可分の「社会化の様式」であると解釈した。[14] 協力に注目しすぎると、選り好みをすることになる。

人間に近い類人猿の社会において、親切さや協力もまた全体像の一部にすぎない。チンパンジーは地位をめぐって互いを脅かしたり、徹底的に闘ったりし、負けた側はときに群れから追放されたり殺されたりする。母と子の関係以外で助け合うことはまれにあるが、それはたいてい、仲間のうちの誰かをボスの地位につける目的で数頭が力を合わせて競争相手を引きずり落とそうとして闘う場合である。チンパンジーはまた、共同でアカコロブスというサルを狩る。話によれば、協調というよりも一斉に行動して獲物を殺すらしい。どのチンパンジーが肉にありついても他の者たちにも分け与えるが、それは懇願された場合に限られる。[15] ボノボはもう少し情けがあるが、それでも可能な場合には集団内の仲間の食物を盗むし、チームワークを実践する傾向もない。[16]

何も考えずに協力を行なう動物のまさに象徴である社会性昆虫でさえ、集団内の争いが発生し、利己的に行動することもある。大半の社会性昆虫の種においては、ふつうは女王の個体だけが生殖するが、ミツバチや一部のアリでは、少数の働きバチや働きアリが卵を産んで秩序を乱す。そうした種の巣ではまさしく警察国家のように、働きバチや働きアリが女王の産んだ卵以外をすべて壊そうと入念に調べて回っている。[17] どのような種でも、自分の役割を果たさない個体は、他の個体の足を引っ張ろうとする。節足動物から人間にいたるまで、社会がごまかしをする者にどのような処罰を与え、公正さを保とうとしているのかは、それ自体がひとつの研究分野となっている。[18]

明確に定義された必要な数のメンバーをもつ社会があるとして、動物全般では、その社会をまとめるためにどの程度の協力が求められるのか？　じつは、それほど多くの協力はいらないことがわかっている。よそ者を追い払うことが、おそらくは必要とされる最低限の協力となるだろう。ひとりだけが、近づいてくる者たちに石を投げつけて、排他的な空間、すなわち縄張りを支配しているところを想像してみよう。次は、そうした者たち数名が一緒にひとつの縄張りに定住したと想像してみよう。各々は、まさしく以前と同様によそ者に向かって石を投げるが、ひとつだけちがいがある。その者たちのあいだでは手を出さない。この暗黙のうちの、いわば「危害を加えない」という合意――平和共存を目的とした――から、原初的な類いの協力が芽生える。

もちろん、集団あるいは個々のメンバー、もしくはその両方に利点がなければ、社会は発展できなかっただろう（進化生物学者たちはこれを集団選択とよぶ）[19]。このような情け容赦のない集団には、どういう魅力があるのだろうか。このような社会が意味をなすのは、こうやって石を投げている（たとえば）一〇の個体が、単独でもつことができたであろう縄張りよりも一〇倍以上広い縄張りを維持できる場合か、それぞれの個体がもっと少ない労力やリスクでもっと質の高い縄張りを確保できる場合だろう[20]。また、他者を閉め出すという手段だけを取ることによって、きちんと石を投げるかどうかが不確かな者を排除して、内部の者どうしでつがいになる機会を独占的に共有しているのかもしれない（誰が誰と性交するかについておおいに内輪もめすることはあっても）。

動物を対象とした研究から、メンバー間において最小限の「社会性のある」行動があるだけでも社会が成り立つことが可能であるとわかっている。これを原初的な協力、おそらくは偶然に良い行為をすることとよぼう[21]。マダガスカルのワオキツネザルは、そのような期待される最小限の行動を見せる事例にとても近い。群れのメンバーは、力を合わせてよそ者に攻撃をしかける場合以外は、ほとんど助け合うことはない[22]。ある専門家は、アルプスのリスの一種であるマーモットでは、互いを好きですらないのに暖を求めて身体を寄せ合うような行動が群れを維持する動機になっていると述べている。また別の専門家は、社会性のあるアナグマの群れのことを「孤独な動物からなる緊密なコミュニティ」と描写している[23]。人間でさえ、仲の良くないメンバーのいる集団とのかかわりをもつ場合、他者のために役立つ行為をするかどうかは社会において求められることにより変わってくることが多い[24]。

よそ者とうまくやっていける社会

スペイン船のサンタ・マリア号、ニーニャ号、ピンタ号が新世界に初めて到達したとき、一方の社会はこれを温かく迎え、もう一方の社会は相手を奴隷にした。クリストファー・コロンブスが「生まれたままの丸裸の男と女たち」と描写した、その土地に住んでいたタイノ・インディアンすなわちアラワク人の集団は、海を泳いだりカヌーを漕いだりして新入りたちを出迎えた。スペイン人の話す言葉をまったく理解できない先住民たちは、真水と食物と贈り物を差し出した。コロンブスは、先住民にたいする冷ややかなヨーロッパ人の反応を次のように記した。

彼らはよい奴隷になるだろう。……五〇人の男たちで全員を制圧し、こちらの望むことを何でもやらせることができた。……インド諸島に到着するとすぐに、発見した最初の島で何人かの先住民たちを力ずくで捕らえて、この地域にあるものすべてについて私たちに知らせるように教え込んだ。[25]

これら二つの態度、屈託のない信頼と狡猾な搾取のくっきりとした対照性に心が乱されるが、それほど驚きを感じない。私たち人間には、誰が自分たちの社会に属していて誰が属していないかを見分けて、心理学者が内集団と外集団と称する二つのあいだに明確な線を引く傾向がある。たとえ外集団との関係が友好的であっても。私たちは子どもの頃から、外国人のことを、潜在的な脅威とみなすか、アラワク人とコロンブスの両者が異なる意味でとらえたように好機としてみなすかを習得していく。

ここに、協力がつねに、ひとつの社会が終わり別の社会が始まる地点を示すとはかぎらないというもうひとつの理由が見てとれる。グランド・セントラル駅のコンコースにいる群衆のうちの一部はきっと、アメリカ国民と生産的な関係を結んでいる外国人だ。だから、自分の社会に味方だけでなく敵も存在しうるのと同じように、ある社会のメンバーたちが別の社会のメンバーたちと友好と協力を目指してコミュニケーションを取ることもありうるのだ。こうした仲間意識は、人間以外の社会においても発生する。ただしそうした事例はまれである。ボノボは、挑発よりも平和を好むヒッピー的なサルだと言われてきた。しかし、個別に見れば、別の群れに敵がいるボノボもときにはいるはずだ。平和主義者であっても、誰とでも仲が良いわけではない。

今日では外国へ簡単に飛び立つことができるために、外国人との接触が新たな段階へと到達した。後から論じるつもりだが、その段階とは、自然界には類を見ないものである。まさに現代の生活において、私たちのアイデンティティや他者にたいする寛容さは試されており、これまでにない新しいやりかたでねじられたり伸ばされたりしている。しかし、そうした状況においても、社会はずっと私たちとともに存在する。

社会を伴わない協力

テリー・アーウィンに付き従ってペルーの熱帯雨林に分け入ることとは、夜明けに起床することを意味する。風がまだ弱いあいだに、スミソニアン自然史博物館の昆虫学者は、噴霧器とよばれる機械に生分解性の殺虫剤を充塡し、薄い灰色の霧が木々のほうへと立ち上っていくように噴出口を上方に向ける。かすかな雨音がするが、水滴は落ちてこない。その代わりに、地面の上に張ったシーツに小さな体が当たるパタパタという音がする。アーウィンは長年かけて、熱帯がいかに豊かな土地であるかを学んできた。彼の推定では、一〇万種に属する三〇〇億の個体が熱帯雨林の一ヘクタール内に生息している。[26]

どこへ行っても、生物の多様さに畏怖の念をおぼえる。アーウィンらの示すデータから、地球規模での多様性という最大に幅広い視点から社会を見るように促される。特筆すべきことは、莫大な数の生物が単体だけでも十分にうまくやっているということだ。このことは、ペルーでも他のどこでも、木々にとまっている種の九九パーセント以上に当てはまる。ときおりつがいになって、可能であれば子どもを育てる以外には、他の者たちのそばにいなければならない理由がつねにはっきりしているわけではない。他者と一緒にいることに喜びを感じることのできる存在である私たち人間は、この問いについて考えることはめったにない。しかし、同じ羽毛の鳥（同類の集まりの意）は、人間であれ本物の鳥であれ、食料や飲料、セックスをする機会、子どもを育てるための家など同じ資源をめぐって争う可能性がある。多くの種において、個体はただ偶然に群れをなす。その目的が、闘うためであっても、木の実を確保しようとする多くのリスのように食料を奪い合うためであっても。単体でいることは、獲得するために労力を払った物を手放さずにいるための安全な策だ。どのような群れであれ、さらには社会全体であれ、そのなかで生きることから利益を得るためには、貧しく貪欲な他者をうまくさばいて何かを手に入れなくてはならない。

ふさわしい状況であれば他者と協力するという選択肢はある。この点から、協力を社会と関連づけるにあたっての究極的な難しさが見えてくる。協力をする個体は社会的だと言えるが、だからといってそれらの個体が社会を形成するとはかぎらない。私の英雄であり師である生態学者のエドワード・O・ウィルソンは、その重要な著書『人類はどこから来て、どこへ行くのか』（斉藤隆央訳／化学同人）において、社会性のある動物――生涯のあいだのどこかの時点で一緒になり、相互に利益のある何かを成し遂げる――はいたるところに存在すると述べている。[27]

たとえそうでも、社会を発展させるところまで進んだ者はほとんどいない。最もよくある、二者から構成される基本的な二つの社会単位、すなわちつがいの雌雄と母子について考えよう。こうした類いの社会的なペアでさえ、すべての動物において見られるものではない。サケは水柱のなかに産卵して受精を待ち、ウミガメは卵を砂のなかに隠したまま放棄する。それでも、生まれたての子どもはとても弱いので、無力なあいだは子どもを養うのが得策だろう。すべての鳥類や哺乳類、さらにはその他の動物の一部の種では、この重要な時期には母親が子どもの世話をする。コマツグミのようなわずかな例においては、父親も手を貸す。それでも、集団の大きさや持続期間もふつうその程度でしかない。このような小さな家族は、長く続く社会の一部としてではなく、単体で運営される。

味方のネットワークや親密な友情も、社会が発展することを必要とはしない。たとえばオランウータンは社会をもたず、たいていは単独で行動するが、霊長類学者のシェリル・ノットから、青年期に出会った雌どうしがその後もときおり一緒にすごすという話を聞いた。また、二頭かそれ以上のチータが縄張りを守るために協力するという点にも注目しよう。それらは兄弟である場合が多いが、つねにそうとはかぎらない。[28] しかし私の推測では、性的なパートナーという関係とはちがい、友情は社会においてこそ最も大きく開花する。このことから、社会のなかに頼りになるメンバーたちがいることによって、社会脳仮説の支持者たちの関心事である、長く持続する関係のための安定した基盤が築かれるということがうかがわれる。

一緒にいることとは、たとえ子育てや友情のための関係よりも短期間であっても、両者にとって有益だろう。夜中のパーティーで騒ぐティーンエイジャーのように、一斉に鳴きながら飛び交っている鳥について考えよう。こういう群れには社会性があり、近くにいる者たちを引き寄せることによって、捕食者から身を守り、つがいを出会わせ、餌となる虫をかき回す。[29] 一部の渡り鳥は、単独で飛行せずに群れでV字形を作って飛び、エネルギーの消費を抑える。イワシの群れやレイヨウの群れにも同様の利点がある。たとえ群れのメンバーたちが、その集団にたいしてまったく義務を感じていなくても。[30]

このような共同の利益に加えて、動物が自身をいくらか犠牲にして他者を助けるという利他主義の事例もある。吸血コウモリは、自力で獲物を見つけられなかった夜が続くと、洞窟のねぐらにいるコウモリたちが吐き戻した血をもらう。この場合、最も寛大なコウモリが、自身が血を必要とするときに見返りとしてより多くの血をもらう傾向がある。[31] 血縁関係が絡んでくると、こうした寛大さは特別な進化的な意味を帯びてくる。コマツグミの父親が卵を抱く例が示すように、血縁者を助けることによって自分自身の遺伝子を残す可能性を高めることができるからだ。これが血縁選択というものであり、社会の営みを必要とはしない。

近くにいることで、数という点での安全が確保される。これは完全に利己的だ。学部生の頃に初めて熱帯を探検したとき、こうした事例を観察した。コスタリカで鱗翅目《りんしもく》研究者のアレン・ヤングと行動をともにし、オレンジ色の斑点のあるトラフトンボマダラチョウの幼虫の行動を記録するように指示された。ごつごつとした形の幼虫は、ぎっしりと集まって雑草の葉を食べ、休息し、移動していた。クモやハチがこれらの幼虫の命取りとなる。群れの外側にいる幼虫が、捕食者に最初に狙われ食べられた。そこで私は、幼虫は生き残るための本能から、身を寄せて互いに押し合って弱い個体を死に追いやっていると結論づけた。観察結果を書いているときに、著名な生物学者のW・D・ハミルトンが、魚の群れや哺乳類の群れなどがこのように中心へと向かう行動を取ることをすでに示しており、それを利己的な群れと命名していたことを知った。[32] 利己的であるにもかかわらず、私の観察していた幼虫は、たとえただの偶然ではあっても助け合っていた。独力では硬くて毛で覆われた葉の皮を突き破るのに苦労してごちそうにありつけなくとも、集団でならもっとうまくやれた。葉の皮を破るのに最初に成功した幼虫のおかげで、全員が食物にありつけるからだ。[33]

大事な点は、私の観察していた幼虫たちは、協力をするが社会をもたないということだ――吸血コウモリやコマツグミ、大半の群れをなす鳥と同じように。周囲にいる仲間たちの数がだいたい同じであるかぎり、私がどういう組み合わせを作ろうとも、幼虫は周りのどんな顔ぶれともうまくやっているように見えた。これと同じことが、個体が行き当たりばったりに群れをなすどんな場合にも当てはまる。たとえば天幕毛虫（オビカレハ）が集まって作業をして、さらに大きく、寒い天候からより効果的に身を守ることのできるような糸でできたテントを張るときなどがそうだ[34]。同様に、社会性があり巣を作ることで知られているアフリカの鳥は、他の鳥たちが作ったたくさんの巣のなかに自分の巣を組み合わせて、大きな共有の構造物を作り上げ、そこに住むすべての鳥が冷暖房機能を享受できるようにしている。鳥たちは、こうした集落《コロニー》に好きなときに出入りする。ただし、群れをなす鳥が群れへの出入りを短期間ごとに繰り返すのにたいし、このコロニーへの出入りは数カ月の単位だ。互いに顔見知りになる鳥もいる一方で、コロニーはふつうの群れと同じくよそ者にたいして閉ざされてはいない。巣を作る場所さえ見つかれば、どのような新入りでも受け入れられる[35]。

要するに、社会と協力を同一視している人は、因果関係を逆に理解しているのだ。典型的な社会には、肯定的な関係も否定的な関係も、友好的な関係も問題を抱えた関係も、あらゆる種類の関係が包含される。社会の内部や社会間においても、そして社会がまったく存在しない場所においても協力が盛んに行なわれると考えると、社会とは、協力をする者たちの集まりではなく、アイデンティティを長期間にわたり共有することからもたらされるメンバーについての明確な感覚を全員がもっているような、特定の種類の集団であるととらえるほうが良い。人間やその他の種の社会においては、メンバーであるかどうかはイエスかノーで答えられる問題であり、あいまいさはめったにない。友情、家族の絆、あるいは社会的な義務のいずれからであれ、協力が見込まれることは、多くの種において社会をもつことから得られる最高の適応利得のひとつに数えられるかもしれないが、社会という方程式にとって必須のものではない。家族をもたず、すべての人間を蔑視している人間嫌いの人でも、自国の国民であると主張できる。社会体系の外で世捨て人として生活している人にも、社会のなかで他の人々に寄生している人にも、どちらにも言えることだ[36]。定期的に接触するかどうか、助け合うことをいとわないかどうかにかかわらず、社会のメンバーたちは、彼らのもつアイデンティティによって結びついている。ただし、彼らが共有するメンバーという身分が、そのような関係を実現するにあたっての最初の確かな一歩になっているのだろう。

では、鶏と卵、すなわちメンバーであることと、協力のどちらが先にあったのか？　社会が発展するためには、協力という必要最低限のもの以上の何かが存在しなければならなかったのか、長期的な協力がそもそも発生する可能性が生じる前に、社会のメンバーにならなければならなかったのかという疑問にたいする答えはまだ出ていない。どちらがもともとの正解だったのかはさておき、次章では、自然界にいる脊椎動物たちが社会から与えられている多くの利点を紹介していこう。

第2章　脊椎動物は社会に属することから何を得るのか

社会に属する動物は、単独で生きる種と同様に必死に闘っている。誰が何を手に入れるのかという争いや、つがいになり家庭を作り子どもを育てる権利をめぐる争いに直面する。全員が成功を収めるわけではない。社会のメンバーであることから個々に与えられるものは、より広い世界に立ち向かうにあたってのある程度の安全性だ。これは、メンバーが、よそ者を追い払う以上のことは互いにたいしてほとんど何もしないような社会においてさえも当てはまる。うまくいっている社会――競争相手となる外部の集団や個人たちよりもひとつのパイから得られる分け前が大きいような社会――の一員であれば、各々のメンバーが独力で手に入れたであろう分量よりもさらに大きな分け前を最終的に手に入れることができるだろう。一時的にゆるやかに結びついた集団にも利点はあるが、動物が永続的な社会での生活にいったん順応すると、自力で生きていく生活へと戻るには問題が伴うことがある。社会に属さない者や、衰退していく社会に属する者は、誰でも危険な状態にあるのだ。

脊椎動物、それもとりわけ哺乳類は、動物がどのように社会から利益を得るのかという問題を考えるにあたっての良い出発点になる。何よりも私たち自身が哺乳類であり、哺乳類として進化を遂げてきたことが本書の中心的なテーマであるからだ。だからといって、他の脊椎動物がどれも社会をもたないというわけではない。フロリダヤブカケスのような一部の鳥の種では、巣立ちしたばかりの若い鳥が、親鳥を手伝って弟妹にあたるひな鳥の世話をする。生物学者が「世代の重複」と称するこうした事象があることから、このような集団は簡素な社会の一例となる。あるいは、アフリカのタンガニーカ湖に生息するネオランプロローグス・ムルティファスキアートゥス（*Neolamprologus multifasciatus*）という、貝殻のなかに住むカワスズメについて考えよう。[1] 最大二〇尾からなるカワスズメの社会は、堆積物から掘り出した貝殻の山の番をする。各々の魚は、ある生物学者が「近頃の公営住宅が誇るような複合的な集合住宅」と描写した貝殻の集合体のなかに専用の住みかをもっている。[2] 最も優位にある雄が生殖を行ない、雌雄いずれかのよそ者がごくまれにこの集落《コロニー》に入り込んでくる。

社会のなかで生活する魚や鳥よりも、社会のなかで生活する哺乳類のほうがはるかに広く知られており、話題にもされている。[3] たとえそうでも、社会のメンバーという概念やアイデンティティという点を念頭に置いてそれらの哺乳類を振り返れば、新鮮な視点が得られる。北米の草原に生息するプレーリードッグと、アフリカのサバンナゾウという、よく好まれる二つの例を見ていこう。両者とも社会をもつが、じつはどちらの集団も最も注目を集めるものではない。プレーリードッグは集落《コロニー》や町《タウン》を作って生活し、ゾウは群れ《ハード》を作って生活していると従来考えられている。しかし、コロニーや群れ《ハード》がひとつの社会であることはめったになく、複数の社会の寄せ集めである。プレーリードッグの場合は個々の社会が敵対し合い、ゾウの場合はおおむね友好的だ。

プレーリードッグのどの個体も、コロニーとの一体感をもったり、コロニーのために戦ったりしない。むしろコロニーの内部にある、同じ縄張りを所有する小さな集団に忠誠を尽くす。この集団はときにコテリーとよばれる（排他的な集団を意味するこの単語は名前としてふさわしい）。プレーリードッグのなかでおそらくは最も研究されている五つの種に入るガニソンプレーリードッグの場合、ひとつのコテリーには生殖をするおとなが最大で一五頭おり、雄と雌がそれぞれ一頭以上は含まれる。コテリーの区域は最大一ヘクタールにわたり、精力的に守りを固めている。[4]

対照的にサバンナゾウは、すべてが互いに友好的であるが、社会とよばれるに値する特定の集団がひとつだけある。[5] コアグループ、あるいは単にコアとよばれる集団には、最大で二〇頭のおとなの雌と、それらの子どもたちがいる。この社会の主は雌である。雄は成熟するとそれぞれの道を歩み、コアの一員になることはない。数百頭のゾウや多数のコアが混ざり合っているときでさえ、ひとつのコアはたいていひとつの単位として見分けることができる。他とは区別されたメンバーのまとまりを維持するために、コアにおいては通常、たとえメンバーが気に入っている者であっても、よそ者が長期間メンバーたちと一緒に過ごさないようにしている。そして、コアとコアのあいだの関係は複雑だ。コアどうしは絆群《ボンド・グループ》とよばれるつながりを作るが、それらは一貫性がなく、どれとどれがつながるのかについての意見は分かれている。コアAがコアBおよびコアCと絆を結びながらも、CがBを避ける場合もある。長期的にはコアだけが、明確なメンバーをもつ集団として共同の生活を続ける。

コアを作るサバンナゾウの生活は、他の二つのゾウの種、すなわちアフリカのシンリンゾウ（マルミミゾウ）とアジアゾウの生活とは異なる。この二つの種は社交性をもつが、明確な社会をもたない。[6] 明確な社会をもたないのなら、これらの種はあまり高等ではないのだろうか。それは「高等」という言葉の意味によってもちがってくるが、答えはおそらく、より高等だというものになるだろう。なぜなら、体重にたいする脳の重さの比はアジアゾウが最大だからだ。たぶんサバンナゾウは、自身の属するコアに依存することで、毎日の社会的な責務がコア内のわずかな数の仲間たちにたいするものだけに軽減されるため、生活が簡素化されるのだろう。こうした考えかたは一見、社会脳仮説に反するように思われるかもしれないが、イタチやクマのように単独行動をする種はいつでも完全に自立していなくてはならず、このことが、パズルを器用に解く実験によって示されたように、単独行動をする種のほうが社会で生活する多数の種よりも頭が良い場合のある理由になるのかもしれない。[7] アジアゾウは社交的ではあるが、はっきりとした社会の境界がほとんどないために、認知的課題につねに直面する可能性が高い。

哺乳類の社会の一員であることから得られる利点

広い視点から見れば、社会は、サバンナゾウやプレーリードッグからライオンやボノボにいたるあらゆる哺乳類に、メンバーが安全と機会の両方を手に入れることのできる多様な方法を提供している。すなわち、外の世界にある危険から守られるとともに、共有資源を利用することが許されているのだ。おおまかに言えば、こうしたセイフティーネットは、ゆるやかに重なり合う二つの区分、すなわち、社会がメンバーを養うこととメンバーを守ることへと分類される。

社会の機能が提供する資源のひとつに、頼りにできる長期的な手伝い《ヘルパー》を利用できることがある。これは、子どもに食物と住みかを与えている母親にとって利点となりうる。なかでもハイイロオオカミと、フロリダヤブカケスのような鳥たちは、協力して子育てをする。彼らの社会は拡大家族を中心に築かれ、複数の世代にわたる者たちが、彼らのきょうだいを育てている親や近い親戚の手伝いをする。母親が外に出て自身の食料を探しているあいだに別の者が子どもの世話をする例は多くの種のあいだでよく見られるが、ミーアキャットのヘルパーは、巣穴をきれいに片づけたり、子どもたちに餌の昆虫を与えたりもする。[8] サルのなかには、自分で子どもを産んだことがなく貢献度のあまり高くないヘルパーもいるが、そうした雌たちは赤ん坊の世話をする練習ができる。ただし神経質な母親は、そうしたヘルパーに目を光らせる。[9]

社会から得られる他の利益を見れば、互いをよく知っている社会の終身メンバーたちが集団で効率よく努力することによって食料を獲得できることがはっきりとわかる。大きな獲物を狩る捕食者は手早く食事を済ませ、群れの全員がそのおこぼれにあずかる。リカオンなどのいくつかの種では協力する義務が課せられるが、それほどでもない種もある。たとえばライオンでは、集団で狩りをするときに手を抜く者もいて、そういうときには単独で獲物を狙った場合に得られる分量くらいの分け前しか手に入らないことが多い。哺乳類の社会全般によく見られるいくつかの行動は、たとえ鳥の群れのような一時的な集合体に認められるものとたいして変わらなくても、重要なものである。たとえばミーアキャットとワオキツネザルは、数の力に頼って食料のある場所を突き止め、まとまって群れをなすことによって昆虫の群れを引っかき回し、捕まえやすくする。ヒヒは、群れのなかで最も上手に獲物を捕まえる者と親しく付き合うことで知られており、ときにはその者の食物を盗むこともある。

フロリダ西部に生息するバンドウイルカの場合、社会は、おそらく主として別の目的、すなわち、その土地の状況に順応するためにある。イルカの子育ては共同責任で行なわれ、子どもたちは何世代にもわたって受け継がれる伝統を学んでいく。たとえば、いくつかの群れ《コミュニティ》の年長者は若いイルカたちに、魚たちを囲い込んで密集させてから、その群れを丸ごと浜へ追い込む手法を教える。イルカたちは、ぱたぱたと跳ねている魚を素早く食べ、のそのそと海中へ戻っていく。このような社会的な学習は、チンパンジーのような種においても同じように行なわれている。[10]

メンバーが社会から受ける保護は、メンバーが利用できる資源と同じくらい重要である。もちろんこの二つは関連している。チンパンジーの雌は、子どものために必要な物が手に入らないなら別の社会へ移ることもあるため、雄は、やっかいな仕事を引き受け、攻撃的なよそ者から資源を守るという危険に立ち向かう。そうした雄にとっての直接的な動機は、何よりもセックスであるようだ。[11] 食料や飲み物を調達する以外にも、多くの種は、子どもたちのねぐらを確保したり、地形上の貴重な特徴にしがみついたりする。ハイイロオオカミなら見張り台を、ウマなら風よけとなる林を。そして多くの霊長類なら、眠るための安全な場所を。まるで郊外の住宅のように、タウンのなかで一定の間隔を置いて設けられたプレーリードッグのマウンド（巣穴の周りにある土の盛り上がった部分）は、カワスズメの貝殻とよく似て、個々のメンバーの居住スペースとして重要である。プレーリードッグの場合、ひとつのマウンドを二、三頭で利用することもある。

資源を守るという点では、メンバーどうしで競争することから発生するコストは、外部からやって来る競争相手やその他の脅威を察知するための目や耳や、万が一敵が現れたら警告を発するための声や、応戦するための歯や爪がより多くもてるという効果によって相殺できる。何より大切なのが、幼い者を守ることである。コアに属するゾウたちが、どの親の子どももライオンからかばうように。群れ《バンド》に属するウマたちが、子ウマの周囲を取り囲んでオオカミを蹴りつけるように。ときおり、全員が防戦に加わることもある。赤ん坊を背負っている母親も参加して、ヒヒの群れ《トゥループ》全体が一丸となってヒョウに攻撃をしかける。そのうちの何頭かは、ヒョウを追い詰め、ときには殺そうとして大きな傷を負うこともある。[12]

社会が体験する最も激しい競争はおおむね、同じ種が作る他の社会との争いだ。最善の防御は最善の攻撃になりうる。同種の者たちから必需品を独占するためのよくある方法は、それらをじかに守ることではなく、それらが存在する場所の所有権を主張することだ。そうした区域を独占的に管理するか、少なくともかなり優先的に支配できる場合には、縄張り制が選択される。そういうわけで動物は他の集団との境目に障壁を構築する。貝殻を住みかとするカワスズメは、さまざまな集団が住む集合住宅の仕切りに砂で文字通り壁を作る。一方、ハイイロオオカミやリカオンなどの哺乳類は、縄張りににおいのしるしをつける。プレーリードッグは、石や雑木などがあれば、それらを目印として利用するが、何もない地面に引かれた境界線だけでも何世代にもわたって有効だ。プレーリードッグは、自分がいる場所を正しく知っており、侵入者を追い出したり殺したりして自分の縄張りを守る。縄張りをもつ種の場合、それらの動きを図に記録し、別々の集団がそれぞれに異なる領域を占有していることを示すだけで、個々の社会を識別することが可能である。

ウマやサバンナゾウ、サバンナヒヒなどのいくつかの種の社会は縄張りをもたない。その代わりに、同じ種が作る他の社会と同じ領域のなかで一緒に生活する。それでも、むやみに移動することはめったになく、たいていはそれぞれの集団が最もよく知っている区域に留まっている。これらの社会が互いに争う原因は、土地そのものへの出入りではなく、土地にある資源である。資源は通常、広く点在しており、土地全体を防御することは実際には不可能だ。力の強い社会なら、メンバーの少ない社会や単独で行動する動物から縄張りか資源を奪い取ることができる。しかし、すべての哺乳類が、最も身近にいる動物たちと戦うわけではない。ボノボとフロリダ沿岸に生息するバンドウイルカの社会はどちらも、基本的には個々の所有する場所から離れないが、よそ者が現れても戦うことはほとんどない。それらの住まいの境界線に壁はなく、近くの動物たちとの競争が少ないということを物語っている[13]。

ときには社会に属することが、同じ種の者たちから受ける嫌がらせを軽減する手助けになる。ごく少数の情け深い者たちとの触れ合いも減ってしまうことになるが。たとえばウマの群れにはふつう雄雌両方のおとながいるが、おとなの雄が一頭もいなくてもうまくやっている群れもある。そのような雌だけの群れが雄が入ってくるのを渋々認めるときにぴったりの言い回しが「よく知っている悪魔のほうがまし」だろう。その雄がいかに強引であろうとも、ひっきりなしに現れるしつこい雄たちを追い払ってはくれる。[14] 他の種では、社会のメンバーがよそ者とつがいになる例もあるが、そうした密通を異性のメンバーたちが止めようとする。ワオキツネザルの雄が、別の群れのそばを通りがかり、その群れの雄に気づかれずに入り込むことができれば、その気満々のセックスパートナーが見つかる。同様に、プレーリードッグの雌が戯れの恋を期待して別の縄張りに入り込む場合もあるが、そうした行為を発見されたら攻撃を受けることになる。

社会から得られる最後の特典は、その内部にある多様性だ。数があるということには、目や耳や、歯や爪を繰り返し使うこと以上の効果がある。メンバーに多様な強みがあることで、個々の欠点が埋め合わせられるのだ。目が悪いサルや脚をけがしているサルや、単に食料を探すのが下手なサルは、優れた視力や健脚をもつサルの後をついて回り、恩恵にあずかることができる。たとえ強者が意図的に弱者を助けようとしていなくても。さらには弱者も、おそらくは赤ん坊の世話をするなどして、社会的な役割を果たすことができるのかもしれない。

社会のなかでのメンバー間の関係

捕食者や敵から逃げたり戦ったり、嫌なことを回避したり、資源やつがいの相手を見つけたり、食料を手に入れたり、雑用を片づけたり、教えたり学んだりといったあらゆることをする際に、動物間での協力や利他的な行為をする機会が生じる。協力よりもメンバーとしてのアイデンティティのほうが社会をまとめる要因ではあるが、協力は明らかに社会生活から得られる恩恵となりうる。たとえ、事態にたいするメンバーたちの関心事が相反していたり、すべてのメンバーに等しく助けの手が行きわたらなかったりする場合でも。誰かの昼食にされるのを避けるために他の者の後ろに隠れる幼虫の例にあるような利己心が、他の者たちと連携するための主な動機となることはめったにない。しかし、ヒヒが集団でヒョウを襲うといったメンバーたちの危険な行為を見れば、関心事が一致していることがわかる。ただし、そうした協調性の発達の程度や、観察される事例の数は、種によって差がある。

ダンバー数によって示される個人的な社会のネットワークのように、社会内での協力関係の多くの事例は、個人に特化されたものだ。身近な味方であり最も親しい友人は、家族の一員や、セックスの相手となるかもしれない者である例が多い。しかし、つねにそうとはかぎらない。ハイイロオオカミとウマはどちらも、特定の仲間に慰めや支えを求める。[15] 同様に、たまたま同じ時期に子育てをしている雌ライオンは、クレイシュとよばれる緊密な提携関係を結ぶ。別々の母親から生まれた幼い頃からの仲間であることが多いが、雄のバンドウイルカのあいだの絆は終生続き、ペアとなって一緒に雌たちに求愛したり、雄の競争相手を追い払ったりする。

親密な友情や味方のネットワークをもつことで、社会における生活が容易になると保証されるわけではない。その点については、前章ではっきりと説明した。すべての人が広いペントハウスに住める余裕があるわけでも、すべてのオオカミがボスであるわけでもない。集団がもつ資源をメンバー間でどう分けるかが問題となる状況では、社会は、社会的な意味合いにおいて、そしてときには物理的にも、正真正銘の戦場になりうる。動物たちはしばしば、権力争いやいざこざ、苦痛や迫害があっても社会にしがみつき、社会から得られる機会を期待する。それぞれが、自身のアメリカンドリームを追い求めて奮闘しているのだ。こうした状況において、他の者たちよりも厳しい境遇に陥る者もいる。多くの霊長類の社会においては、個々が自身の地位を上昇させようとしても、たいていは序列の最上位にいるボスの権勢に阻まれて、強い生理学的なストレスが生じる。[16] 同じことがブチハイエナについても当てはまる。ブチハイエナは、ハイエナのなかで社会を形成する唯一の種だ。具体的には、ブチハイエナの最上位の雄は、同じく最上位にある勇ましい雌よりもペニスが小さく、テストステロンの濃度も低い（雌には擬ペニスとよばれる性器がついている）。地位も低く、子どもでもその雄を食物の周りから追い払うことができる。[17] これと比べてサバンナゾウやバンドウイルカやボノボは、のどかな生活を送っている。それでも軋轢が生じる場合もある。人気のないゾウは姉妹からいじめられ、イルカはつがいの相手をめぐってけんかをし、ボノボの母親は、セックスをしようとしている息子の邪魔をしてくる雄を撃退しようと介入する。

優位に立つことには利点がある。優位に立てなかった者にとってさえ。個々の身体や知能の資質から――一部の種においては母親の地位にもとづいて――序列がいったん定まると、対立が少なくなるだろう。これは全員が受けられる特典だ。自分の地位が決まれば、地位の低いサルは、はるかに地位の高いサルと張り合って時間を無駄にすることを止めて、自分と同等の、おそらくは哀れなほどに低いレベルに位置する者たちのなかで自分の地位を向上させることに集中できる。自分の置かれた状況にこうやって順応しなければ、疲れ果ててしまうだろう。人間にとっても、他の動物にとっても、出世を目的として不断の争いを続けていけば、社会はばらばらになるだろう。[18]

母親の庇護に頼る愛想の良いボノボと、社会的な地位をめぐってストレスにさらされているヒヒのどちらも、『ゴッドファーザー　ＰＡＲＴⅡ』においてマイケル・コルレオーネが語ったルールに従って生きているようだ。すなわち、「友人は近くに置け。敵はもっと近くに置け」というルールに。社会では予測可能なメンバーが限定されるので、動物は友と敵の両方を監視し、ポジティブな関係とネガティブな関係の両方に対処し、ときには有利になるために競争相手と連携することもできる。

おそらくはこういうわけで、ボノボがああいったふるまいをするのだろう。チンパンジーとはまったく対照的に、互いにあまり争わず、なじみのない者と親しくなり、大勢とセックスし、捕食者にあまり出会わず、ほとんど自力で食料を探したりサルのような大きな獲物を手に入れたりすることからすると、ボノボにとっての社会の利点がわかりにくい。[19] ボノボは実際、外向的で、よそ者にたいして寛大なこともある。[20] これといった明確な群《コミュニティ》れのなかで生活していない場合には、そういうふうにふるまうようだ。それならボノボはなぜ社会をもつのか？　もしかするとボノボの社会は、最小限の理由のために存在するのかもしれない。すなわち、限定されていて扱いやすい個体の集まりの近くで毎日の生活を形作るという目的のために。この仮説は合理的だ。とはいえ、まったく申し分ないとは言えない。今のところ明らかになっていることよりも多くのものを社会が与えている、というように私は考えたい。仮にそうだとしても、明白なことがひとつある。ボノボの生活は、チンパンジーのように、そしてサバンナゾウやプレーリードッグ、ブチハイエナ、バンドウイルカのように、さらにはフロリダヤブカケスや貝殻に住むカワスズメのような他の脊椎動物のように、社会のメンバーのそばにしっかりと根づいているのだ。

ある心理学者は人類についてこう述べている。進化の歴史の結果、私たちの「個人の安全と確実性についての感覚」は、よそ者がおらず、明確に区別されていると思えるような集団に属しているときに、最も強くなる。[21] この説は、仲間のメンバーたちから物を与えられたり守られたりして生きているどのような種類の動物にも当てはまるだろう。実際、社会生活の多くは、社会のメンバーがどのように相互作用して、その結果として、社会の内部や社会間においてどのような動きが生じるかということと関係している。人間も含めたさまざまな種の社会的な進化は、その動きが活発であればあるほど、進展する。このテーマについては、これからすぐに考えていこう。

第３章　離合集散する社会

私たちの乗ったランドローバーが、素晴らしい物を見つけて急停止した。一頭のリカオンが、まるでパラボラアンテナのように両耳を立てている。私は興奮を抑えることができなかった。集団で狩りを行なうリカオンは、ここボツワナや、サハラ以南のアフリカ全域ではめったに見かけない。リカオンは群れ《パック》で生活するため、他にも近くにいるはずだ。ところがこの雌のリカオンは一頭だけで、そのために神経をとがらせていた。そわそわと歩いては立ち止まり、フクロウのようなホーッという鳴き声を上げ、耳を澄まし、また声を上げる。三度目に鳴いてから数秒後に、群れの仲間からの応答が聞こえた。するとこのリカオンはただちに、群れのほうへと跳びながら駆けていった。それから一分間、車をガタガタと走らせると、うたた寝したり、飛び跳ねたり、うなったり、鼻を鳴らしたり、遊んだりしているリカオンの群れに出くわした。

社会は、単独でいることからは得られない利益を与えてくれる。これだけは明白だ。しかし、そうした利益が具体的にどういうものになるのかは、移動とおおいに関係する。社会のなかの個々の者がどう移動して、どのように間隔を空けるかによって、個々と集団との相互作用が決まるのだ。リカオンやサルにとって社会の仲間たちから離れることは、大火災に匹敵するほどの緊急事態だ。たとえばミーアキャットがサソリを食べるのに没頭しすぎて群れが出発したのに気づかなければ、取り残された者は、応答が聞こえてきて仲間たちと合流するまでずっとロストコール（群れとはぐれたときに発声する音声）を発する。この嘆きの声は、捕食者や競争相手が苦境につけ込んで攻撃してくるリスクがあると訴えるものだ。ウマの場合も、雄が一頭だけで歩き回っていたり、雌が子どもから遅れを取ってしまったりするとパニックに陥ることがある。迷ってしまったウマは丘に登り群れを見つけて、ただちに仲間のほうへと走っていくだろう。

これは、すべての動物の社会において見られるものとはかぎらない。他の種でなら分散しているのがふつうの状態だ。わかりやすい例がプレーリードッグで、ほぼ個人専用のマウンドに散らばり、そこから毎日、餌を探しに出かける。こうした分散する習慣のなかで最も興味深いものが、離合集散として知られるものである。すなわち、社会のメンバーがあちこちで一時的にまとまって社会的な集団を作ったり、またどこか別の場所で集団を作っては散らばり、ふたたび集団になったりすることだ。社会のメンバーがすぐ近くにまとまっていなければならないような状況はめったにないため、多少の離合集散はほぼどのような種においても認められる。それでも日常的な離合集散はごく少数の哺乳類においてしか見られない。[1] ブチハイエナやライオン、バンドウイルカ、ボノボ、チンパンジーの社会が一カ所にまとまることはめったにない。他の動物の場合、社会の分散のしかたは、もっと状況に応じて決まる。オオカミの群れ《パック》やサバンナゾウの群れ《コア》は、食料を見つけるうえで効果がある場合には分裂する。離合集散は難解なものに感じられるが、こうした生活様式を研究すべき理由はたくさんある。離合集散を行なう種には、社会脳仮説を研究している人類学者たちが垂涎するような賢い哺乳類のほぼすべてが含まれるからだ。なかでも最も重要な種が、私たちホモ・サピエンスである。

離合集散社会をもつ動物は、自身の社会的な成功に最も適したかたちで移動する。簡単に言えば、ここでこそ社会的な知恵が発揮されるのだ。ほとんど制約なしに移動することで、仲間を選び、友やつがいの相手と一緒に質の高い時間を過ごしながら、競争相手から解放されるという恵まれた状況を手に入れる。ブチハイエナがそうした安心できる環境を得るには、時間と努力が必要だ。ブチハイエナは生まれたときから競争にさらされていて、そのために命を落とすこともある。ケニアでハイエナの専門家であるケイ・ホールカンプとハイエナを観察していたとき、私は、巣穴で子どもたちが戯れているようすを楽しく眺めていた。しかしそのうちに、子どもたちが引っ張り合っている物は、遊び仲間の死骸であることに気づいた。子どもたちは大きくなり巣穴を離れると、すぐに散り散りになる。縄張りのなかで味方となる者を探す者もいれば、他の群れのメンバーたちに用心深く近づく者もいる。

ある意味、動き回る自由は、どちらの方向にも作用する。社会的な交流を複雑に発展させることができる一方で、個人的な関係が複雑になれば自由に立ち去ることもできる。「顔を突き合わせて」──たとえばひとつに固まっている群れで──生活している動物ではめったにうまくいかない戦略を取れるようになるのだ。地元に嫌気がさしたら？　社会的な地位は低いが抜け目のないチンパンジーなら、折を見てそっと抜け出し、縄張りのなかの静かな場所へ行き、雌とこっそり逢い引きをするかもしれない。さらにはより密かに、ハイイロオオカミや雄ライオンは縄張りの外に出て、別の群れのもとを訪れることがある。これは逃走への第一歩だ。別の社会のメンバーへと移行していくには、このように徹底して二つの顔を使い分けることが必要となる。離合集散を行なう多くの種の脳がとても大きいことは、驚くには当たらない。

離合集散からは他の利点も得られる。広く散らばることで、縄張りのなかにより多くの数のメンバーをもつことが可能になる。社会のなかの全員が同じ資源を同時に得ようとして、他の者の領分を侵すことがないからだ。一〇〇頭のチンパンジーを抱える群《コミュニティ》れ全体が緊密にまとまっていたとしたら、何が起こるか想像してみよう。群れの通った土地は丸裸にされてしまうため、絶え間なく移動して、ブラック・フライデーの買い物客たちのようにひとつの食物を奪い合わなくてはならなくなるだろう。そうする代わりにチンパンジーたちは互いに間隔を置き、果実がたわわに実った木のような大当たりの資源に遭遇したときだけ、合流して最大数の集団を作る。

離合集散には不利な面もある。メンバーが縄張り全域に広く薄く散らばっているときには、敵がほとんど危険を冒すことなく侵入し、小さな集団や単独で動いている者を襲うことができる。攻撃してきた敵はまた、大規模な反撃に遭うこともなく逃れることができそうだ。一〇〇頭ほどのチンパンジーが密集しているところにそんな攻撃をしかけてきたら、自滅することになるだろうが[2]。

襲撃される危険性は別として、離合集散を行なう動物は、分散することによっていっそう上手に広い範囲に目を配り、侵入して盗みを働く者たちを警戒することができる。社会のほぼ全域に目や耳があるからだ。おそらくはそういう理由から、チンパンジーは決して、近隣の縄張りに侵入し、そこの木から果実を食べようとしないのだろう。対照的に、メンバーが密集している社会では、縄張りの辺境に侵入者が現れてもめったに気づかない。たとえば、たいてい密集して暮らしているヒヒやリカオンは、自分たちの縄張りの片隅で餌を食べている同じ種の悪党にたいして打つ手があまりない。このように、広く分散することで、動物の社会はより広い地域を守ることができるのだ。

くっつくか離れるか

私たち人間の感覚にもとづいて、ある種が離合集散の生活をしていると論じるのは簡単だ。しかし、その動物は自身の感覚能力を用いて人間とは異なるやりかたで空間を知覚しているということをわきまえて、個体間でどのように接触を保っているかを考察することが重要である。要するに、社会のメンバーたちが近くにいるか遠く離れているかは、私たちが判断することではないのだ。ヒヒの群れ《トゥループ》を観察したGPSデータから、ヒヒは決して、互いに数メートル以上は離れないということが確認されている。[3]南アフリカの生物学者、ユージーン・マレーは、ヒヒが体験する困難について描写するにあたり、ヒヒの生活は「不安という途切れることのない悪夢」であると表現した。[4]だが、ヒヒたちがつねに一緒にいることによって不安が悪化するとは、いったいどういうことだろう。実際のところ、ヒヒたちはほとんどつねに他のヒヒたちの存在に気づいてはいるが、群れのなかにいる数十頭が始終、頭にたたき込まれているのではなさそうだ。仲間のほとんどは、いつも自分の背後にいて姿が見えなかったり、茂みの周りをうろついていたりして、視界に入っていないことが多い。ヒヒの視覚や聴覚は人間ほどには鋭敏でないため、彼らにできることと言えば、誰であれ最も近くにいる仲間に注意を向け、彼らが動いたらそれに追いつくことくらいだ。全員がこれを行なえば、群れの隊形を保つのに十分のはずである。

社会のメンバーが遠く離れて動き回るような種は、それよりも鋭い感覚能力でつながっていることが多い。ゾウは、数キロメートル先にいる仲間の出す音を感じ取る。人間が、木の下で休息している二、三頭のゾウを目にして、そこから見えない場所で木の葉を食べている数頭から孤立しているのだろうと推測するような場合でも、ゾウたちは、ランブル音として知られる低周波を絶え間なく発することによって結びついている。距離を超えてコミュニケーションを取るという能力のおかげで、遠くに散らばったコアのメンバーたちが協調して行動することが可能になる。[5]たとえ広く分散していても、あまりに遠く離れた場所まで行かなければ、緊密に集まったヒヒたちよりもゾウのほうが、互いの動きをより多く知っていることができるのだ。

ならば一緒にいるという感覚は、とらえる目（または耳や鼻）次第で変わってくるということだ。また、離合集散を行なう動物であっても、本当に孤立すればパニックに陥ることがある。これらすべてのことから、次のように言える。社会のメンバーが協調して行動する、あるいは少なくとも互いにたいして有効に応答するために重要なことは、私たち人間から見てメンバーたちが互いにどれくらい近くにいるのかではなく、メンバーたちが互いの位置を知っていることである。その知識は、ヒヒのように狭い場所に限られる場合もあれば、ゾウのように広範囲にわたる場合もある。社会のメンバーは、互いの存在に気づいているかぎり一緒にいるのだ。

ゾウ（分散するが、驚くべき感覚能力を使って単独で行動することも多い）と、同じように分散して生活するチンパンジーを比較しよう。私たち人間と同じような視力と聴力をもつチンパンジーはふつう、自分の近くにいる仲間だけを知覚するのだろう。実際、チンパンジーの感覚能力には限界があるため、チンパンジーの群《コミュニティ》れは実質的にゾウのコアよりもはるかに細かく分かれている。もしも、敵対するよそ者が現れるなどの危険が生じたら、たまたまその場所で一緒にいたチンパンジーたちだけが合同で防衛に当たることになる。このようにチンパンジーの群れはつねに分散し、一時的にばらばらになったパーティとよばれる集団のなかでほとんどの時間を過ごす。

それでも、最も広く分散する離合集散社会においてさえ、動物はふつう、それほど遠く離れていない者たちに向けてときどき自分の存在を知らせるための何らかの手段をもっている。ブチハイエナは何か刺激があればホーホーと鳴き、チンパンジーはパントフートとよばれる手法で連絡を取り合う。ライオンは吠え、オオカミは遠吠えをする。このような種類のコミュニケーションがあるかぎり、個々の者が完全に他から切り離されることはない。[6]

これらの鳴き声がどういう情報を伝えているのかについては、まだ研究中だ。単に、自分の最新の居場所を他の者たちに伝え、それに応じて適切な間隔をとる場合もあるだろうが、いくつかの発声は行動を呼びかけるものでもある。ハイエナやライオンは、戦ったり、ごちそうを追いかけたりするための助けを呼び求めたりする。六〇頭ものハイエナが敵の群れに攻撃をしかけるために集合した例があった。それは、気分が悪くなるような騒々しい光景だった。一方、もっと少ない数で狩りをしかけることもある。呼びかけの宣言を反対に利用されることもある。ハイエナがあまりに騒々しいと、いっそう多くの敵が引き寄せられて大規模な騒動になってしまう例が多くあるのだ。

チンパンジーの鳴き声のなかでもパントフートは最も音が大きく、二、三キロメートル先まで鳴り響く。パントフートという名称は、その音からきている。人間なら、礼節を重んじる社会においてこんな音は決して立てない（講演中に聴衆を感心させようとする動物学者、たとえばジェーン・グドールでなければ）。この鳴き声は、一緒に行動しているチンパンジーたちが興奮していることを表す。チアリーダーのかけ声のように、雄と雄のあいだの絆を強め、音の届く範囲内にいるパーティのメンバーたちが互いを把握するのに役立つ。果実を見つけたチンパンジーは激しくパントフートの音を出し、食料が豊富にある場所へと他のチンパンジーたちを引き寄せる。[7] しかし、チンパンジーたちを本当に興奮させるのは、別の群《コミュニティ》れから聞こえてくるパントフートだ。それに気づくと、音のするほうをじっと見つめ、ときには同じくらい大きな声でパントフートを返す。[8]

ただし、たいていのチンパンジーの縄張りは広大なために、間隔がとても空いているパーティ間では音が届かない可能性が高い。したがって実際には、コミュニティ全体で危険にたいして注意が喚起されることはなく、一丸となって行動することも決してない。対照的に、ボノボも同じようなパーティを形成するが、全員が声の聞こえる範囲内にいることが多い。日没時に、コミュニティ全体にわたって活発に情報が交わされることもある。皆を共有の寝床へと導く特別な「ネストフート」という音を発するのだ。霊長類学者のザンナ・クレーはこう教えてくれた。もしもボノボのパーティが他の者たちの音が聞こえない距離まで移動してしまったら、ネストフートの声は出さない。どうやら、自分たちだけ離れていることに気づいても、気にしないでいるようなのだ。[9]

いつか私たちは、これまでに評価してきたよりももっと多くの情報を動物がやりとりしていることを知るかもしれない。ガニソンプレーリードッグは、複雑な種類の声の調子を使ってコミュニケーションを取る。たとえば、赤いシャツを着た背の高い奴が視界に飛び込んできたか、黄色いシャツを着た背の低い奴がゆっくりと近づいてきたか、あるいはコヨーテが来たかイヌが来たかに応じて、わずかに異なる警告音を発することができるようなのだ。ただし、こうした情報をプレーリードッグたちが活用しているのか、そうであればどのように活用しているのかは、わかっていない。[10] 他の種も同じように、現在わかっているよりも多くのことをやりとりしているのかもしれない。遠吠えをしているオオカミは、遠く離れた場所から群れの仲間たちに指示を出しているのだろうか？「こっちは敵の血のにおいがするぞ――ここに来て戦いに備えろ！」と。

では、人間はどうなのか？　私たちの種がどのように分散するのか、そして分散が知性と社会の発生にどのように重要な影響を与えているのかについては後に詳しく述べるが、ここで予告をしておこう。農業によって人々が土地にしばりつけられるようになる前、狩猟採集民たちは分散という選択肢をもっていた。他の種でもそうであるように、離合集散によって人間社会における競争が緩和され、土地が養うことのできる人口が増えた。一方で、一人ひとりが、特定の他人たちとどのように交流するか、そしてどれくらいたくさん交流するかを選べるようになった。チンパンジーは離合集散のうちの集合という側面を十分に活用して、遠くにいる仲間たちを、ましてや群れ全体を呼び寄せることはできないかもしれない。しかし人間の場合は、少し離れた場所にいても互いから遅れを取らないでいることが成功への鍵だった。初期の社会においては、ほとんどの人が大きな声で叫んでも届かない距離にいることがふつうであり、のろしや太鼓といった少しの工夫が不可欠だった。テレックスによってリアルタイムにニュースが送信されるようになる以前のあらゆる長距離通信の手法がそうであったように、このような手法には限界があった。先史時代に使われていた多くの合図は、「こんにちは」というテキストメッセージくらいの情報しか伝えていなかったのかもしれない。[11]

それでも古い記録には、狩猟採集民が効果的にコミュニケーションを取っていた、それもとりわけ緊急事態にそうしていたことを示す手掛かりが豊富にある。使者の巡回はおそらく、近代の馬を使った郵便配達に相当したのだろう。持久走は得意中の得意。人間の体はそのために作られているのだから。[12]走っている最中に喉が渇けば最も近い水場に集まり、獲物や敵に出くわせば、他の人たちに呼びかけて分け前を与えたり加勢してもらったりした。ヨーロッパ人がオーストラリアの先住民と初めて接触した例のひとつに、一六二三年四月一八日にオランダ船がひとりの男をさらった事件があった。翌日、オランダ人たちの前に、槍を振るう二〇〇人のアボリジニたちが現れた。どうやら知らせが素早く広がったようだった。[13]

忠誠心の変化

社会は閉じたものだが、だからといって固く密閉されているわけではない。社会間での移動は、それぞれの社会の健全性にとって重要だ。こっそり潜入するようなまれな例は別として、個人が社会から社会へと移っていける機会がなければ、メンバーたちで近親交配をすることになるだろう。それもとりわけ社会が小さい場合には。サバンナゾウは、雄が自由に移動することでそうした状態を回避している。雄は、他の雄たちと一緒に多くの時間を過ごし、特に仲の良い一頭か二頭とくっついている。どのコアとも近しい関係にならずに、選んだどの雌ともつがいになる（別の雄と戦わずにすむ場合はまれだが）。ただしたいていの種の場合、社会にはおとなの雄と雌の両方がいる。そのような種では、社会間を移動することが、おとなになるために必須の段階とされている。若者は、成熟しつつあることを生まれ育った社会のメンバーたちから悟られて、つがいの相手として避けられるようになると、その社会を出ていくことがある。動物界を見わたせば、移動するのはつねに雄とはかぎらない。霊長類では雌雄でさまざまな分散のパターンがある。マウンテンゴリラなどの数種類の霊長類では、雌雄どちらも移動をする。他の種では、どちらかの性だけが移動をする。ハイエナや多くのサルでは、雄が群れを離れる。チンパンジーやボノボでは、雌が群れを出る。ただし、チンパンジーの雌のなかには、生まれた群れに留まる者も多少いる。移動した先での地位があまりに低い場合には、社会から閉め出されたり自発的に離れたりするなどして、ふたたび移動をすることもある。ハイエナの雌は雄を襲うだけでなく、群れに新しく入ってきた雄にたいしてセックスの相手としての興味をすぐになくす。そのせいで多くの雄が、別の群れに移動して運を試してみなくてはならなくなる。

ときには、新しい居場所が見つかるまでしばらくひとりで過ごすこともある。実際、新しい社会から受け入れられることが難しい場合もある。力のある者であればのっけから、つがいの相手をめぐる競争相手として認識してくる同じ性別の者たちと戦って、社会に無理矢理入り込むかもしれない。しかし、終身メンバーの身分を獲得するには、別の性の者たちから好ましく思われる必要もある。したがって、群れに新たにやってきたヒヒの雄は、雄を追い払いつつ雌の味方になることでその群れに溶け込む。チンパンジーの群れに加わりたいと希望する雌はたいてい、性的に受け入れ可能な時期にやって来る。この戦略のおかげで雄たちが寄ってきて、新しい雌を群れに迎え入れたがらない雌たちからの盾となる。

それでも新入りのチンパンジーの雌は、受け入れられた後に他の雌たちと争わなくてはならない。ちょうど新入りのヒヒの雄が、既存の雄の序列のなかで何とかやっていかなければならず、厚かましさと雌からの支持を利用してトップまで上り詰めようとするように。新入りが、もとからいた雄のメンバーたちを社会から追い出すような種では、このように争いが激しくなることはない。ライオンやウマの雄は、つがいの相手のいない雄たちと行動をともにして、最終的には社会のなかでの居場所を獲得する。たいてい、今いる雄のメンバーたちを追い払う手段を取る。単独でそうするのではなく、リカオンやライオン、ときにはウマの雄たちは二頭以上の徒党を組んで、敵対的な乗っ取りを企てることがあり、その後も長期にわたり味方であり続ける場合が多い。ワオキツネザルや、エチオピアに生息するヒヒに似たゲラダヒヒも同じような雄どうしの親密な関係を築く。ゲラダヒヒは一定期間そうしたつながりを維持するのにたいして、ワオキツネザルは、群れのなかの他の雄たちと仲間になると、それまでの親密なつながりを忘れてしまうことが多い。

他にも、力ずくではなく、忍耐力で社会に入っていくこともある。雌のゾウが別のコアへと逃げ出す例がときおりあるが、何度も周囲から小突かれた末のことが多い。雌のハイエナや雌のサルは、新しい群れの周縁をうろつく。自身の存在が当たり前のこととして黙認されるようになるまで、ひどい扱いを受けるのを我慢する。すんなり受け入れられるかどうかは、入っていく先の社会が窮地に陥っているかどうかによって変わってくる。オオカミの群れに一頭の雄が入ってこようとしたら、群れがそれを受け入れるとしても数日か数週間はかかる。しかし、条件がそろっていれば、運良く、ほとんどすぐに群れに入れてもらえる。そうした例が一九九七年に実際に起こった。最上位の雄が人間に殺されたばかりだったイエローストーンのオオカミの群れが、放浪していたオオカミを受け入れるところが観察されたのだ。何時間ものあいだ、一頭と群れのあいだで距離を保ったまま遠吠えを交わしてから、両者がついに対面した。最終的には群れのなかの若いオオカミが口火を切り、駆けて行って雄を出迎えた。わずか六時間後に、群れが雄をにぎやかに取り囲んだ。犬を飼っている人なら、オオカミたちの行動の意味がわかるだろう。犬は、尻尾を振ってにおいをかいでから一緒に遊ぶものだ。新入りの雄の二頭のきょうだいが前年にその群れによって殺されていたにもかかわらず、その雄はすぐに新しい最上位の雄になった。[14]

雌雄のどちらか一方だけが群れを離れる種では、冒険をしない性のほうが楽に生きられる。家族の農場を受け継ぐ人のように、子どもの頃からの友だちや血縁者、さらには知り尽くしているホームグラウンドへの親しみももち続ける。チンパンジーのおとなの雄は、生涯わが家に暮らし、子どもの頃からのお気に入りの場所を訪れる。一方で新しい社会へと移動した姉妹は、個人的な関係だけでなく、生まれた場所とのすべてのつながりを捨てて、ゼロから始めなくてはならない。

ここまで、動物が移動をしたり、自分の社会のなかで互いを把握したりする方法が、社会から与えられる利益に影響を与えうるということを見てきた。また、まれにしか行なわれず、しかも困難を伴う社会間の移動によって、どのように忠誠心に変化が生じ、以前はよそ者だったものが社会における確立された構成員になりうるのかも見てきた。次は、社会の透過性――個々の者の内外への流れ――を減らし、個々の社会が明確で独立した持続的な単位として機能することができるためには、哺乳類が互いについて何をどれだけ実際に知っていなくてはならないかを検討していく。

第4章　個々を見分ける

これまで見てきたように、社会は揺るぎないものではない。ゾウが新しい群れに移ったり、ハイエナの雄やチンパンジーの雌が別の群れのなかで出世を試みたり、一匹オオカミの雄がよその群れのリーダーに任じられることもある。哺乳類がこのように社会間を移動することから、社会のメンバーとしての身分をどのように獲得するのか、そしてその身分がどのように明確なものとして保たれるのかという疑問がわいてくる。社会でない集団であっても、長い期間にわたり明確に区別された状態でいることは可能だ。たとえ、集団に属する動物たちが互いについて何も知らない場合でも。

たとえば、社会性をもつある種のクモは何百という数で集まり、獲物を捕まえるために共同の巣を張る。ふつうの人ならぞっとする光景だ。巣と巣のあいだには間隔があり、クモは自分の居場所に留まるため、集落《コロニー》はふつう決して交わることはない。しかし、ひとつのコロニーをもうひとつのコロニーのそばに置けば、クモたちは互いを区別することなく混ざり合う。[1] こうした実験を行なわなければ気づかないことだが、クモのコロニーは完全に透過性があるとわかる。つまり、よそ者が入ってきて、そこに留まることができるのだ。したがって、クモが社会の一部であると言うのは大げさだろう。自身がコロニーのメンバーであると解釈してそのコロニーへの帰属関係を示すことがないからだ。だが、明確な社会をもつ種にとってさえ、透過性の高すぎることがときに問題となりうる。養蜂用のミツバチは西アジアやアフリカで進化したが、かつては巣と巣が混ざり合う機会はほとんどなかった。今日では巣箱が置かれる間隔がとても狭いため、数匹の働きバチがふらふらと道をまちがえて飛んで行き、別のコロニーのために何も知らずに幸せそうにいつもの仕事をこなす。その結果、自身の巣の労働力が減ってしまう。

ほとんどの脊椎動物では、つがいの相手を探す個体が社会間を移動するという、めったにない困難な状況においてしか透過性が生じない。そうした種は、個体を識別する社会を形成することでよそ者を排除する。つまり、各々の動物が、他のすべてのメンバーを個別に認識しなければならないのだ。その個体が集団内で生まれたのか、外部から受け入れられたのかにはかかわらず。したがって、サバンナゾウやバンドウイルカの頭のなかでは、社会にいるトムやディックやハリーはどれも、トムやディックやハリーとして見分けられなくてはならない。とはいえ特有の名前を使っているわけではない――おそらくイルカは別として。イルカは、特別な「シグネチャーホイッスル」を使って友だちの注意を惹くことができる。その鳴き声は、「ハリー、ぼくはここにいるよ！」という意味だと解釈する研究者もいる。[2]

全員を記憶していて、そのうえもちろん誰が集団のメンバーであるかを知っている。そんなの楽勝だ。動物も、自身の属する社会のメンバーではない個体を識別する方法を習得できる。しかもそうした個体は敵でなくてもよい。霊長類学者のイザベル・ベーンケが、特定のボノボたちは、群れと群れが出会うと互いに毛づくろいをするという話をしてくれた。国際外交術とまではいかなくても、毛づくろいは、社会の外における友情を示す合図のようだ。このような開放的なふるまいを見せても、誰がどこへ行くのかについての誤解は生まれない。軽く交流してから、ボノボたちは自分の居場所に帰っていく。社会のメンバーとしての身分は損なわれない。アフリカのタイの森でチンパンジーがこのような外部の友だちをもつこともあるが、これについては慎重にとらえるべきだ。異なる群れに属しはするが、おそらく住みかを移動する前の若い頃に知り合いであったような雌たちが近づいて毛づくろいをするのだろう。二頭はこっそりと落ち合う。まるで、一緒にいるところを他の誰かに見つかったら殺されるとわかっているかのように。[3] つまり、社会には必ずしも動物たちが知っている全員が含まれているとはかぎらない。むしろ、動物は社会を「私たち」と「彼ら」とを区別する特定の個体の集まりとみなしている。

動物にこのような能力があるということは意外に思われるかもしれないが、多くの脊椎動物が、自分と同じ種の他の個体についての情報を蓄えることができる。そして個々の動物を、私たち（言語を使う種）なら「市民」とよぶかもしれないカテゴリーに分類し、さらにはその集団のなかに自身の仲間を入れる。[4] ヒヒについて考えよう。彼らは、自身の群れのなかでの地位や家族、提携関係を認識し、これらのカテゴリーを使って、他の者たちがどのようにふるまうかを予測する。おおむね雌が母親から社会的な地位を受け継ぎ、母系集団として知られる社会的な支援ネットワークを形成するために、たとえとても積極的な性格でも地位の低い雌が、気が弱く内気な地位の高い雌と対峙したときには、前者のほうが引き下がることを期待される。「ヒヒの心のなかでは……メンバーとは関係のない社会的なカテゴリーが存在している」と生物学者のロバート・セイファースとドロシー・チェイニーが語っているほどだ。[5] おそらくこのことは、ヒヒの母系集団だけでなく、ヒヒの社会——すなわち群れ——にも当てはまるのだろう。

アフリカのサバンナモンキーは、どのサルがよそ者かを識別するだけでなく、そうしたよそ者たちがどの群れに属するのかまで知っていることが多い。チェイニーとセイファースは、鳴き声で互いを識別しているサバンナモンキーが、近隣の群れのメンバーの鳴き声がまちがった方角——別の群れの縄張り——から聞こえてくると、警戒を強めるということを発見した。自分の知っている個体の声が予期せず聞こえてくると、激しく興奮して跳び回る。まるで、ボクシングの試合でパンチの応酬を期待している観客のように。期待しているのは、こうした状況において起こるだろうと推測されるような事態である。サルたちの反応から、近隣のサルたちがまちがった縄張りに入り込んだにちがいないと彼らが悟ったと察せられる。縄張りへの侵入はふつう、群れと群れがけんかをするときに起こることだ。したがってサバンナモンキーは、自身の社会を「他の全員」という包括的なカテゴリーから区別するだけでなく、自分たち以外のサルたちも複数の社会に分かれていることを理解しているのだ。

個々を識別することにもとづくメンバー制度が機能するのは、誰が社会に属しているのかについてメンバーたちの合意があるからだ。ときには意見の相違が見られることもあるが、社会を形成するすべての種においては、そうした相違はめったになく、あっても一時的なものであり、個体が社会から追放されたり社会に加入したりするといった暫定的な瞬間に限られる。新たなつがいの相手を得られるかもしれないと興奮している雄のウマは、自分の群れに入ってくるようによそ者の雌を促すかもしれない。一方で群れにいる雌たちは、その雌を追い払おうとする。雌たちの反対に抗おうとするよそ者の雌が目指すのは、認識されることだけではなく、群れの一員として識別されることである。

見てわかるちがい

もちろん、集団内の仲間を識別するには、それぞれのメンバーが何らかの点で区別できることが必要だ。動物界における識別はさまざまな知覚を用いて行なわれる。そのうちのいくつかは聴覚を使うものだ。サバンナモンキーの鳴き声からライオンの咆哮まで、社会性のある哺乳類の大半が用いる声は個体によって異なる。視覚を使うものもある。オマキザルは、自分の群れのメンバーたちの写真とよそ者の写真とをすぐに見分けることができる。[6] ブチハイエナの個体に特有の斑点は、状況に応じて擬態として役立ったり、広大なサバンナで少し離れたところから各々を識別する手段になったりする。ハイエナの斑点のような個体特有のしるしがないチンパンジーは、人間と同じく、視線が顔に引き寄せられる。それもとりわけ、区別するうえで重要な特徴である目に視線が行く。チンパンジーの声も人間の声と同じように個体によって特有だ。また、尻に注目して完璧に互いを見分けることができる。この識別能力が人間にあるかどうかは、まだ検証されていない。[7] 水場にいるウマたちは、優位に立つ群れのメンバーたちが五〇メートル以内に近づいてくると、場所を譲る。[8] サルの場合、さまざまな種で一緒に育っていく。たとえばウガンダではアカコロブスとその他の種——ブルーモンキー、マンガベイ、アカオザル——が一緒に遊び、誰もが別の種の特定の友をもっているくらいだ。[9] 野生動物保護協会の上級動物保護活動家ジョージ・シャラーは、ライオンが互いをどれくらいよく知っているかという研究を行なうにあたり、群れの内部と、群れと群れのあいだでのライオンの行動をじっくりと観察した。

雌たちはどれほど広い範囲に散らばっていても、他のメンバーたちと出会う頻度がどうであっても、閉鎖的な社会単位を構成し、そこに見知らぬ雌ライオンが入ることを許さない。……群れのメンバーは躊躇せずにメンバーたちの輪のなかに入っていく。駆け寄っていくことも多い。一方でメンバーでない雌はふつう身をかがめ、数歩だけ前進してから、まるで逃げ出すかのように向きを変える。たいていは、受け入れられるかどうか確信がもてない、というようなふるまいを見せる。[10]

ライオンたちは、見知らぬ者と思われるライオンに飛びかかるが、同じ群れのメンバーであると識別できると解放する。ただし念のために言っておくが、ライオンやその他の動物たちが、自身の属する社会にいる他のメンバー全員を識別していることを系統立てて証明しようと試みた例はまだひとつもない。しかし、このような種類の観察にもとづいてそのように想定しても、まちがいはなさそうだ。

他の者が誰であるかを思い出すことは、脊椎動物の社会が発展する前段階において必要であったにちがいない。[11] 実際、魚やカエル、トカゲ、カニ、ロブスター、エビがどれも個体を識別する能力をもっていることからすると、哺乳類や鳥類ではどの種も個体を識別できても驚くことはないだろう。[12] 次のような予測を立てるべきだ。社会を作って生活していない動物にとってでさえ、個体を見分けることはなおも重要だ。縄張りを争う場合や、相手を威圧する場合、つがいの相手を見つける場合、自分の子どもを他の者の子どもと区別する場合においても。だからハムスターには社会性はないけれども、同じ種に属する他のハムスターたちのふわふわした体のさまざまな部位から漂うにおいを統合して、それぞれの個体を表すにおいととらえる。ちょうど私たちが、人の顔のさまざまな特徴を処理して、その人の全体的な表象を作り出すように。[13] コウテイペンギンの親子は、魚を獲ってくるために親が何日間も出かけるときには長期間にわたって離ればなれになる。では、群れにいる数千匹のなかから、親子はどうやって互いを見つけるのか？　その方法は、声を聞くことだ。[14] 私たちがカクテルパーティーで雑音を排除するのと同じ方法で、ペンギンは親や子の鳴き声を選択的に聞き分ける。「氷山の向こう側から私の名前を呼んでいるのは、トムなのかしら？」

どれほど密集して生活していても、ハムスターもペンギンも社会をもたない。さらに、思い出すという行為がいかに多くの種で見られても、社会での生活となると話はまったく別物だ。社会では、全員についての包括的な知識が、あるいは少なくとも、他のメンバーたちについての最低限の知識が必要とされるからだ。では、最低限とはどれくらいなのか？

識別と関係の問題を研究している生物学者たちは、社会における最も強い結びつきに注目している。つまり、互いを最もよく知っている個体どうしが、どのように相互作用しているかである。しかし、この点に着目することが妥当であるがために、同じくらい重要でありそうな研究分野が完全に無視されている。社会における交流が最も少ない二つの個体が実際には、互いのことをどのくらい知っているか、という問題だ。社会のなかでたまたま一度も接近したことのない二つの個体が、相手の存在を知らないかもしれないとは考えられる。しかし、二者間での接触がないのは、互いに冷淡であったり軽蔑していたりするからかもしれない。あるいは、社会内での行動範囲が異なるために、関係を始めることが不可能なのかもしれない。両者は、戦略的な選択から互いを見なかったり避けたりするかもしれない。あるいは、喫茶店で一〇〇回くらい見かけたことのある人についての場合と同じように、その日は時間に余裕がなく、互いに自己紹介をすることができないのかもしれない。

もっと単純なことかもしれない。店でコーヒーを飲んでいる人のことをまったく認識してはいなくても、頭の片隅に登録しているのかもしれない。次のような体験におぼえはないだろうか？　ある日、自分のお気に入りのカフェで、何かがちがうように感じた。少ししてから、ひとりの常連客がいないことに気がついた。たとえそうする必要があったとしても、どうしても詳しく描写できないような人物なのだが。カフェの常連客などの人物を少し時間を割いてひとりの人として認識することは、その人を個体化することだと言える。つまりその人を、トムやディックやハリーというものにするのだ。その人は、そしておそらく多くの動物は、全員を個体化するほど辛抱強くない。大勢の他者についての知識を、概略として、さらにはしばしば潜在意識に保管しているのだ。

こんな思考実験がある。人間が、こうしたまったくおおざっぱな方法で全員と関係しているとしよう。科学者なら、私たちは他の人の特有な癖に馴化していると言うだろう。すなわち、その人の個人的な特性を潜在意識に登録しているが、それと同時に、日常生活における意識からはそうした特性を消している。雑音を無意識のうちに消していて、周囲が静かになるまでそれに気づかないのと同じように。それでいながら、誰ひとり意識して認識せず、こうした潜在意識のレベルで個々を認識して社会を形成しているのかもしれない。なんて奇妙で非人間的な社会だろうか！

そういう可能性はあるが、私は、ほとんどの脊椎動物の社会はとても小さいので、他のメンバーたちをすべて認識しているのではないかと思っている。それも、カフェの常連客をかすかに知っているというくらいの最低限の認識ではなく、実際にとてもよく知っているのではないだろうか。つねに注意を向けようとしているかどうか、あるいは頻繁に交流しているかどうかとは関係なく。[15]

求められる記憶力

ヒヒやサバンナモンキーの群れのメンバーたちは寄り集まって過ごすために、他の者たちと数分ごとではなくとも毎日は顔を合わせる。なじみのある同じ顔につねに接していれば、個々の識別が容易になるはずだ。しかし、姿を見なくなれば忘れるものであるし、離合集散社会では個体がしばらくのあいだ群れから姿を消すことがありうるため、思い出すことが困難になるような場合もある。たとえば生物学者がチンパンジーたちを観察しているあいだ、内気なチンパンジーの姿を数カ月間も目にしないことがある。たいていそれは疲労困憊した雌で、群れの縄張りの片隅に引きこもっている。チンパンジーたちも、こうした孤独に暮らす個体を長期間にわたって目にしないことがきっとあるはずだ。[16]明らかに、チンパンジーは優れた記憶力をもっていなくてはならない。

人類学者は人類を「近接性から解放」された種とよぶ。私たちは、長いあいだ会わずにいる他者を記憶しているだけでなく、彼らとの関係も頭に登録しているからだ（人間は人を介して登録することもある——友人の友人などのように）。信頼は容易に回復され、疑念は再燃する。[17]この「解放」は他の哺乳類にも見られる。個体が、長い不在の後にも社会のメンバーたちと何事もなく再会するように。動物が、年月によってもたらされた変化にもかかわらず他者を認識して、即座に関係を再開させたという記録が多数ある。生物学者のボブ・インガーソルは、三〇年以上も会っていなかったチンパンジーのもとを訪れたときのことをこう回想した。「最初、彼女は僕のことをまったくわからず、僕も彼女のことがわからなかった。それから僕はこう言った。『モナ、君なのか？』すると彼女はすぐに合図をしてみせた。『ボブ、抱っこして』[18]」

記憶がつねにこれほど長く続くとはかぎらない。ウマは、自分の子どもと一八カ月以上離れると、子どもを思い出さない。その頃には子ウマは、自身の社会——すなわち群れ——とのつながりを結んでいる。[19]おそらく、永久に群れから立ち去るような種の場合、優れた回想能力は、精神的なエネルギーの無駄遣いであり重荷になるのだろう。

記憶のために必要な能力のなかには、他者の記憶の貯蔵庫のなかに自分自身を登録することも含まれる。正しく識別されるためには、集団の一員として認識されることはもちろん、最終的には全員に知ってもらう必要がある。よそ者が社会に加わるときには、見知らぬ者という身分であることから生じるリスクに直面する。新入りを認識できない者から攻撃されるかもしれない。この問題を回避するために、新入りは、すでに自分のことを知っていて、安心して一緒にいられる者のそばから離れないことが多いと霊長類学者のリチャード・ランガムが教えてくれた。その目的は、まだ会ったことのない者たちから、集団に属している者とみなしてもらうことだ。友の友は友にちがいない。あるいは少なくとも、友でなくても仲間とみなしてもらうために。

社会のなかで生まれた子どもも、この問題から逃れられない。見慣れた存在になるためのプロセスは早い時期から始まる。母親が子どもを選抜するのだ。鳥は、他の親のひなが混ざっている可能性がありそうな場合には、年齢でひなを区別する。基準となる年齢はさまざまだ。たとえば集団で生活する種は、ほとんど生まれた時点から、ひなを見分けることができる。[20] しかし、子どもが社会の一員となるためには、母親だけでなく他の全員が、最終的にはその子どもを識別できるようにならなくてはならない。赤ん坊は最初のうちは無害であるから、当然、母親以外の誰も気に留めない。問題が生じるのは、他の者たちからよそ者であると、そして潜在的な脅威であると誤解されるかもしれないような年齢に達したときだ。コビトマングースの群れのなかのおとなたちは一緒になって、肛門から出た排泄物を子どもたちにこすりつける。おそらく、群れに受け入れたというしるしなのだろう。[21] どの種の子どもたちも群れに受け入れられるまでは、まるで移民たちのように、自分が最もよく知っている者のそばから離れずにいて、自分は友であるにちがいない者の友という安全な存在だと周囲に示すのだ。

個体の識別と社会の大きさ

これまでに言及した哺乳類の社会はすべて、ひとつの顕著な特徴を共有している。社会の規模が小さく、メンバーの数は一〇数名から二〇数名までで五〇を超えることはめったにない。ライオンが一〇〇〇頭の群れをなしてセレンゲティを突進し、ヌーの群れをなぎ倒すことはない。プレーリードッグが人間の国家がするように縄張り全体を支配することは決してない。彼らの巣穴は縄張り全域に分散しており、巣穴には、よそから来るプレーリードッグたちを追い払うことができるくらいの数の個体がいる。そして類人猿たちも、『猿の惑星』のサルたちのように軍隊を編成して立ち上がることはない。

いくつかの事例においては、生態学の視点から決定的な説明がつく。ライオンが一〇〇〇頭もいれば、毎日食べていくのに苦労し、そんな巨大な群れは丸ごと飢えてしまうだろう。しかし、人間の仲間である脊椎動物の大半の社会がどれも小さいのは、もっと平凡な理由のためだと予想するのが無難だ。ダンバーが友だちの数について述べたように、多数の個体を把握しておくことは、たとえ内容的には最低限であっても難しいことなのだ。

人類の例や、共生という人間の驚異的な能力は別として、類人猿の社会で規模が最大なのは、チンパンジーのおよそ二〇〇というメンバー数である。これよりもはるかに大きな脊椎動物の集団は、厳格なメンバー構成をもつ社会ではなく、つねに集合体――スクール、フロック、コロニー、ハードなどさまざまな名称がついている――を形成しており、個体はそこから自由に出入りする。マンハッタン島からほど近い場所に生息するニシンの群れ《スクール》は、かつて二〇〇〇万匹を擁していた（しかもその面積はマンハッタン島の面積に匹敵していた）。コウヨウチョウの集合体の上限はない。アフリカの上空を一〇〇万匹の群れ《フロック》で旋回し、眼下では、同じくらいの大きさのヌーの群れ《ハード》が轟音を立てて走って行く。巣を作る鳥で言えば、最大の群れ《コロニー》は、チリのグーフォ島で四〇〇万羽が集まって繁殖するハイイロミズナギドリだろう。

このような群れは、日和見主義者の集まりだ。ペンギンは群れを作るが、親子の絆は別として、群れの仲間にたいしては無関心だ。ヌーの群れが移動している場合でも「集まっているヌーたちは、見知らぬ者どうしの集まりだ」と、ある野生生物学者は表現した。[22] 同じことが、シンリントナカイとアメリカバイソンについても言える。自分の子と数頭の友にたいしては忠実だが、それが属している群れのなかには、さまざまな知らない者たちもいる。[23]

個体の識別にもとづく哺乳類の社会には、個々のメンバーが頭に入れておいて思い出すことのできる他者の数という制限がある。[24] 社会の大きさが最大限に近づくにつれ、記憶が抜け落ち、大きさは頭打ちとなる。

ハロウィンの仮面に描かれるヒヒに似た、草食のゲラダヒヒを見れば、記憶の制約をわかりやすく説明できる。ゲラダヒヒは何百頭もの群れで食料をあさるため、他者を思い出す能力がとてつもなく高いと思われるかもしれない。しかし、霊長類学者のトーレ・バーグマンが、他の者たちの音声を録音したものにゲラダヒヒが反応するようすを観察し、他者を識別する能力は二〇から三〇の個体までが限界であると結論づけた。バーグマンは、群れの内部にあり、それぞれが一頭から数頭の雄と数頭のおとなの雌で構成される集団がゲラダヒヒの本当の社会的なまとまり、すなわち社会であると推論した。こうした集団《トゥループ》、専門用語では単位《ユニット》が数十個まとまって同じ土地で食料を探すときに群れができる。[25] 最上位の雄は、自分のユニット以外に属するゲラダヒヒを誰も知らないようだ。このように他者を認識していないことから、最上位の雄は、群れのなかにいて、自分の周囲で一日中動き回っているユニット外の多数の雄を、入れ替わったとしてもそれとわからない、自分の雌たちの潜在的な恋の相手として、そして自分の地位を脅かす者として扱うことになる。

これではゲラダヒヒが愚かに思えてしまうかもしれないが、ここから重要な教訓が得られる。識別を基本とする動物たちは、社会にいる全員を、少なくとも最低限は認識することを強いられ、そのために、大規模な社会をもつことの負担がとても大きくなる。[26] 私たちの種、ホモ・サピエンスは、他の種たちにあるこのようなガラスの天井を消滅させた。私たちの知能がどれほどのものであれ、人間は、大きな社会にまとまることなくして、今日のような成功を収めることは決してなかっただろう。

しかし、人間の話をする前に、引き続き自然界を探索し、昆虫の社会を見てみよう。昆虫のなかには社会で生活をする種の大半が含まれるだけでなく、非常に大規模で複雑な社会がいくつかある。昆虫たちは、私たちの社会の謎を解くヒントを与えてくれると私は思う。今後明らかになる結論を、暗号のような文で予告しておこう。

チンパンジーは全員を知る必要がある。

アリは誰も知る必要はない。

人間は誰かを知っておくだけでよい。

このことが、これほど大きなちがいを生んでいるのだ。

第2部　匿名社会

第5章　アリと人間、リンゴとオレンジ

私が若い頃に初めて熱帯雨林に足を踏み入れたときに最も魅了されたのは、サルやオウムや蘭の花ではなかった。それらはとても魅力的ではあったのだが。私を惹きつけたのは、硬貨くらいの大きさに切った木の葉をアリの行列が運んでいる光景だった。その行列は、幅三〇センチほどでサッカー場の縦の長さくらいに延びていた。

昆虫学の愛好家でなくとも、アリのファンにはなれる。私たち現代人は遺伝的にはチンパンジーやボノボに近いかもしれないが、私たちが最も似ている動物はアリである。人類とアリとの類似点は、複雑な社会がどのように出現したかについて多くのことを教えてくれる。実際のところアリの生活様式はさまざまであり、シロアリや社会性ミツバチ、社会性スズメバチなどを含む社会性昆虫全般ともなると、その生活様式はいっそう多様になる。遊動するアリや、さらには離合集散を行なうアリもいるが、定住するアリのやりかたはとても徹底している。

アメリカ大陸の熱帯地方に生息するハキリアリは、複雑な社会を作るアリの潜在能力を見せつける。巣のなかで、緑の葉っぱのかけらをさらに切り刻み、それを土台として餌となる作物を育てる。つまり、野球のボールからサッカーボールまでのさまざまな大きさの球状の畑のなかで菌を栽培するのだ。

巣や主なねぐらの外に狩猟採集の拠点を置くことは、巣穴に子どもを隠す動物や、木に登って眠る霊長類の群れは別として、脊椎動物の社会においてはあまりないことだ。しかし、アリではそれがふつうである。ハキリアリは定住生活を極める。彼らの作業スケールは超弩級なものにもなる。仏領ギアナのジャングルでは、テニスコートほどの広さをもつ巣に出くわした。これほどの大都市には、人間の住む都市が抱えるものと同じ欠点がある。十分な資源を集めてくるために何度も行き来する必要があるのだ。大きな巣のあちこちから五、六本の幹線道路が外へと延び、そこを通って働きアリたちが、毎年、数百キログラムもの新鮮な木の葉を運んでくる。サンパウロの近くにあった巣のごく一部を掘り起こすために、男を六人雇ってつるはしとシャベルを振るわせたことがある。その週はアリにたくさんかまれて出血したが、それでもなお、古代の要塞を発掘している考古学者になった気分だった。何メートルにもわたり見事に張り巡らされたトンネルに沿って並ぶ小部屋のなかで、何百もの畑が作られていた。なかには、地下六メートル以上もの深さに及ぶものもあった。人間のサイズに換算すれば、アリたちの地下鉄網は地下数キロメートルもの深さになるだろう。

どのようなアリの種でも、巣のなかで営まれている非常に多くの活動を何気なく観察するだけでも、社会性昆虫が集団で生活することから多種多様な利益が得られることがはっきりわかる。働きアリは縄張りを確保したうえで、大胆にもその外から、さらには私たちの台所からも食物を集めて持ち帰り、手の込んだ作りの安全な隠れ家で子どもを育てる。アリたちはコミュニケーションを取り、根気があり、勤勉で、いつでも戦う準備が整っていて、リスクを恐れず、高度に組織化されている。作物の栽培、家畜の世話、狩猟採集のどれを行なう種でも、優れた軍事工作員と勤勉な家政婦とで構成される労を惜しまない労働力を形作り、彼らの集落《コロニー》を立派に守り、養っている。その一例のハキリアリは、人間以外のどのような動物よりも明らかに複雑な社会をもち、大規模な農業を営んでいる。[1]

人間をアリになぞらえると人の怒りを買う恐れがある。人間以外の哺乳類と比べるほうが無難だろう。体毛のあることや恒温動物であること、乳を分泌する能力をもつことが示すように、私たちは哺乳類だ。しかし、哺乳類の社会についてのドキュメンタリーを観ても、「なるほど、確かに人間とよく似てるなあ！」と思わず声を上げることはないだろう。類似点があったとしても、ごくわずかだ。たいていの場合は、ちがいに驚かされる。ゾウの雄はのけ者である――正確に言えばどの社会の一員でもない――などといった奇異な事実に。人間に近い種であるチンパンジーやボノボについて考えるなら、人間と彼らはどれくらい似ているのだろうか？　身体的には、私たちはどちらにも似ている。遺伝子的に近しいからだ。しかし、社会的な生活様式はどうなのか？　しばしば進化心理学や人類学の観点から指摘されてきた類似点の大半は、人間特有のものであると思われがちな心のしくみという大きな側面に関係するものであり、社会組織や行動といった詳細についてのものではない。[2]

これらの類似点は、そう見えるほど重要であったり固有であったりすることはめったにない。チンパンジーやボノボは私たちと同じようにふるまうが、そうした類似点は他の動物たちにも認められる。チンパンジーとボノボはどちらも、私たちと同じように、鏡に映った自分を自分であると認識する。それでも、イルカやゾウやカササギもそう認識する。そのうえ、かなり疑わしくはあるが、アリもそうするという説もある。[3]かつてチンパンジーは、人間以外の動物のなかで、道具を作るという点において独特であると思われていた。ひとつ例を挙げれば、小枝を使ってシロアリを捕まえていたのだ。しかし今では、他にも道具を作る動物のいることがわかっている。たとえばキツツキフィンチは、小枝を木に突き刺して虫を捕まえる。[4]インドで私は、落ちていた鳥の羽を巣の近くに置き、水源として利用しているアリを発見した。夜のあいだにふわふわした羽にたまった露を飲んでいたのだ。これは一種の霧水捕集装置だ。[5]

チンパンジーは、人間とよく似たやりかたで争いに対処する。たとえば、腕力を使って影響力を行使する者もいれば、頭を使う者もいる。ある状況を引き合いに出そう。チンパンジーの雄は、いきり立った雄がけんかで石を使おうとしているときに、近づいて石を取り上げて、それを止めることができる。しかも、必要とあらば何度でもそうする。[6] 少なくともこのような政治的な駆け引きはチンパンジーやボノボと私たち人間に特有のものだろうと思われるかもしれないが、実際にはそうではなさそうだ。こうした習慣が発見されたのは、人間の親戚とみなされているこれらの類人猿が、詳しい研究に値すると考えられているからこそ生じた必然的な結果なのだ。ある科学者は、専門家たちはこれまでずっと「チンパンジー中心主義」だったと表現した。[7] イエローストーンのドルイドピークに生息するオオカミの群れの雌リーダー「40F」が殺されたことが、その良い例だ。観察から得られた証拠を見ると、その雌が群れのなかの二頭をどう猛に攻撃した後に、群れが団結して雌を殺したように思われた。この群れを観察していた研究者たちは次のように書いている。「この雌の生と死は、人間の暴君にたいしてしばしば使われる昔風の言い回しで要約することができるだろう。剣を頼りに生きる者は剣によって死ぬ」。[8] オオカミの世界の駆け引きもかなり複雑な可能性がある。この種の綿密な調査を他の動物についても行なえば、社会的な策略を操るという点で類人猿やオオカミに匹敵するような種が、きっともっとたくさん見つかるだろう。

じつのところ、私たちの遺伝子の九八・七パーセントがチンパンジーやボノボの遺伝子と共通しているにもかかわらず、とても目立つのは相違点のほうだ。[9] 実際、進化上の共通した起源をもち、見た目が似ているにもかかわらず、人間と彼らは、リンゴとオレンジほどにちがっている。チンパンジーやボノボのなかでの個々の関係は厳密な権力ヒエラルキーによって規定される。チンパンジーの場合は専制君主的でさえある。どちらの種でも、成熟した雌は、子どもの頃からの知り合いや血縁者を捨て別の群れに移動し、二度と帰らない。雌は時折にしか性的に受け入れ可能にならない。受け入れ可能な状態は、尻が腫れることで周りに示される。チンパンジーの雌は、たまにしかない発情期以外の時期には雄からほとんど見向きされない。発情期には、しばしば無理矢理に交尾をさせられる。チンパンジーもボノボも、母親たちは父親から、あるいは誰からも、子育てをほとんど助けてもらえないのだから、つがいの相手との絆や持続的な家庭生活をもたないのも無理はない。[10] そのうえ雌たちは、雌どうしで助け合うのもあまり上手くない。実際、いじめられている雌は、赤ん坊を殺されないように、人目につかない場所で出産をしなければならないほどだ。

したがって、人間の社会と他の脊椎動物たちの社会とのあいだの魅力的な類似点――多くは、社会に属することから得られる利益と、社会どうしの交流のしかたという観点から見たもの――をこれから指摘していくなかで、類人猿の社会をはじめとする人間以外の哺乳類の社会の大半が、完全に非人間的とまではいかなくても、まったく奇妙なものに映ることがあるだろう。そして、彼らが奇妙に見えるその次には、私たちが哺乳類として奇妙に見えてくる。高速道路の交通規則を遵守したり、家屋敷の維持管理をしたりしなければならないチンパンジーはいない。交通渋滞や公衆衛生問題、工場の組み立てライン、複雑なチームワーク、労働力の配分、市場経済、資源の管理、大規模な武力衝突、奴隷制度の問題に取り組むチンパンジーもいない。特定の種類のアリと人間の社会、さらにはミツバチや一部のシロアリのような少数の社会性昆虫だけが、そのようなことをしているのだ。[11]

アリから学ぶ、大きな社会の組み立てかた

特定の社会性昆虫と現代人とのあいだにある類似点のほとんどは、両者がともにもつ根本的なひと

つの属性の結果として生じたものだ。すなわち、両者の社会はメンバーの数が多いという特徴である。動物の行動を研究する科学者たちは、種と種のあいだの進化的な関係にばかり注目してきたが、社会にある多くの特徴は、進化の系統樹よりも規模の大小、つまりは絶対的な数とのかかわりのほうが大きい[12]。これまで研究されてきた人間以外の脊椎動物（類人猿も含め）の社会では、個体数は多くてせいぜい数十しかない。一方、ハキリアリの大きな巣には、数百万匹の労働力が住んでいる。

メンバーの数がここまで大きくなると、あらゆる種類の複雑さが生じうる。チンパンジーやリカオンなど狩りを行なう集団のなかで観察される協調的な行動は、数種類の捕食性のアリが組織的に狩りを行なう手の込んだ方法に比べると、生ぬるいと言っていいほど気まぐれだ。アリの場合、獲物をその場に足止めさせるアリ、獲物に致命的な打撃を与えるアリ、死骸を解体して素晴らしく協調の取れたチームワークで運搬するアリたちに分かれている。大半の脊椎動物は、このように具体的な役割を分担する労働力をもっていない。

同じことがインフラについても言える。プレーリードッグの巣穴は複雑に入り組んでいる。巣穴どうしが冬眠用の部屋を介してつながっていて、捕食者の侵入を阻む袋小路もある。それでも、ハキリアリの巣やミツバチの巣の壮大な構造と比べると、プレーリードッグの住みかは、動物界における石器時代の遺跡のように見えてくる。

でも、人間の狩人たちは誰もアリのようなやりかたで獲物を捕まえたことはないし、人間の住居はどのアリの巣にも似ていないじゃないか――と抗議する皆さんの姿が見えるようだ。リンゴとオレンジなど、どのような二つの物にも無数の共通点があり、それと同じくらい無数の相違点がある。類似点であれ相違点であれ、何が誰かの興味を惹くかは、その人の視点によって変わってくる。一卵性双生児は、母親の目にはそっくり同じには見えない。また、心理学的な考察では重要になるように、ひとつの人種に属する人々は、外部の人からは見分けがつかないかもしれないが、互いから見ればそっくりではない。少なくとも、このことだけはおぼえておこう。まったく同じ物を比較することは、死ぬほど退屈だ。比較を行なうことが非常に有益であるのは、通常は別個のものとして扱われている考えかたや物事や行為のあいだに類似点が認められる場合である。したがって、別の社会に取り込まれて自身の利益に反する仕事を行なうようなアリの世界における奴隷制度は、アメリカ人の実践していた奴隷制度とは異なるが、アメリカ人の奴隷制もまた、古代ギリシア人が戦争の敗者を扱っていたやりかたとはちがう。

人間とアリは、同じ一般的な問題において異なる解決法にたどりつく。ときにはまったく異なる取り組みをすることによって。しかし、さまざまな人間の社会のなかでも、さまざまなアリの社会のなかでも、同様のことが起こりうる。世界のある地域では車は道路の左側を走るが、別の地域では右側を走る。アジアに生息する略奪アリ（ヨコヅナアリ）のコロニーにある混雑した道路では、巣のほうへ向かう交通が幹線道路の中央を進み、外へ向かうアリたちはその両側を移動する。人間の社会では試行されたことのない三レーン制という解決策が採られているのだ。どちらの方式でも、品物やサービスを正しい場所へと安全かつ効率的に届けることが重視されている。それも、それらを必要とする者が厖大にいて、総出で食料を探しに出かけることをしないか、おそらくはそうできない場合に。

品物とサービスの配分について考えよう。人間はここでもさまざまなやりかたをする。マルクス主義社会における手法は、資本主義社会における手法とは異なる。アリは、独自の複雑な解決策を用いる。たとえばヒアリの場合、商品の流れは、手に入る物と必要とされる物に応じて調節される。すなわち、需要と供給にもとづいた市場戦略だ。働きアリは、他のおとなのアリや幼虫たちの栄養面での要求に目を配り、必要に応じて行動を変える。食料が豊富にある巣では、偵察アリと新人たちが、巣の小部屋にいる「バイヤー」たちにサンプルを吐き戻して商品を売り歩く。するとバイヤーたちが巣のなかを歩き回り、欲しい者に食料を分配する。こうした仲買人たちが、顧客が肉（おそらくは死んだ昆虫）には飽き飽きしていると察すると、他の商品がないかと市場を調査し、おそらくは甘い物を勧める売り手を見つける。市場が供給過多になり、売り手が商品をこれ以上売りさばけなくなると、買い手と売り手の両方が別の仕事に従事するか、昼寝をする。[13]

アリの分業はどのように行なわれるのか？　ある仕事は専門家に外注される。彼らは、そういう仕事だけを行なうか、あるいは他の者たちよりも頻繁かつ精確にそれらの仕事を行なう。仕事を行なう頻度は、年齢によって決まる。若いアリはたまたま、自分が育てられた巣の部屋のなかで幼虫のそばにいるため、まずは育児係の仕事を担い、母親に代わって幼虫たちの世話をして餌を与える（高齢者が孫を育てる手伝いをする人間とは年齢的な順序が逆だ）。しかし、もっと複雑なケースもある。人の外見という側面が職業のヒントになるように――スーツを着てブリーフケースをもった人はたぶん弁護士だろう、ヘルメットをかぶって弁当箱をもった人はおそらく建設作業員だろう――アリにおける分業も外見と関連する場合もある。オフィスで働く人はひょろ長い体型をしているというステレオタイプが順当かどうかは別として、働きアリは実際に、それぞれの役割に適した体の大きさや比率をしている。

アリやその他の社会性昆虫の大半にとって、最も根本的な仕事への特化のしかたは、人間の事例とはまったくちがい、実際にはハイイロオオカミやミーアキャットのほうに近い。すなわち、通常は一匹の雌だけ（社会性昆虫の場合は女王）が繁殖をするのだ。これに加えて、若い数世代が弟妹たちを育てるという特徴がアリにはあるために、アリたちが属する集団が、平凡な家族以上のものとなり、ひいては「社会」という言葉に値するものとなっている。

さらに、アリの社会は姉妹の関係が軸となる（だから私はしばしば働きアリのことを彼女と称している）。これは、脊椎動物においてはけっこうあることだ。サバンナゾウも、社会、すなわちコア内のおとなのメンバーは全員、姉妹とはかぎらなくても雌である。しかし、多くのアリにとって性別は実際のところあまり問題ではない。なぜなら働きアリは生殖できないからだ。ハキリアリの働きアリたちの卵巣は機能していない。一方でアリの雄は、ミツバチの雄と同様に社会のなかに入れてもらえない。彼らの行なう唯一の貢献は、交尾をして死ぬことだ。また一方でシロアリは雌雄が平等だ。巣のなかには女王だけでなく王もおり、働きアリには雄と雌の両方がいる。

大きなアリと小さなアリが分業する、コロニーの複雑さ

ハキリアリのなかでも最も徹底した種が行なう分業はきわめて独特だ。幼虫の一部が急激に成長して兵隊アリとなり、巣に住まう他のアリたちを護衛する。体の大きな兵隊アリは、護衛に加えて道路工事という重労働を担う。食料や物資や作業員が円滑に流れるように、幹線道路を整備するのだ。サンパウロで見つけたコロニーを掘り起こしていたときに私の皮膚に切り傷をつけた屈強なハキリアリたちは、こうした兵隊アリたちだった。

兵隊アリ以外の全員が、畑の世話をするための組み立てラインを構築する。[14] 中くらいの大きさの働きアリが木の葉を切り取って、もう少し体が小さいアリに渡し、長い行列を作って巣まで運ぶ。葉が畑の部屋に搬入されると、もっと体の小さなアリが葉をさらに細かく切り刻み、もっと体の小さなアリがそれを砕いてパルプ状にする。そうしてできあがった堆肥を、さらに小さな働きアリが前肢を使って畑にこすりつけ、さらに小さなアリが菌の塊をそこに「植えつけ」て時間をかけて剪定する。最

も体の小さなアリは、食べられない菌や病原菌を入念に取り除く。また、高い収穫を確保するために、体内で作られた独特の殺菌剤を畑にまく。植えつけから畑の手入れ、作物の収穫にいたるすべての労働が必要とされていることは、あらゆる農業労働者の共感をよぶはずだ。人間以外の脊椎動物はどれひとつとして、頭の賢さやメンバー数の大小にかかわらず、ハキリアリや、その他の数種類の昆虫が繰り返し実践しているような食料の栽培に向かう、初歩的な一歩さえ踏み出していない。[15]

大量生産に伴うひとつの問題に、ごみ処理がある。チンパンジーは絶対にこの問題に頭を悩ませることはないだろう。そうならなくて当然だ。トイレがまったく必要とされず、森のなかで用を足すのが今でも習慣となっているチベットの過疎地と同様に、チンパンジーの排泄物は公衆衛生問題を引き起こす前に土のなかで消滅する。しかし、ハキリアリの巣では、フルタイムのごみ処理隊が必要となる。[16]そのうえ、二酸化炭素の濃度が有害なレベルまで上昇しないように、内部で空気が循環するような巣を構築しなくてはならない。永い年月をかけてコロニーが進化した結果、アリは私たちよりも、ＧＤＰのいっそう多くの割合を、公共の安全とリサイクル事業へ投資するようになったのだ。

社会の複雑さと大きさ

アリの素晴らしいところは、一部のアリが作る複雑な社会を、とても小さな規模で生活する一部のアリのコロニーと比較できる点である。いくつかのコロニーは本当に小さい。アカントグナトゥス・テレデクトゥス *Acanthognathus teledectus*、またの名をトラップ・ジョー・アントというアリのコロニーには、二、三〇匹の働きアリしかいない。[17]そうしたコロニーは、アメリカの熱帯雨林の地面に落ちた小枝の内部にある空洞に作られる。これはアリにとっての洞窟だ。そのようなコロニーには、幹線道路や組み立てラインや複雑なチームは必要ない。同じような規模のハイエナやハイイロオオカミの群れや、少人数の人間の部族が、数名で協力して獲物をしとめる以上のことを必要としないのと同じである。トラップ・ジョー・アントはまったく難なく必需品の分配やごみ処理を行なっている。女王アリ以外は、どのアリの体も同じ大きさで、同じ仕事をする。どのアリの顔にも、スイス・アーミーナイフに似たものがついている。その「罠になるあご《トラップ・ジョー》」は長い大顎で、先端には棘がある。一匹一匹が実質的な罠であり、獲物を殺してもち帰る仕事を単独で遂行できるように作られているのだ。

機能の特化が最低限に抑えられているのには、もっともな理由がある。個体数が少なすぎてさまざまな役割を担うことができないからだけでなく、機能を特化しすぎることは集団が小さい場合には危険であるからだ。ひとりしかいない通信兵を失った隊は、おそらく全滅するだろう。もしも人間の部族のなかに火をおこすのが上手な人がひとりしかいなければ、同じことになるだろう。トラップ・ジョー・アントのコロニーが小さいために、働きアリたちは万能でなければならないのだ。メンバーの数が多い社会では余剰の人員が生じるので、必要に特化した仕事をする者が現れる。ニューヨーク市の職業一覧の多様さを、ひとつの村にある職業の数と比べてみればわかるだろう。

ハキリアリの話が注目に値するのは、人類とほとんど同じ道をたどって農業を発展させてきたからだ。遺伝子や菌の分析から明らかになったように、ハキリアリの先祖は六〇〇〇万年前に畑仕事へと向かう最初の一歩を踏み出した。[18] 当時の先祖たちと同じような生活を送っているアリが今もなお存在しているが、それらの社会はトラップ・ジョー・アントの社会とほとんど同じくらい簡素なものだ。そうした社会は、数十匹から数百匹の働きアリと小さな畑からなっている。実際、それらの社会は多くの点で、たいていは野生の植物を採ってきて栽培し、簡素な住みかの近くに作った小さな畑で必要な分だけを育てていた人間の小さな部族と似ている。そして、ホモ・サピエンスが出現するずっと以前の二〇〇〇万年前、こうした見過ごされやすいアリの一部が菌を栽培し始めた。その菌もまた、アリの世話に依存するようになった。[19] このように変化したために菌はもはや自生できなくなったが、驚異的な規模での栽培が可能になった。ナイル川渓谷などの土地で農業が発祥してから、栽培する穀物を糧として人間の社会が成長していったように、アリのコロニーのメンバー数も爆発的に増加していった。

インフラやごみ処理システムなど、このような大きな社会が共通してもっている多くの特徴は、大勢のメンバーが一カ所に定住するための実質的な必要条件である。しかし、数が多ければ必ず複雑になるとはかぎらない。侵略的外来種であるアルゼンチンアリを見れば、そのことがわかる。アルゼンチンアリの「スーパーコロニー」のほとんどには、ハキリアリの巣にいる個体数よりもはるかに多い個体が存在するが、働きアリの体の大きさは一種類しかなく、機能の特化もなく、組み立てラインや手の込んだチームワークが実践されることも、集約的で壮大な住居を建築することもない。ブチハイエナやボノボと似た放浪の習慣をもち、徹底した離合集散を行なう。四方八方に拡散し、縄張りのなかのどのような地点も、その場所の特徴に応じて、ただちに巣や、食料の採取源へと変えていく。スーパーコロニーがこのように単純であることから、小さな村にエンパイア・ステート・ビルディングを見つけることが絶対にない──数人で作り出し管理できる複雑さの程度には限界があるから──一方で、すべての都市に超高層ビルや優れた配管設備があるわけでもないということがわかる。

しかし、アルゼンチンアリの社会の中身が単純であっても、個体間は効果的に連携していることを見れば、人間がどのように巨大な社会を築いていったのかという大きな疑問に答えるためのヒントが得られるかもしれない。その答えを次に解明していこう。

第6章　究極的な国家主義者

社会を初めて打ち立てたのが昆虫かどうかについては議論の余地があるが、今日存在する社会性昆虫が見事な社会を構築していることは明らかだ。昆虫にはきわめて小さな神経系しかないにもかかわらず、立派にそれをやり遂げている。しかし、大きな脳がなくても多くの基本的な認知能力をもつことはできる。そして、昆虫には主観的な体験をする心的能力がある可能性が高い。その能力は、世界を統一的な視点でとらえ、その結果「自己」という感覚が生じる力である。たとえその自己が、私たちの視点からすれば単純なものであっても。[1] それでも、昆虫の成功の大きな要因は、じつに単純なものかもしれない。ひとつの社会とべつの社会を区別する効率的な手法を実践していることだ。アルゼンチンアリよりもこのことをうまく説明できる種はいない。[2]

野鳥を観察する人は何の特徴もない鳥を「小さな茶色い鳥」とおおざっぱによぶ。もしもアリのなかに小さな茶色い鳥がいるとしたら、それはアリゼンチンアリだろう。この種はもともとアルゼンチン北部に生息していたが、世界全域に広がっている。私がサンフランシスコの近くに住んでいた頃、薄い紅茶の色をしたアルゼンチンアリが食品棚のなかでいつでも走り回っていた。今でも湾岸地帯の数百万の家庭で同じことが起こっている。このやっかい者は、あごの力が弱いうえに棘もなく、たいしたアリには見えなかった。しかしこの種は、社会的な進化の頂点に君臨している。バークリーの自宅にいるアルゼンチンアリを一匹つまみ上げ、八二〇キロメートル車を走らせてメキシコ国境まで行き、そこにそいつを放したとしてもうまくやっていけるだろう。まさしく本当の意味において、そこはなおもそのアリの家だからだ。信じられないかもしれないが、私のパスポートを調べている税関の係員の足下に群がっているアリたちは、はるか北方にある私の家の台所までずっと続いているひとつのアリの国のメンバーなのだから。

一方、メキシコから北に六五キロメートルのところにいるアルゼンチンアリをサンディエゴ郊外に連れて行き、私たちにとっては何の意味ももたないが、アリの生活にとっては明確な区切りとなる境界線を一センチ超えたところに置いたとしたら、事態はちがっていただろう。あまりに体が小さくて草のなかに姿が隠れてしまい、郊外に住む人間たちの目にも留まらないそのアリの目の前に、アリの国境監視隊が立ちはだかり、短く刈り込んだ芝生の根元で細長い線となって何ブロックも延びている小さな死骸が重なった山のなかに加わった可能性が高い。そこでは毎月、一〇〇万匹以上のアリが命を落とす。おそらくは史上最大の戦場と言えるだろう。

境界線の西側には、レーク・ホッジス・コロニーの保有地が広がっている。これは、同じアルゼンチンアリの種が作る別の王国で、面積は五〇平方キロメートルに及ぶ。南カリフォルニアの残りの地域の大半は、専門家がラージ・コロニーとよぶ集団に支配されている。これはひとつの社会集団であり、その縄張りは、メキシコとの国境線から、サンフランシスコを通ってカリフォルニアのセントラルバレーまで延びている。南カリフォルニアの一軒の家の裏庭には一〇〇万匹のアルゼンチンアリが生息できることから——きれいに手入れされた芝生に一歩足を踏み入れるだけでアリの群れががさがさ動く——ラージ・コロニーには明らかに数十億匹のアリがいるはずだ。それなら、昆虫学者がこのようなアリの国をスーパーコロニーとよぶのも、まったく不思議ではない。

カリフォルニアにおいては、四つのスーパーコロニーが知られている。先述の二つに加えてもう二つある。適度な湿気さえあれば、成長を続けるスーパーコロニーを止めるものは何もなさそうだ。第一次世界大戦中に西部戦線に作られた塹壕線のように、数キロメートルにわたって延びる対立集団が接触する地帯で勃発する戦闘を除いては。つまり、帝国主義者は人類だけではない。

驚愕すべきは、スーパーコロニー間が戦争状態にある期間の長さだ。アルゼンチンアリは一九〇七年にカリフォルニアにやってきた、と当時の新聞にただちに掲載されている。それぞれのスーパーコロニーは数匹のアリから始まった。家庭用の鉢植えが数回に分けて輸送されたとき、土のなかに混入していたのだろう。それから数十年間で、それぞれのコロニーの勢力範囲が徐々に拡大し、他のアリの種を全滅させ、さまざまな環境問題を引き起こし、最終的には互いの縄張りが隣接するまでになった。そうして戦いが始まった。前線は毎月、じりじりと移動する。こちら側に数メートル動いたかと思うと、次はあちら側に数メートルというように。

しかし、スーパーコロニーの内部はとても巨大な規模で円滑に作動している。それに比べると、国家内で干渉したり、意見が大きく食いちがったり、騙したり、利己的だったり、公然と攻撃したり、殺人を犯したりしている人間たちのほうが、まったくもって機能不全に陥っているように見えるほどだ。[3]

サンディエゴの近くにある戦争地帯に出くわすまでは、研究者たちはどこへ行っても、幸せに暮らしているアルゼンチンアリばかりを目にしていた。そうした観察結果から、アルゼンチンアリは全員がひとつの幸せな家族に属しているという結論に達していた。それも二〇〇四年までのことだった。研究者たちがまったく偶然に、異なる区域からアリのサンプルを採取した。それらは、二つの別々のスーパーコロニーの縄張りにいたアリたちだった。アリたちを一緒にするとすぐさま激しい戦いが始まり、多くのアリが殺された。研究者たちはこの出来事に衝撃を受けた。この事件によって専門家たちのアルゼンチンアリにたいする考え方が一変したことから、自然界にある社会を理解することがいかに困難であるかということがわかる。

アリたちは互いを知らない

大きな脳をもつ脊椎動物がふつうは二、三〇の個体からなる社会を営むので精一杯であるとしたら、神経線維の入ったちっぽけな頭しかないアリが、とてつもない規模でもっと上手にそれをできるのはなぜなのか？　一〇〇万匹が暮らすハキリアリの巣の謎を突き止めるのが困難であるのと同様に、アルゼンチンアリの帝国には仰天させられる。

オオカミやチンパンジーが互いを知っているようには、アリたちは明らかに、社会のメンバーたちを互いに知らないにちがいない。その理由は、昆虫がどうしても互いを個体として認識できないからではない。たとえば、北米に生息するアシナガバチのポリステス・フスカトゥス *Polistes fuscatus* は、人間と同じくらい上手に顔を認識する。互いを認識することが必要となるのは、ハチたちが最初に集まって巣を作るときだ。誰が生殖を行なうかを決めるためにけんかをするからだ。[4] 巣作りの季節も後半となると、コロニーの個体数は二〇〇にも達することがある――おぼえておくには顔がたくさんありすぎる。しかしその頃には争いの種はほとんどなく、おそらくハチたちはもはや全員を把握してはいないだろう。

ただし、アシナガバチは例外だ。ほとんどの社会性昆虫は個体を認識しない。働きアリと働きミツバチは誰のことも個体として認識していない。[5] アリとアリとの協力関係——敵の戦闘員をチームで突き止めるなど——は一時的なものであり、非個体的なものだ。働きアリや働きバチができることはせいぜい、個体の種類を見分けることくらいだ。たとえば、兵隊アリと働きアリ、幼虫とさなぎを区別する。最も大切なのが、女王と他の個体を見分けることだ。[6] アリには確かに個性のちがいがある。ある特定の働きアリが、他の者たちよりもっとよく働いたりする。だが、そういう善意のアリたちは、それだけ苦労をしても自身の価値を認めてもらえない。つまりアリたちは、私たち脊椎動物がしているように社会のなかで競争相手と対決したり味方を作ったりしなくてはならない状況をもともと回避しているのだ。女王アリは別として、どのアリもお気に入りの友を作らず、コロニーにいる他のすべての働きアリは等しく味方どうしである。アリにとって重要なのは、個体ではなく社会だけなのだ。

アリは互いを知っている必要はないという事実から、どんなアルゼンチンアリでも、それが属するスーパーコロニーのなかのどの場所に移動させられて、たまたまランダムに選ばれた者たちのあいだに置かれても、それまでと同じようにすんなりふるまう理由がわかる。実際のところ専門家の知るかぎりでは、中心となる巣をもたないアルゼンチンアリは、生涯を通じてスーパーコロニーのなかをさすらっている。しかし、もしもアリが永久に誰からも知られない存在であり、知らない者たちの群れのなかを移動しているなら、どの地点において自分の社会が終わり次の社会が始まっているのかを、どうやって知ることができるのか?

匿名性

一九九七年、二人の化学者が害虫駆除研究のために実験室でアルゼンチンアリとゴキブリを育てていた。助手のひとりが、ゴキブリをアリに与えれば格好の餌になるだろうと考えた。すると、まったく思いがけない科学的発見が得られた。ある日アリたちは、ゴキブリに噛みつくのではなくアリ同士で殺し合いを始めたのだ。原因はすぐに判明した。その日はアリたちに、新しい種類のアフリカ産のゴキブリを食べさせようとしていた。このチャオビゴキブリに触れたアリはどれも、仲間のアリにたちどころに殺された。[7]

問題はにおいだった。昆虫のほとんどのコミュニケーションは、フェロモンという化学物質にもとづいて行なわれる。特定の腺から、緊急事態を知らせたり、食料へと続く道しるべとして作用したりする化合物が分泌されるのだ。コロニーのメンバーたちも、この化学物質によってしるしがつけられている。アリは、ハムスターのように個体特有のにおいによって個々を区別することはないが、アイデンティティを表す共通のしるしとしてにおいを用い、互いを同じ巣の仲間――あるいはよそ者――と認識する。アリが正しい紋章を見せるかぎり、すなわち正しいにおいがするかぎり――そのためには炭化水素の正しい分子構造が体についていなければならない――コロニーの仲間たちはそのアリを同じコロニーの一員として受け入れる。におい（アリはにおいの紋章に触れることでそれを知るため、そうよびたいなら味とも言える）はフラッグピンのように、すべてのアリがそれを身につけていなくてはならないものだ。その場にいるべきではないアリは、異質なにおいですぐに察知される。アリは降服を示す白旗をもっていないため、たいていの場合よそ者は殺される。縄張りの境界線をうろついていた不運なアルゼンチンアリのように。チャオビゴキブリはおそらくは偶然に、アリが仲間の情報を、さらには外部のコロニーからやってきた者についての情報を知らせるために使うにおいの重要な成分をもっているのだろう。アリが餌として与えられたゴキブリに触れたとき、においの分子が自分の体に移り、実質的に敵のユニフォームを身に着けたことになってしまい、敵であると誤認されたのだ。

こうした識別のためのしるしを使うことから、社会性昆虫は互いを直接的に知る必要がなくなる。小枝のなかに集まる数匹のトラップ・ジョー・アントであれ、はるか彼方まで広がる一〇億匹のアルゼンチンアリであれ、互いに会ったことや接近したことがなくても、ましてや互いを思い出すことがなくても、社会のメンバーでいられる。集団としてのアイデンティティのしるしをもつ種の社会は、まさに匿名社会である。[8]

集団に加わるためのしるし

しるしには、いくつかの起源があると考えられる。ゴキブリの例は、環境がコロニーのアイデンティティに影響を与えうるということを証明しているが、スーパーコロニーのメンバー全員がひとつの環境を共有しているわけではなさそうだ。隣接するスーパーコロニー間の境界が、さまざまな生息環境をもつ広大な土地にわたる縄張りと縄張りのあいだできっちり定められていることから、遺伝子がとても重要な役割を果たしているにちがいないとわかる。確かに炭化水素のにおいは遺伝子にコードされていて、食事による影響はふつうほとんどない。[9]

アリの行動が、においのしるしのように、一定の極端に単純な方法で遺伝的に規定されていると想定することは容易にできる。実際にどのような種でも、行動面の大半には、生来の要素が認められる。言語を習得するという人間の行動においてもそうだ。赤ん坊は当然のように言葉を身につける。社会心理学者のジョナサン・ハイトは、このような生来の特徴を体験に先立って組織化されたものだと述べている。[10] 生物がさまざまな状況に遭遇しそうな場合、その神経系に記された青写真――体験に先立った組織化――には柔軟性が見込まれているにちがいない。大半の社会性昆虫の場合、人間より柔軟性が低いことが多いが、それでも柔軟性を備えている。

アリの場合この柔軟性は、自分の社会のにおいをどのように知るようになるかというところにまで及ぶことがある。この点は、奴隷を所有するアリを例に取ればよくわかる。それらは自身のアイデンティティを知る方法を利用して奴隷を狩り、その奴隷たちに自分たちのコロニーの雑用をすべてやらせる。奴隷を使うアリたちは、他の巣を激しく攻撃する。攻め入る対象はたいてい、別の種のアリの巣である。おとなのアリたちは役に立たない。根っからの国家主義者であるおとなのアリたちは、異国の国旗を受け入れる前に戦って死ぬからだ。その代わりにコロニーのなかにいる子どもたちを捕まえる。なかでも、アリとして認識される姿に変わる以前の静止段階にあるさなぎを好む。さなぎにはまだコロニーのにおいがついていない。通常、生まれた巣のなかでさなぎから羽化したアリは、ただちに社会のにおいを学び、終生そのにおいを好ましく感じる。しかし、孵化したばかりのヒヨコが母親ではなくあなたという人間を生まれて初めて見たとしたら、あなたが意識に刷り込まれるのとまったく同じように、誘拐されたさなぎはだまされて、自分を捕まえた者を意識に刷り込む。奴隷を使うアリたちの巣のなかで羽化したアリは、何かがおかしいと感づくことなく、そのコロニーのにおいを自分の「国籍」として受け入れて従順に働き始める。体の大きさや色が、奴隷を使うアリたちと自分とでは異なっているにもかかわらず。そちらのちがいのほうが、私たちの目にはにおいよりもっと重要に映るのだが[11]。

奴隷を狩るアリたちを奴隷が好意的に受け入れるしくみは、ごく簡単だ。ここで、アリがもつ順応性の高い脳の出番がやって来る。社会の破綻を避けるため、奴隷アリと奴隷を使うアリは全員が、巣にいる他の奴隷全員を同じように歓迎しなければならない。奴隷たちが、どれだけ多くのコロニーから盗まれてきたのであろうとも。個体から発せられるにおいがちがっても、奴隷を使うアリも奴隷アリも、自分以外の全員を「自分の」社会のメンバーであると難なく識別する。この順応性の裏には身づくろい《グルーミング》がある。[12] 霊長類のあいだで毛づくろい《グルーミング》は、友好関係にある個体のあいだで絆を結ぶ役割を果たす。一方、アリの場合は、社会への結びつきを強くするのではないかと推測されている。巣のなかの仲間たちのにおいを融合させて、標準的なにおいを作るのだ。奴隷を使うアリのにおいが奴隷アリにくっつき、奴隷がコロニーの一員であるというしるしになる。そしてその奴隷が、他のアリたちのにおいも同じように変えていく。こうして混ぜ合わされたにおいを身につけることから、予期せぬ結果が生じる。もしも奴隷アリが自分の生まれたコロニー——本当の仲間や姉妹のいる真に所属しているコロニー——に思いがけずたどり着いたら、敵と見なされて攻撃されるのだ。この話には、ギリシア悲劇の趣きがある。[13]

国のしるしを手に入れることは、都市に入る鍵を獲得することに似ている。それを手にすれば何でもかなうのだ。オーストラリアの果樹園でツムギアリの巣を分解し、そのなかに体長五ミリのオレンジ色のクモを見つけた。何度もアリに噛まれて痛い思いをした後に、そのクモの種を特定できた。ミュルマプラタ・プラタレオイデス *Myrmaplata plataleoides* というアリグモで、自分では糸を吐いて巣をかけず、まるでコロニーの一員であるかのようにツムギアリのコロニーに加わるのだ。こうしたアイデンティティの盗用は、クモがアリの幼虫を盗み、コロニーのにおいを自分の身にまとうことで達成される。国家主義者のにおいで身を隠して邪魔されずにアリの巣に入り込み、子どもを世話するアリからたくさんの幼虫を奪って食べる。八本脚の侵入者は、アリのコロニーのアイデンティティを身につけることによって目的を果たす。だが、リスクもある。もしもそのクモが別のツムギアリのコロニーへとぶらぶら歩いていったら、攻撃を受けるのだ。クモとしてではなく、侵略者のアリとして。[14]

脊椎動物にある匿名社会

ここで、隠しごとをしていたと告白しなくてはならない。アリがするのと同じように、においで社会にしるしをつけて、匿名社会で生活する脊椎動物が少なくとも一種はあるのだ。それはハダカデバネズミである。[15] モグラでもネズミでもない、アフリカのサバンナに住むしわしわで毛のないピンク色のこの齧歯動物は、「動物の美しさについての最もリベラルな基準にさえ反している」とこの種の一流研究者二人が認めている。[16] この動物の使うしるしによって、ハダカデバネズミの集落《コロニー》のメンバー数がこれまでに記録されたなかでは最大が二九五と、他の大半の哺乳類の社会における最大個体数の二〇〇を超えていることが説明できるかもしれない。

さらに、働きアリとはちがい、ハダカデバネズミは互いを個体として認識している。標準的なハダカデバネズミがそのことから利益を得ているのかどうか――もしかすると親友がいるのかどうか――は、はっきりとはわからない。また、大きなコロニーに住むハダカデバネズミが、同じコロニーのメンバーたちをそれぞれに思い出すことができるかどうかも、あるいは、私の予測だが、あまりなじみのないしわしわのぽっちゃりしたメンバーに出会ったときに、においに頼るしかないのかどうかもわかっていない。

ハダカデバネズミがこれほどまでアリに似た生活をしているとは驚きだ。哺乳類のなかで唯一の変温動物であり、寒い夜には、ミツバチがするようにコロニーのなかで集まって震えて過ごす。こうしてくっつき合うことで、コロニー共有のにおいが生まれるのかもしれない。この点は、アリの場合に身づくろいが果たす役割に似ている。ハダカデバネズミでは、アフリカに生息するもうひとつの種であるダマランドデバネズミと同じく、生殖をする女王は一匹だけで、仕事が分業化されている。アリよりもシロアリに似ている点がひとつある。でっぷりとした女王は二、三匹の雄を王に選び、彼らとだけ交尾をするのだ。生殖を行なう雄が死ぬと、女王がその後継者を選ぶ。女王の死は、もっと大きな衝撃を引き起こす。女王の後がまを狙う働きネズミたちが一カ月のあいだ戦い続け、なかには血まみれになって命を落とす者も出る。働きネズミのなかで体の大きな者たちは、たいていは兵隊ネズミの仕事をする。ヘビや、異質なにおいでかぎ分けられたよそ者のネズミたちから、コロニーを守るのだ。

地下に潜る性質においてもデバネズミはシロアリに似ている。彼らは必要に迫られて、インフラ整備を目的にトンネルを掘っている。トンネルは、唯一の栄養源である球根や塊茎を求めて、数千平方メートルにわたって地下に張り巡らされている。働きネズミは、こぢんまりとした隊を組み移動するのではなく、トンネルの中心部にある昆虫の巣に似た巣穴から出たり入ったりする。その巣は、直径五〇センチから一メートルくらいの範囲内に小さな部屋がいくつも集まってできている。デバネズミは数週間ごとに巣穴の迷宮のなかでねぐらを転々と変え、遊動生活を送る。

社会の目印となるしるしが他の哺乳類のなかに見つかったとしても、私なら驚きはしないだろう。しかも、人間が感知できないにおいや音に関係するものなら、なおさらだ。たとえばブチハイエナは草むらに尻をこすりつける。これはペースティングとよばれる行動だ。ブチハイエナの個体はそれぞれ特有のにおいをもっており、特定の場所でにおいを交換することは、群れの他の個体たちとうまくやっていくための手法であると考えられている。その目的は、緊張を緩和させるためなのだろう。それだけでなく、その特定の場所を群れのなかのさまざまなメンバーたちが訪れてこすりつけたにおいが混ざり合って、群れに特有のにおいができあがる。理論上は、ブチハイエナはにおいで群れを識別できるのだろうが、たとえそうしたとしても、ひとつの群れには二、三〇頭の個体しかいない。誰が群れのメンバーで誰がそうでないか、すでに知っているくらいに少数だ。群れのにおいはせいぜい、一種のバックアップとして役に立つのだろう。通常の生活においては、個体の認識のほうが主な識別手段になりそうだ[17]。

匿名社会をもっと深く理解できる事例は鳥の世界にある。アメリカ南西部に生息するマツカケスは数百羽の群れ《フロック》を作る。鳥にとってはごくふつうの行動だ。だが、信じがたいほどのことが起こっているとわかるヒントがある。ひとつの群れが別の群れに遭遇すると合流して大群《クラウド》になるが、その後、一切の迷いも見せず、もとの群れ《フロック》へときれいに分かれるのだ。ここで、サバンナゾウの例が思い出される。コアとコアが何事もなく混ざり合い、ときには大群になるが、必ずもとのコアへと戻っていく。注目すべき点は、サバンナゾウのコアには数頭しかいないのに、マツカケスの場合はひとつの群れに五〇〇羽もいることだ。したがって、鳥の基準からすれば表面上はたいして大きくもない群れでも、よくよく見てみると、実際には非常に大量のメンバーでまとまりの良い社会を形成している。それぞれの群れの社会は年間を通じて多数の拡大家族からなるメンバーで構成されている[18]。

ひとつの群れは、平均二三平方キロメートルに及ぶ区域に集まるが、そこに縄張りの性質はない。その区域や、そのなかにある食料を守ることはしないのだ。そのうえ、近くにいるマツカケスたちの領域に入っていくこともよくある。一年のうち大半は群れで密集して空を飛び、種や昆虫を取る。繁殖の季節には、生涯不変の雌雄のペア（マツカケスは人間よりも徹底した一夫一婦主義）が群れの領域全般に分散し、巣のなかで子育てをする。しかしそういうときでも、同じ群れの仲間を識別する。

マツカケスの社会がどのように区別を保っているのかは、誰もはっきりとわかっていない。群れが密集しているときと、それぞれの巣に散らばっているときのどちらでも、自分の社会の仲間を識別できている。マッツカケスの発声のいくつかは——「ニア」コールとよばれる柔らかい鼻音も——個体によって異なる。そうであっても、マツカケスが個体を認識しているとみなすのは難しい。そうするには、空を飛んでいるあいだにも他の数百羽を頭に入れておくことが必要になると思われるからだ。実際にも研究から、マツカケスは群れのメンバー全員は認識できていないことがわかっている。つがいの相手と子ども、そして感じの悪いメンバーとの地位や食料や巣を作る材料をめぐる争いから逃れて一息つくために頼りにする個人的なサポートネットワークとして選ばれた少数の者だけを認識しているのだ。理論的には、メンバーの全員ではなく一部について知っているだけでも、五〇〇羽もの大量の鳥が来る日も来る日もひとつの群れとして十分に束ねられるのかもしれない。それぞれの鳥が、少なくともなじみのある一羽の鳥のニアコールを耳にしていて、その場にいることを心地良く感じるなら、それでよいのかもしれない。しかし実際のところ、社会のなかにそうした協力関係があるだけでは群れの状態を保つには十分ではないと思われる。時とともに群れがばらばらになったり、他の群れと永久に合併したりすることが起こるだろう。

かかわってくる個体の数があまりに多いため、鳥の群れをまとめるためには個々の認識以上の何かが作用しているはずだ。マツカケスが匿名社会を構築しているのはほぼまちがいない。さらに、発声のレパートリーのなかには、群れのメンバーであることを示すと思われるものがいくつかある。マツカケスは捕食者に反応してラックコールを繰り返す。このコールにはさまざまな変形があり、その声を発している個体と、それが属する群れの両方が特定できる。さらに重要な発声が、戦いの最中に発するカウというコールだ。この音を野鳥観察者は種を特定するために利用するが、これもまた群れによって異なっている。群れのしるしなら、そうなるはずだ。カウかラック、あるいはその両方が、群れのアイデンティティを発信しているのはまちがいないだろう。これで、群れがどのようにメンバーを一定に保っているのかの説明がつく。

マッツカケスには、一時的な群れではなくずっと存続する社会で生活するための確固たる動機がある。第一に、安全という利点が得られる。マツカケスはそれぞれ、困窮した場合に備えて自分だけの秘蔵の種を埋めておく（ただし人間の社会と同様にマツカケスも人並みに盗みを働く）。頭上にある木に見張りが立ち、土を掘っている者たちを殺す恐れのあるキツネなどの捕食者を警戒する。メンバー間で協力して活動することもある。ひながまだ母親と一緒に巣にいる時期には、父親たちが集まって狩りに出かけ、個々で捕まえられるよりもっと多くの虫をかき集め、一時間ごとに一斉に戻ってきてそれぞれの巣に餌を持ち帰る。ひな鳥たちが巣の外に出るようになると、保育グループを作って遊ぶ。数羽の親鳥たちがその日の監督を引き受けて子どもたちのようすを注意深く見守り、残りの親鳥たちは子どもたちのために食料を探しに出かける。一年後に若鳥たちは群れを離れ、言ってみれば騒々しいティーンエイジャーのギャング集団に入る。やがて、たいていは新しい群れに迎え入れられてから、つがいの相手を見つける準備が整う。マツカケスの生活は何から何まで秩序立っている。

脊椎動物のなかでさらにもうひとつ、クジラ目の集団も匿名社会を構築し、社会のメンバー数がときにはとてつもなく大きくなることがあるという証拠が集まりつつある。そのような社会の事例のなかで、マッコウクジラの社会が特に注目に値する。あの『白鯨』で有名な、イカをむしゃむしゃ食べる歯をもつクジラのことだ。この巨獣はなんと、二つの別々のレベルにおいて独立して作用する社会とでも言えるものをもっている。[19]

マッコウクジラは一見すると、脊椎動物にしては比較的中くらいの大きさの社会をもっているようだ。ひとつの単位《ユニット》には、六頭から二四頭のおとなの雌とそれらの子どもたちがいて、全員がいつも一緒にいる（マッコウクジラのおとなの雄は、ゾウのおとなの雄と同様に好き勝手にうろつき、誰とでも交尾し、社会には加わらない）。このユニットという社会は何十年も存続する。ほとんどの雌は一生涯、自分の社会に留まるほどだ。ただし、理由は不明だが別の社会に移動する者も少数いて、多くの社会にはもともと関係のなかった者が混ざるようになる。

若いマッコウクジラは、コーダとよばれる一連の短いクリック音を習得する。モールス信号のメッセージから一文字か二文字を抜き出したようなものだと思ってほしい。コーダはユニット社会によってわずかに異なる。ユニットが互いに接近するときにコーダを発する。どうやらこの音によって、互いのユニットを認識し、動きを調和させることが可能になるようだ。

注目すべきは、こうしたユニットがいくつも集まって群れ《クラン》を形成していることだ。この構造によってクジラは二重に整然と定義される。太平洋には五つのクランがいて、それぞれが特定の一連のコーダをもつ。ひとつのクランは数百のユニットからなり、それらは数千平方キロメートルの範囲に散らばっている。日常生活はユニット内で営まれるが、クランの一員であることも重んじられる。同じクランに属するユニットだけが互いに近づき、一時的に一緒に狩りをすることもある――一種の離合集散とみなそう。異なるクランのクジラたちが戦うことはあまりなさそうだ。こんな大きな動物ならいかに簡単に傷つけ合うことになるかを考えてみればわかるだろう。さらに縄張りも作らない（ただし大西洋では、数個のクランが遠く離れた海域で別々に暮らしている）。ただ、互いを避けているだけだ。

マッコウクジラは、他の動物が社会から得ている利点の多くをユニットから得ている。捕食者からの保護、共同の子育て、そしてもしかすると蓄積した知識を共有する機会を。一方でクランに属する利点は、どのように食料を集めるか――ひとつのクランに属する複数のユニットが一緒に水中に潜ったり遠征したりするか、あるいは島の近くに留まるか開けた水域に出るか――という点にあるようだ。

こうした細かい戦略は重要である。その結果、それぞれのクランが別々の種類のイカを捕まえることになるからだ。エルニーニョ現象のために温暖でイカがあまり姿を見せない年に、あるひとつのクランがとりわけ上手に食料を捕獲したりする。同じクランの他のユニットと親しくなり、同じ狩りのテクニックを使うときにだけ、効果的な狩りができるからだろうという仮説が立てられている。

そのちがいは遺伝的なものではない。雄はどのクランの雌とも自由に交尾をするので、すべてのクランの遺伝子の構成は同じなのだ。食料を確保する戦略は、文化的なものにちがいない。イルカが魚を獲る手法を学習するのと同じように、クジラは年長者からクランに特有の手法を学ばなくてはならないのだ。[20] コーダのパターンが単純であることから、クランのメンバーを取りちがえることはほとんど起こらないはずである。

アリの王国を生み育てる

マッカケス、まるで昆虫のようなハダカデバネズミ、そしてマッコウクジラは、脊椎動物の社会のなかでも進化的に傍流であるという点から興味をそそられる。脊椎動物の社会の多くは、個体を認識することで運営されているからだ。それでも脊椎動物のなかに、匿名社会のさらなる事例が見つかるだろうと私は予測している。しかし、アリの匿名社会、それもとりわけ、巨大なスーパーコロニーを作るごく少数派のアリたちの匿名社会は、社会の複雑さや効率性、大きさという点で、なおも抜きん出ている。アリのコロニーのアイデンティティは、まずどのように発生するのか？　そして、アルゼンチンアリはどのようにして、社会のアイデンティティをスーパーコロニーの規模にまで拡大していくのか？

アリの社会は一般的に、もともとある社会から発生する。そのプロセスは次のように始まる。まず先述したように、大半の種では一匹の女王を擁する成熟したコロニーにおいて翅《はね》をもつ女王候補が複数育てられ、それらが上空へと飛翔して空中で交尾をする。その相手はたいてい、他のコロニーからやってきた翅をもつ雄である。その後、女王候補たちは地上に降り立ち、独自に「お試し」の小さな巣を掘り始め、最初に産んだ働きアリの幼虫たちを育てる。これらの働きアリたちは、女王アリが生まれ育ったコロニーを含む、他のコロニーから独立したアイデンティティをもつ社会の大黒柱となる。世代を経るにつれ個体数が増大し、コロニーが成熟した大きさになる。その規模は種によって異なるが、その時点で、幼虫を産む仕事の一部が新たな女王候補たちと雄アリたちに引き継がれる。彼らは巣を離れ、新たな世代の社会を誕生させる。これが毎年繰り返される。もとからいた女王アリは自分のコロニーに残留する。女王が生きているかぎり、そのコロニーは存続する。存続期間はとても長く、ハキリアリの場合には四半世紀にもなる。女王が死ぬと、働きアリたちはパニックに陥り、まもなく死んでいく。たとえ世界中にある食料や空間をコロニーに与えても、女王が不在なら、長くはもたないだろう。

アルゼンチンアリのスーパーコロニーがずっと個体数を伸ばし続けるのは、この話にひねりが加えられているからである。女王候補が飛び立っていかないのだ。女王候補は、縄張りのなかに張り巡らされた巣の部屋と部屋のあいだを歩いて移動する。生まれ育った社会に留まり、さらに多くの卵を産む。そこから孵化したアリたちも同じように生まれた社会に残る。毎年、スーパーコロニーの縄張りが拡大していき、使える土地はどこまでも隅々まで占拠する。巨大なスーパーコロニーには、一〇〇万単位の数の女王が暮らしている。

たいていは非常に大きな範囲に広がるスーパーコロニーの全域において同じにおいが発生している

かぎり、その社会は損なわれずに存続する。ふつうは遺伝子のばらつきが生じるため、そんなことは不可能のように思われるかもしれないが、社会のシステムに自動修正を実行する手法が組み込まれていると想像するとよいだろう。しるしとなるにおいに影響を与える遺伝子が、多数いる女王アリのなかの一匹において突然変異したとしてみよう。その女王のにおいが周囲にいる働きアリたちのアイデンティティと一致しなければ、女王は卵を産む前に働きアリたちに殺され、変異した遺伝子は跡形もなく消滅する。こうした粛清がひっきりなしに実行される結果、ほとんどのアリの種に見られるようにひとつの巣においてだけでなく、何百キロメートルもの範囲にわたって共通のアイデンティティが保たれる。スーパーコロニーの端から端までひとつの明確なアイデンティティがあることで、一種の不滅な社会ができあがる。カリフォルニアにあるコロニーが、一〇〇年前にその土地に入り込んだコロニーと今でも同じものであるととらえよう。そうではないという意見もときおり聞かれるが、コロニーの成長が鈍化する兆しは一切見られない。[21]

ラージ・コロニーのアリの群れがあらゆる方角の地平線へと伸びているカリフォルニアの地に立つと、目の前の光景が理解しがたく感じられる。スーパーコロニーが本当にひとつの社会であるのかどうかをいまだに疑問視する生物学者もいるほどだ。スーパーコロニーを構成する個体たちが地面に連続して群がっていることがほとんどないため、スーパーコロニーはじつはひとつの社会ではなく多数の社会の集まりではないかと、こじつけの意見を述べる者も少数いる。しかし、個体がまだら状に集まっていることは、アリの社会的な行動やアイデンティティよりも、その土地が生息に適しているかどうかのほうに関係する。一例として、アリは過度に乾燥した土地を避ける。しかし、からからに乾いた日に芝生のスプリンクラーを作動させると、二つの集団に分かれていたアリたちが、それぞれに広がって、難なくひとつにまとまる。それでもなお、何十億も集まっているアリたちがひとつの社会をなしているのかという問いを投げかけられると、アリの専門家たちは、アリたちはまるでひとつの社会であるかのようにふるまっていると用心深く答えるだろう。私なら、「当然ひとつの社会だ！」と返す。社会としての要件を満たすものは何かを決めるにあたり、誰がそのなかにいるべきで誰がいるべきでないかを社会のメンバーたちが選択する基準以外に、道理にかなうものがあるのか？　生息区域がどれくらいの範囲に及ぶかには関係なく、アリたちが互いを受け入れてよそ者を拒絶しているのだから、メンバーたちがどれくらい似ているか、もしくははっきりとちがっているかは重要ではない。多数の民族がいて政治的な争いが起こっているアメリカのような国においても同じである。

その鍵を握るのは、単純なしるしだ。昆虫学者のジェローム・ハワードが、ハキリアリの働きアリ一匹をコロニーの端からもう一方の端へと移動させたとき――巣が巨大なので数メートル離れている――移されたほうの場所にいるアリたちがときおり動きを止めて新入りを検分した。たぶん、このような幹線道路や脇道がたくさんあるアリの大都市では住民たちが完全に混じり合うことがないので、場所によってはにおいの微妙なちがいが積み重なっていくことがあるのだろう。国旗のデザインが微妙に異なるようなものだ。それでも、新入りは、一瞬わずかに注意を向けられただけで、滞りなく自分の仕事を続けることを許可された。

アリゼンチンアリは、このわずかな反応と比べても、団結力が圧倒的に高いようだ。この種を見れば、個体間に協力や相互作用がほとんどなくても社会の一員でいられるということがはっきりとわかる。アルゼンチンアリは海を超えられる。そもそも四つのスーパーコロニーは、アルゼンチンからアメリカまで海路でやってきたのだ。飛行機や列車や自動車にも便乗してあちこちに跳び回り、世界全域へと進出しながらも、自身のアイデンティティをいまだに保っている。ハワイの人々が、アメリカ本土に住む人たちと同じ国籍をもっているのと同じように。ラージ・コロニーは遠くまで旅をし、ヨーロッパの一九〇〇キロメートルにわたる海岸線や、地球上のはるか彼方の土地を掌握した。ハワイもそのなかに含まれている。他のスーパーコロニーも、南アフリカや日本、ニュージーランドなどに進出している。

侵入的なスーパーコロニーがどんどん拡大し、アリたちの体重の総計がマッコウクジラに匹敵することから、どのようにしてそのようになっていったのか、という疑問がわいてくる。おそらく、大陸を横断して移住する社会について言えるなかで最も驚くべきことは、もともと故郷であった社会よりも、移住先の社会のほうが非常に大きいということだろう。アルゼンチン北部にあるアルゼンチンアリの社会は、とても小さい。幅はせいぜい一キロメートルほどだ。アリのコロニーとしては途方もなく大きいが、カリフォルニアの基準からすればさほど注目すべきところはない。これほど徹底的なちがいがあるために、生物学者のあいだでは、大きな進化的な変化が隠れているはずだという意見もある。もしも宇宙人が二万年前に地球に降り立ち、数名の狩猟採集民からなる人間の社会を見つけ、数世紀後にまた地球に戻って十数億もの人口を抱えた中国を目にしたなら、同じように考えたかもしれない。現代の人間が作る超巨大な社会、そしてアルゼンチンアリのスーパーコロニーについても同様に、劇的な変化は必要なかったというはるかに単純な説明で事足りる。どちらの種においても、ふさわしい状況において、社会が着実に拡大しただけなのだ。私の考えでは、スーパーコロニーとその他の社会とを区別するのは、大きさ自体ではなく、無限に成長するという途方もない能力である。輸送中の植物に混入しているアルゼンチンアリもまた、スーパーコロニーである（あるいは少なくともスーパーコロニーのかけら）。社会が無限に成長するという能力は、ごく少数のアリの種だけがもつ特徴だ。ことによると、マッコウクジラのクランや人類にもその能力があるかもしれない。

結局、突き詰めてみれば、アルゼンチンアリは他のアリの種と実際のところまったく変わらない。

すべてのアリは、よそ者には攻撃をしかけ、コロニーの仲間には敵意をほとんど示さない。アルゼンチンアリにとって、コロニーが爆発的に拡大するきっかけとなる重要な条件は、よその土地に最初に到着したときに競争相手に遭遇しないということだ。アルゼンチンにあるコロニーでの営みは、他のどの土地のコロニーの営みとも同じではあるが、スーパーコロニーへと成長することが、敵意をもつアリが近隣に過剰にいるという一点によって阻止されている。カリフォルニアに到着したコロニーには、その土地を征服することを妨げるものが何もなかった。コロニーどうしが戦うようになるまでは。

今後の章において、人類も同様に、先史時代の小さな集団がチャンスがあったときに大きく成長するには、どのような本質も変化する必要性はなかったと主張するつもりだ。帝国が繁栄するために必要とされる要素は、アイデンティティのしるしにたいする執着心にいたるまでのすべてが、旧石器時代の精神のなかにすでに組み込まれていたのだ。

第7章　匿名の人間たち

生命の歴史において、人がコーヒーショップにふらりと入っていく場面よりも驚くべきものはほとんどない。常連客たちが全然知らない人ばかりというときもある――それなのに何も起こらない。うまくふるまい、まったく面識のない人たちに出会ってもうろたえない。このことは、他の四本の指と向かい合わせになった親指や、直立姿勢、賢さとは別の、私たち人類という種がもつ独特な点を示している。社会をもつ他の脊椎動物たちは、こうした行動を取れない。チンパンジーなら、知らない個体に出くわせば、相手と戦うか、恐れおののいて逃げ出すだろう。チンパンジーであふれたカフェに入るなど考えられない。誰かとにらみ合いになっても、戦いの危険を冒さずに生き延びる可能性があるのは、若い雌だけだ――ただしセックスを受け入れたほうがもっとよい。ボノボでさえ、知らない個体のそばを無関心に通り過ぎたりしないだろう。[1] しかし人間には、見知らぬ人たちに対処して、彼らのあいだをすいすいと通り抜ける才能がある。私たちは、コンサートや劇場、公園、市場などで他人に囲まれていても楽しく過ごす。幼稚園やサマーキャンプ、あるいは職場で、互いの存在に順応し、気に入った何名かと親しくなる。

そうした匿名性を受け入れるのは、他人のなかに自分の期待にぴったりと適合する特定の記号を認識したときだ。その記号とは、アイデンティティのしるしとして作用する特徴のことである。[2] 私たちが用いるしるしには、アイデンティティのあらゆる種類の側面を指し示すものがある。六カラットのダイヤモンドの指輪は富と地位を意味する。癖のある矢じりの作りかたなど、その人特有のしるしもある。しかし本書では、しるしという言葉やその類義語は、人を自身の属する社会と関連づける一般的な属性を指す。[3] しるしを認識することは人間特有の性向であり、大半の動物には見られない。ただし、社会性昆虫や、ハダカデバネズミやマッコウクジラなど少数の脊椎動物といった例外はある。しかし、このような比較を行なおうとする社会科学者はほとんどいない。それどころか彼らは、意識的な行動をしないと思われているアリたちが、そもそもアイデンティティをもっているという考えを提示されると、困惑するかもしれない（受け入れることもできないかも）。それでもアリなどの社会性昆虫は、内省する能力はもたないものの、匿名社会をもつという基本的ではあるが意外な点において、私たちに似ている。

ほとんどの哺乳類、さらにはほとんどの脊椎動物には、自身の社会を示すしるしとして確実に使えるものがない。たとえば、ひとつの群れにいるウマたちが同じ歩きかたやいななきかたをすることは決してない。脊椎動物はほとんどの状況において、しるしがないために、個体間の関係に対処することに専念している。そのような親しい関係が存在しないアリの場合とは対照的だ。人間はその中間に位置する。社会にいる全員を頭に入れておくというやっかいな務めを背負い込まず、重要な社会的なつながりを培うことだけに集中できる。私たち人間は、他の人々とは社会的な履歴をもとにしてさまざまな関係を結び、一部の人だけを個人として扱う。[4] こうしたちがいをもっと少ない言葉に凝縮するために、第4章の最後に記した公式に立ち戻ろう。社会として機能するためには、チンパンジーは全員を知る必要があり、アリは誰も知る必要はなく、人間は誰かを知っておくだけでよい。

それぞれの人がつながっている「誰か」は、最も親密なものから最も抽象的なものまでを含む、どんどん拡大していく社会的な関係という輪のどこかに当てはまる。配偶者や核家族、拡大家族、一五〇人くらいの友人たち、それほど親しくは知らない数百人の人々、そして、部族であれ国家であれひとつの社会の一員であると自認しているすべての人にいたるまで。ケニアのエルモロのような非常に縮小された社会を除いては、どの社会にも、自分の知らない人たちが数多く含まれている。社会にたいする包括的な忠誠心は別として、私たちのあいだのつながりのほとんどは個人的なネットワークであり、その中身は人によってそれぞれに異なる。[5] このネットワークのリストの一番上にくるのが、特別の帰属関係をもっている人の輪だ。なかには、チームの野球帽をかぶるシカゴ・ベアーズのファンたちのように、自分たちのしるしを誇示する者もいる。もちろん、他の人たちについての知識は、社会のなかにいる者たちについての知識にかぎらない。私たちは、他の社会のメンバーたちを知っているという点だけでなく、そうした者たちと親しくなるという点においても、ボノボやサバンナゾウのような種に似ているのだ。

社会にしるしをつける

旗や愛国歌などの同じ国の人間であることを誇示するしるしは、人々が社会や、しばしば民族や人種とのつながりを示したり、それに気づいたりするために使われるさまざまな方法のなかで、まさに最もわかりやすいものである。社会のどのような特徴も、そこからの逸脱をメンバーたちがどこかおかしいと察することができるようなものであれば、しるしとして使うことができる。ある実験では、アメリカ人が、どうやってそうするのか自分では説明できないが、誰かの歩きかたや手の振りかたを見て、その人がアメリカ人であるかオーストラリア人であるかを判別できる例が多く見られた。[6] 社会のメンバーを識別するにあたり、アリやハダカデバネズミはにおいに頼り、マッコウクジラはもっぱら発声に頼る一方で、ホモ・サピエンスはほぼ何でもしるしに利用できる。

社会において規定された服装など、いくつかのしるしは、継続的に、そしてしばしば人目につくように示される。価値観や習慣や考えかたと関係するもので、ときおりしるしとして作用するものもある。意図して提示することが求められるもの――たとえばパスポートを携帯するなど――もあれば、肌の色など、メンバー自身ではどうしようもないものもある。しるしは、その人と結びついている必要はまったくない。集団のアイデンティティは、メンバーの内部に浸透しているだけでなく、土地（バンカーヒルのような場所（アメリカ独立戦争時に戦闘が行なわれた土地））や物（自由の鐘《リバティ・ベル》）など、社会が主張するどんなものにも拡張されることがある。[7] 歴史的な出来事も国家の意識のなかに入り込む。社会そのものと同じくらい古い起源をもつものも多少はあるが、新しい材料もしょっちゅう生まれる。アメリカで二〇〇一年九月一一日に勃発したテロのように。あの出来事がアメリカ人の心のなかに深刻な影を落とし続けていること、そして、ニューヨークのツインタワーという場所、9・11という数字、それが意味する日付けのどれもが、アメリカ人の自身のとらえかたと、他の国の人々によるアメリカ人のとらえかたの一部となったことが、私たちのアイデンティティに新たに加わったものが、いかに急速に顕著なものになりうるかを実証している。

社会のしるしが、部外者にとってはささいなことや、まったく奇妙なものに映ることがある。たとえば、手を使って食事をするというインドの習慣や、主にスプーンを使い箸はまったく使わないというタイでの習慣などがそうだ。美的感覚も社会によってまちまちだ。外からやって来た者でも心の広い人間なら、その美しさを理解することができる。インド音楽の構造や、プエブロの作るさまざまな黒色を組み合わせた陶器を思い起こしてみよう。[8] ちがいのうちの一部は、それがささいで恣意的なものであってもそうでなくても、その結果が生と死に分かれることもありうる。道路の右側と左側のどちらを車で走るかといった行為などがそうだ。いくつかのしるしは、世の中にある何かと結びついたシンボルである。多くのエジプト象形文字が、見てすぐに何を意味しているかがわかるように。あまりに奇妙なしるしでさえ、それを使う人は世の中との関係をそこに見て取るので、筋道の通ったものと受け止められることもある。強力な捕食者であるハクトウワシとクマはそれぞれ、アメリカ合衆国とロシアの国力を表象している。こうしたしるしとの結びつきは、強力な社会の接着剤として作用しうる。

しるしは、生物学によって強化されたり決定的になったりすることがある。数千年前に動物の家畜化が始まり、ある遺伝子の変異が人々のあいだに広まった結果、大人は乳に含まれるラクトースを消化できるようになった。東アフリカでは、牧畜をするバラバイグは牛乳を好むが、その近くに暮らす狩猟採集民のハヅァは乳製品を食べると吐き気を催す。おそらくこの隔たりによって、二つの部族の断絶がいっそう強化されているのだろう。[9]

人間がしるしを認識する際に使われる主な感覚は視覚と聴覚であるが、味覚も重要であることは明らかだ。「愛国心とは子どもの頃に食べた物への愛に他ならない」という中国の名言があり（林語堂による）、人が垂涎する食べ物の範囲はとても広い。[10] 私は、中国でムカデの揚げ物を、日本でハチの漬け物を、タイで豚の胎児を、コロンビアで炙ったアリを、南アフリカで乾燥したモパネワーム（ガの幼虫）を、ナミビアで生のシロアリを、ニューギニアでカブトムシの幼虫を、ガボンでさいの目に切ったネズミを食べたことがある。このような珍味を好きでたまらない人にとって、外の社会の人たちがそれを忌み嫌うことは衝撃だ。それに、私たちはアリのようにはにおいを最重視しないが、ときおり、いくつかの民族集団の息や体のにおいについて否定的な感想を口にすることがある。[11]

私がしるしとよぶ属性の多くは、文化の範疇に入るものだ。文化という言葉は、社会における知的・芸術的な業績の数々と関連づけられることが多いが、広くは、主として積極的に教えることで世代から世代へと受け渡される特性をまとめて指す言葉である。そうした特徴のなかで最もよく研究されているものが規範だ。規範とは、価値観や道徳律について市民が共有する理解であり、そのなかには、何にたいして寛大になったり力を貸したりするかという傾向や、何が公正で適切かについての信念などが含まれる。[12]

食べ物の禁忌や国旗など顕著な文化的属性は最も大きな注目を集めるが、もっと微妙なさまざまなしるしは、とても重要でありながら見落とされやすい。二〇〇九年に公開されたクエンティン・タランティーノの映画『イングロリアス・バスターズ』が頭に浮かぶ。ナチ党員になりすましたイギリス人のスパイが、ドイツのバーで三杯のビールを注文するとき、ドイツ人のするように親指と人差し指と中指を伸ばすのではなく、人差し指と中指と薬指の三本を立てる。それに続いて起こった銃撃戦は、タランティーノらしい息をのむようなシーンとなっている。

文化によって特有の手のしぐさを研究するだけで、何冊もの本が書けるだろう。イタリアでは誰の手も絶えず動いているようだ。人差し指と親指で円を作り体の前方で水平に振るしぐさは、完璧という意味だ。片手で切るようなしぐさは注意しろという警告であり、両手を顔の横に挙げて揺らすのは、退屈という表現だ。心理学者のイザベラ・ポッジは二五〇以上のしぐさを分類している。その多くはイタリア特有のもので、何世紀も昔からあり、話されている言葉よりも意味を正しく伝える場合が多い。[13]また、しぐさはおそらく言葉よりも古くからある。目の見えない人が目の見えない人たちを前にして話をするときにも身振り手振りをするくらい、思わず出てきてしまう。[14]

しぐさよりも見落とされやすいものが非言語的な特徴である。こちらは、教えられてではなく意識せずに身につくものだ。非言語的な特徴は、社会によってそれぞれ異なるにもかかわらず、アンテナに引っかからないことが多い。チャールズ・ダーウィンは、晩年に発表した『人及び動物の表情について』（浜中浜太郎訳／岩波文庫）において、最も基本的な人間の感情はヒトという種全体に共通していることを発見したと述べている。[15] それでもなお、そうした基本的な感情を伝えるための顔の筋肉の使いかたは、社会間でごくわずかに異なっている。たとえば、どちらも無表情な日本人と日系アメリカ人の写真を見たときに両者の区別がつかないアメリカ人が、写真のなかの表情が怒りや嫌悪、悲しみ、恐れ、驚きなどを表している場合には、同国人である日系アメリカ人を見分けることができる。[16] 歩きかたからアメリカ人とオーストラリア人を見分けられるということを示した研究があるが、どうやら体全体が非言語的な特徴となっていたようだ。そうした差異は、しぐさとはちがって多くのにおいのように、言葉で表現することが不可能である。[17]

そのような細かな特徴を記憶しておくには、たいていは生涯にわたり何度も接触することによって、なじみ深くなっておくことが必要だ。こうした深い理解力は、第二次世界大戦中に飛来するナチスの戦闘機と連合軍の戦闘機を見分けることができた若干名のもっていた能力に似ている。イギリスはぜひとも、戦闘機を識別できる人間をもっとたくさん確保したかったが、この技をもつ者は誰も、どのように識別しているかを説明することができなかった。唯一効果のあった訓練方法は、何に注目すべきかはわからないが、ただ推測させることだった。そうして、訓練生たちが正解するまで、まちがいを指摘し続けた。[18] 社会のしるしは、理解されないままに、あるいは計算することなしに、このように獲得され、認識される場合が多いのかもしれない。

しるしを認識する

私たちが用いる社会のしるしはとても明確なものなので、自身ではしるしを使わない種がその一部を察知できることもある。ゾウは、人間の部族を見分けて行動を予測する。ケニアのゾウは、通過儀礼として厚皮動物（ゾウ、カバ、サイなど）を槍で突くマサイを恐れるが、ゾウを傷つけないカンバには無関心だ。マサイが近づいてくるとゾウは背の高い草のなかに隠れる。おそらく、食べる物が牛肉中心であるマサイの体臭と野菜を好むカンバの体臭とを区別できるからだろう。においとは関係なく服装からも見分けられるようで、マサイが好む赤の布に突撃していくこともある[19]。

人間も同じ理由からアイデンティティのしるしを進化させた。自分たちの安全と幸福がかかっているからだ。パーソナリティ研究の基礎を築いた心理学者のゴードン・オールポートは、「人間の精神はカテゴリーの助けを用いて思考しているにちがいない……秩序ある生活はカテゴリーに頼っている」と解説する[20]。その能力は明らかに、動物であった祖先から受け継いだものに端を発している。たとえばハトは、物を鳥か木かといったカテゴリーに分類するだけではない。研究者がハトを訓練して、ピカソの絵とモネの絵を見分けることができるようにもなった[21]。すべての動物はカテゴリーに分類する能力をもっている。これは人間やヒヒやハイエナも同じだが、ゾウは、自分のそばを通り過ぎるゾウを目にしたとき、一頭一頭を観察し、鼻の形やトランペットのような鳴き声といった特徴を見分けて、あのゾウだと理解しなければならないわけではない。その集団に特有な身体的または行動的な特徴がないために、ゾウの社会はゾウという種そのものほど見た目に明らかではない。

大半の脊椎動物は、自身が属する集団のアイデンティティを服に（あるいは声やにおいに）つけていないが、誰が集団に属しているかを知っていることで、しるしを用いる社会と同じくらい彼らの社会が確実で具体性のあるものとなる。人間の世界にも集団がある。たいていは社会の内部に、個人を認識することによってのみ成り立つ、より小さい規模の集団がある。私が子どもの頃に近所で一緒にスポーツをしていたチームもそうだ。チームのジャージを買うお金がなかったので、みんなが入り混じって試合をしていたら、よその人たちは誰も、どの子がどちらのチームにいるのかわからなかっただろう。でも、私たちはちゃんとわかっていた。チームを区別するものは、私たちの頭のなかにあった。いずれにせよ、私たちは互いを個人として知っていたからだ。オオカミやライオンの群れを観察する研究者たちが、動物どうしのやりとりを見て群れを見分けるのと同じように、よその人たちも、私たちがプレーするようすを見てチームを区別することができただろう。

それでも、たとえ人間どうしが互いを知っている場合でも、しるしがあるほうが都合がよい。子どもの頃のチームメンバーは、もしもチームジャージがあったならきっと喜んでそれを着ただろう。ジャージがあればチームにいっそう誇りがもてただけでなく、個々のちがいがあまり目立たなくなり、もしかすると、もっとまとまりのある怖いチームに見えたかもしれない（これらの論点はすべて本書において後で取り上げる）[22]。また、ジャージがあればプレーがしやすくなっただろう。それを着ていれば、すばやく動いても、横目でちらっと見るだけで、チームのメンバーを色で識別できただろう。ミスをしたときの損失が大きい場合、迅速で正確な認識はとても有益だ。それができなければ、相手チームにボールを奪われかねない。あるいは社会でなら――多くの種では社会は過酷な環境だろう――自分の資源や生命をよそ者に奪われかねない。ジャージがあれば、新しいメンバーを引き入れやすくなったかもしれない。当然、少なくとも最初は、新しく加わったメンバーを完全には信頼しなかったかもしれないが、申し分のない外見（ジャージ）と行動（どうやってジャージを手に入れたかも）があったなら、その子を知らなかったメンバーからも、グループのメンバーとしてすぐさま認識された可能性が高い。

しるしは結局、私たちが誰であるかという消すことのできない認識につながる。これまでに会ったことのない人々を、共通の世界観に結びつけるのだ。たとえしるしの特徴をつねに意識して注目しなくても。ふだんは、しるしがあまりになじみ深く、あって当然のものなので、空の青色を目にとめないように、しるしに注目をすることはない。しかし、しるしがないときには、それを渇望する。だから、外国を旅しているときに「私たちに似た」人たちに飢えて、自分と同じ国の人たちのいるバーやレストランやたまり場を探し出し、そこで出会った同国人たちを、知らない人であるにもかかわらず旧友のように歓迎するのだ。

しるしはこのように有用であるが、私たちの社会を外部と区別するためのしるしとなるような付加的な記号を増やしても、根本的には何も変わらない。それらがあっても社会は成り立つし、それらがなくても社会として継続していける――ある程度まで。社会のなかのメンバー数が大きくなるにつれて、しるしをもつことが、複数の社会を区別するにあたって、さらに人間の場合には各々の社会の内部にあるあらゆる種類の集団も区別するにあたって、ますます有益で、ゆくゆくは不可欠なことになる。フリーメーソンのフェズ帽やスポーツチームのジャージは、自然界には類を見ないものだ。同じひとりの人が自身をボスニア人とも消防士とも保守派とも称することができ、それらのカテゴリーのどれも――あるいはアメリカ人としてのアイデンティティも――打ち消しはしない。人間のアイデンティティにある多くの側面には、ガールスカウトのバッジやシェフのエプロンのように、誇らしげに見せびらかすようなしるしが備わっている。しかしその大半は、必要に応じて着脱可能である。アリは、働きアリと女王アリを区別する（種によっては兵隊アリも）以外には、アリのアイデンティティをそのような明確な区分には分類しない。脊椎動物もそうしないことがわかっている。彼らは、友と親しく交わるとき以外は、より小さな集団へと分かれることは一切ない。しかも、しるしを使ってそうすることは絶対にない。同じ群れにいるオオカミたちの毛皮の色がたとえちがっても、黒い色のオオカミたちが灰色のオオカミたちから分かれることは決してない。だから、アルゼンチンアリのスーパーコロニーにいる何十億匹ものアリたちが均一の連続体のように見えるのだ。一方であなたと私とでは、私たちの社会に属するやりかたが一〇〇通りにも異なっている（そのひとつに、あなたはアリの研究者ではないだろう?）。

言語の役割と本当に重要なこと

言語や方言やなまりは、今日の社会におけるしるしのなかで最もよく研究されており、おそらくは最も効力の強いものだ。大半の社会や、ユダヤ人やバスク人など多数の民族には、それ自身の言語もしくは言語に類したものがある。[23] 進化言語学者のマーク・パーゲルは、聖書にあるバベルの塔の話について語っている。天国まで届く高い塔を建設するために民が団結するのを妨げようとして、神が人々に異なる言語を与えたという話だ。この話の皮肉な点は、「言語は、私たちに意思疎通させないために存在する」というところにある、とパーゲルは指摘する。[24] さらに、言語間には大きなちがいがあるうえに、すべての言語には、その話者がどういう人間であるか、そして話者が自身をどう見ているかを描写する言葉、さらには異なる社会に属する人々を描写する言葉がある。言葉は重要だ。たとえば社会自体の名前にも「驚くべきパワー」が備わっている、とあるアフリカ人の学者が論じている。[25] 六歳の子どもでさえ、同国人だと聞かされた子どものほうを好む。[26] 社会が直面しうる最大の脅威のひとつに、別の社会から同じ名称を自分のものだと申し立てられることがある。最近では、マケドニア

ている。マケドニア共和国が自国の名前として採用しているが、何百万人ものギリシア人たちが彼ら自身の民族を指すために使ってもいるという名称をめぐる熾烈な論争があった。この名称は、

それでも、言語のちがいは、社会を別々のものとして区別しておくために必要なものでも十分なものでもない。「集団が自身の言語をいったん失えば、たいていは、独自のアイデンティティを失うことになる」などと、ある言語学者は述べている。確かに、ある社会が別の社会を打ち負かし、後者の民を農奴や奴隷にした場合にこの主張が当てはまる。こういう状況下では、言語をはじめ多くのしるしが失われるか、作り替えられるからだ。しかし集団は、母語を失っても、アイデンティティと独立を保てることもある。これは、言語が、アイデンティティのその他の側面よりも絶対的に強い力をもっているという論への反証となる。アフリカの熱帯雨林に住み、ときおり狩猟採集生活をするピグミーは、三〇〇〇年前に自身の言語を捨て去り、一年のうちの一時だけ生活をともにする近隣に住む農耕民族の言語を使っている。このピグミーの社会は損なわれずに残っているが、もともとの言語はわずかな名残があるだけだ――たいていは森の動物や植物を指す数個の単語だけが残っている。[28]ここで重要なのは、複数のしるしを組み合わせて使うことで、言葉を発するのを聞かずとも、社会に属していない者を発見することができるということだ。

それにもかかわらず、言語は、人間のアイデンティティのしるしとして際立っている。言語や方言は、子どもの頃からそれを学んで育たなければ、正確に再現することがほとんど不可能だ。[29]こうした特徴があることから、人々のなかからよそ者をあぶり出すために、言語がしばしば最も優先的に使われる。旧約聖書の士師記（12章6節）には、ギレアドの兵士たちが、わずかに異なるなまりを話したイスラエル人を根絶やしにしたという話が記されている。

［ギレアドの人が］「ではシイボレトと言ってみよ」と言い、その人が正しく発音できず、「シボレト」と言うと、直ちに捕らえ、そのヨルダンの渡し場で亡き者にした。そのときエフライム人四万二千人が倒された。（新共同訳）

アイデンティティの「抜き打ち検査」としての言語の有用性は、言語が微妙な意味合いを伝えることができるほどに高まっていく。人は、話されている内容を理解するために必要とされるよりもはるかに多くのことがらを言葉から収集するからだ。[30] 子どもでさえ、言葉を発する人がひとつの単語を言い終わらないうちに、その人のアイデンティティについての詳細を把握する。[31] 同じことが他のしるしについても言える。私たちは、自分自身がどのように歩いたり笑ったりするかについてよりも、仲間たちがどのように歩いたり笑ったりするかについてのほうをもっとよく知っている。しかし、言語が特に注目に値するものとなっているのは、一般的にはその土地の言語を話すことが大切にされているからであり、自身がその土地の人間のようにあるいはそうでないようにふるまうということが、文化の誇りにかかわる問題であるからだ。[32] たぶん、数ある伝統のなかでも一部のポリネシア人の文化において実践されている火渡りの儀式のようなものだけが、どんな言語でも表すことのできない集団への強いつながりを示すのだろう。とはいえそのような極端な儀式はめったに行なわれないが、人々はいつでもいたるところで大勢の人に届く声で話をしており、そのなまりからすぐさま、その土地の人間であるかよそ者であるかがわかる。アイデンティティの他の側面には、このように瞬時に直観的な反応が引き出されるようなものはほとんどない。

許容しうる差異、逸脱者、外れ者

人がちがいに対処するしかたは、さまざまに異なる。たとえば、イディッシュ語学を研究するマックス・ヴァインライヒがかつて発した「言語とは陸軍と海軍をもつ方言である」という警句が、つねに当てはまるとはかぎらない。[33]ピグミーの例でもわかるように、社会は、人々の話しかたによってしるしをつけられる必要はない。社会における言語の使われかたからは、外国の方法で物事を行なう能力は、許容されるだけでなく奨励されることもありうるとよくわかる。とりわけヨーロッパのように、小さな地域に国々がぎっしりつまっているような土地では、母語に加えて複数の言語を話す人が多い。そうした言語はしばしば、近隣諸国や交易の相手国や、以前の植民地時代の支配国の言語であったりする。多言語の使用は、最近になって現れた新しい現象ではない。異文化と接触する前のオーストラリアでは、大勢の人々が多言語を話していた。自身や親が結婚して別の社会へと入っていったからという理由が多い。スイスのように母国語が数個ある社会もある。他の社会とひとつの言語を共有する社会もある。イギリスとオーストラリア、アメリカがその例であり、各国に独自の方言――実際には複数の方言――がある。

文化の記録を残す学問である民族誌学の根幹は、社会間の類似点や相違点を理解することではなく、むしろ、社会の人々が、言語や他のことがらについて何が重要であるととらえているかを知ることにある。言語学者が二つの言語と判定するようなものが、話者からすればひとつの言語と解釈されることもあるだろうし、その反対もあるかもしれない。[34]数十億のメンバーを抱えるアルゼンチンアリのスーパーコロニーについて私が指摘したことが、すべての種の社会についても当てはまる。誰が社会のメンバーであるかを定めるのは、社会のなかにいる個々のメンバーが、何がアイデンティティを示すのかを選択する基準であって、よそ者のあなたが重要であると思うかもしれないことではないのだ。

コロニーのにおいに変化をつければ、ちがいが生じる場合もあれば、生じない場合もあるとわかるだろう。人間の場合も同様に、たとえば言語に変化をつけても、必ずしもアイデンティティが危うくなるわけではない。そうなるかどうかは、変化の内容次第だ。[35] 巻き舌で発音するスペイン語のRをうまく言えないために、自分の国にいながら外国人にしょっちゅうまちがえられるというペルー人に、私はかつて会ったことがある。彼の発音が下手なせいでペルー人らしくなくなるのかどうかは、他のペルー人たちの判断するところだが、実際のところ人々は、話し手が言語以外の特徴において社会になじんでいるかどうかを見抜くのが上手だ。社会には、言語と同じくらい重要なちがいについても許容される余地がある。一例として現代の宗教は、国境を越えて信仰されていたり、ひとつの国のなかで複数の宗教が信仰されていたりするが、たいていは誰がどの宗教の信者であるかについて人々のあいだで混乱が生じることはない（しかしじつのところ、つねにとはかぎらない）。

社会のメンバーは、クッキーの抜き型で抜かれているのではない——社会は類似性に加えて多様性も許容するのだ。ある人物のすべての特徴がどのようなものであれ、その人が社会に受け入れられるためには、その人の行動が社会的な許容範囲のなかに収まっていなければならない。狩猟採集民の場合でさえ、このことが当てはまる。「彼が何をどう行なうかは、彼の問題であり、隣人の問題ではない。ただし、容認されている行動規範のなかに収まるかぎり」とブッシュマン研究の専門家であるハンス＝ヨアヒム・ハインツは記している。[36] しばしば暗黙のうちに示される社会的な指針によってそうした評価が下され、私たちの選択に制約がかけられる。出る杭は打たれるという日本のことわざにあるように。当然、解釈や好みの問題もありうる。たとえば超保守的な人は、極端にリベラルな人にたいしてあまり寛容ではないし、その逆もある。そうであっても、それぞれの立場の人々は相手側も自分たちの社会に属していることを不承不承認めている。どれくらいのレベルの順応性——アジアの文化においては安易に怒りを顔に出さないという暗黙の了解がある——が妥当であるかを想定しておくことによって、社会のメンバーは裏切者や異邦人を見破るのだ。

順応性が重んじられる程度は社会によって異なる。いくつかの社会は、常軌から逸脱することを個性や進取の気性の表れであるとして奨励し、他とはちがうという権利は重要な価値であると主張する。こうした許容範囲内の差異こそが、アメリカ人が自由の尊重と口にするときに言おうとしていることなのだ。[37] それでも、不適合が許されるのにも限度がある。個人の権利を擁護することを大切にする社会でさえ、安全や予見可能性のためにメンバーたちに選択肢を放棄させることを前提としている。互いから学び、まねをする際の精度——境界線の幅の狭さ——は、行動や状況によっては他の場合よりも厳密なことがある。一般的に言って、社会がよりたくさんの辛苦をなめてきたほど、より厳しい文化的な期待がそのメンバーに課せられる。[38] 順調に発展している民主主義社会においては、信念や服装の好みが過激な人でも市民としての身分をもち続けるだろうが、時代が厳しくひどく険悪な状況になってくると、社会の規則に抵触することになる。そのうえ、社会的な常軌を逸脱した者にたいしては強い反感がもたれるために、同じ違反を犯しても、よそ者よりもはるかに厳格に扱われることがある。心理学において黒い羊効果として知られる過剰な反応を招くのだ。期待にそぐわない外れ者は排斥され、糾弾され、逸脱の種類や程度に応じて、変わることを強要されるかよそ者として扱われる。このような批判が向けられることで、社会のなかで行われることがらが統制されるのだ。[39]

異常な行動にたいする動物の寛容性にも限界がある。個々を認識する社会をもつ種でさえ、最低限の逸脱しか許容しない。一般的にゾウは病気の仲間を助けるが、そのゾウやチンパンジーは、脚が悪い者や病弱な者をいじめることでも知られている。[40]

社会性昆虫は、極度に順応性の高い生き物だ。アリは、コロニーとの一体感という点では、個性がほとんど認められない[41]。このことは、アリの社会が、においだけを基盤とする徹底した匿名社会であることに表れている。社会のメンバーが厳密に定められていることは、アリのコロニーを超生物体《スーパーオーガニズム》と称する十分な理由となる。細胞が生物に結合されているのと同じように、個々のアリは次のような方法でコロニーに結びつけられている。アリは、体の表面についている炭化水素のしるしを察知することによって互いを認識する。健全な社会では必ず、異なるしるしをもったよそ者のアリを避けたり殺したりする。体内の細胞も同様に、細胞の表面についた化学物質を感知することで互いを認識する。まちがったしるしをもったよそ者の細胞は、免疫系によって殺される。まさに、何十兆個もの細胞というメンバーから構成されるあなたの体は、微生物的な意味において、ひとつの社会なのだ[42]。不満をもつ人が社会から離れたり、別の社会へと逃げ出すことができる一方で、働きアリは、同じしるしをもつ巣の仲間に永遠にしばりつけられており、ストレスのせいで死にいたることがあっても、コロニーを捨て去ることはできない。細胞の体にたいする献身や、社会性昆虫のコロニーにたいする献身は見事なものだが、人間の視点からすれば、自身よりも大きな全体にすべてを捧げることはディストピア的だと感じられる。人間の社会は超生物体ではない。そうあってほしいと望んでもいない。私たちは、個人としての選択をとても大切にしているのだ。

動物の社会と同じように、人間の社会における若者もまた外れ者である。まだコロニーのにおいがついていないアリの幼虫とはちがって、人間の幼い子どもたちのアイデンティティは、せいぜい芽を出し始めたばかりだ。子どもは、生きているだけで、社会のなかで尊重される居場所を獲得できるわけではない[43]。個々を認識する種の子どもは、社会のなかのすべての者を知っていて、彼らからも知られるようにならなくてはならない。それとは対照的に、人間の子どもは、自分が社会のなかに入ることが許容されるようなしるしを察知して習得することに長けていなくてはならない。こうした技を習得するまでの子どもは弱い存在で、無視されても何もできない。その年頃の子どもは他の大人たちから距離的に近くにいることで、親や友人のいる集団に属していると認識される。これは、他の動物たちの社会にいる子どもについても言えるはずである。

脳への負担

私たちはいまだに個別に認識する方法に頼って集団のなかの一定のメンバーを見分けているが、個別の認識に頼る社会をもつ種のなかに、しるしを使う可能性が少しでもある種はいるのだろうか？　霊長類がプラスチックのトークンと集団を表さない物（食べ物など）の関連づけを学習できるとわかっている一方で、人間以外の動物についての、社会的な集団をしるしで表す能力についてはあまりよく知られていない。[44] そこで、サルはふつう自分たちをよそ者と区別するためにしるしを使わないが、あるサルの群れにしるしを導入させて、その使いかたを理解するかどうかを確かめてみたい。体が自由に動かせるサルなら赤いジャージを着せられたらびりびりに破いてしまうだろうが、塗料ならどうだろう。群れの仲間なら額に赤い色がついていると予測することを学習できるだろうか？　もしもそうなら、自分たちの「チーム」のしるしを身につけたよそ者を歓迎するだろうか？　子どもたちに同じ赤い斑点がついていて、一匹一匹を知らなくても、その赤い色を見て群れのメンバーであると確認することができるなら、その群れは、とてつもなく大きくふくれあがっても、まとまりを保てるだろうか？　そして、群れのメンバーの半分に青い斑点をつけたら、緊張感が高まるだろうか？　私の予想では、これらの疑問にたいする答えはノーだ。サルの頭脳はしるしを利用するようには作られておらず、たとえしるしにちがいがあったとしても、そのちがいを認識できないだろう。

ここで、人間が互いを認識し応答をするためにしるしを利用するからといって優越感に浸りすぎる前に、しるしを認識するために必要とされる認知力について考えよう。サルたちの頭脳がアイデンティティを示すしるしを容易に理解できるようには作られていないといっても、そうできるためには多大な知能が必要になると言っているわけではない。社会脳仮説では、より多くの社会的な関係を扱うためには大きな脳が必要だと仮定されている。しかし、この説を引き合いに出して、メンバー数が大きな社会には非常に大きな能力が必要であると予測する人は、下位の動物であるアリについて頭を悩ますだろう。アリは複雑で柔軟性の高い社会をもっているが、わずか二五万個やそこらの神経細胞だけでこれほど多くのことを成し遂げている。チャールズ・ダーウィンは、「アリの脳は、世界中で最も驚異的な物質のかけらだ。おそらくは人間の脳よりも驚くべきものだろう」と述べている。[45] もちろん、民族特有の帽子をかぶったり方言を話したりすることのないアリたちが使うしるしよりも、人間が使うしるしのほうがはるかに厖大な数があり種類も多様だ。それでも、アリのアイデンティティを示すバッジとなるにおいは、想像されるよりももっと手が込んでいる。ひとつひとつのにおいは、コロニーによって種類も濃度も異なる炭化水素分子の混合物でできている。[46] そして実際には、その混合物が、ひとつだけではなく、たくさんのしるしを表す。おそらく、においの解釈に他よりも大きな影響を及ぼす分子がいくつか含まれているのだろう。アリはまた、コロニーのにおいにたいして鋭敏な反応を示す。たとえば、よく知っている近隣の社会のメンバーと、一度も出会ったことのないコロニーのメンバーとを区別できる。後者は、未知の脅威であるため、いっそう激しい攻撃を受けることになる。[47]

人間の使うしるしはとても複雑になりうると異議を唱える学者がたくさんいるかもしれない。確かに、難解な宗教文書を暗記することなど、複雑なものもいくつかある。人間はまた、しるしの多くに、しばしば多層的な意味をもたせることで、それらを芸術作品へと転換させ、シンボルを作り出す。こうした衝動はまちがいなく、私たちと他の動物とを区別するものだ。シャムロック（アイルランドの国花である三つ葉の植物）は、アイルランド人にとって天気を予測すると言われる植物でもあり、ケルトの伝統では幸運を意味する象徴であり、聖パトリックが僧たちに三位一体を教えるために用いた道具でもある。

人はそれぞれ「あるシンボルとの、またはもっと正確に言えば、あるシンボルが表すものとの個人的なつながり」についての信念をもつようになる、とアメリカン・インディアンの部族を研究する人類学者のエドワード・スパイサーは指摘する。[48] 社会学者は、象徴を扱う能力をもっていない動物が国籍のようなものをもつことができるという考えに良い顔をせず、人類学者は、シンボルの使用が人間性の出現にとって決定的に重要であると考える。[49] ところがさらに言えば、ほとんどの人が、自分の大切にしているシンボルの意味について多くを語れない。[50] アメリカ人は、スパングルという言葉の意味を知らずに――あるいは歌詞をおぼえてもいないのに――星条旗の歌《スター・スパングルド・バナー》（アメリカ国歌）を歌う。「シャーマンや聖職者や妖術師など、シンボルを使う専門家である人たちでさえ、ある特定のシンボルが何を意味しているのかを正確に語ることができない」と、社会人類学者のマリ・ウォーマックは教えてくれる。[51]

じつのところ、何かにたいして――または何かがないこと、あるいはそれが適切なものであることにたいして――敏感であるためには、それがどういうふうに、あるいはどうして深遠なものであるのかを理解することは必要なく、さらに言えば、そもそもそれが深い意味をもっていることも必要ではない。人は、すでに容量がぱんぱんの脳みそに、シンボルが意味するものという負荷をかける必要はない。シンボルがもつ意味とは、仮にそれがあるとしても、見る人の目のなかに存在するのかもしれない。

したがって、しるしを生み出し、それを理解することに、労力はあまり必要ない。いったん学習されたしるしは、さらなる精神的な負荷をかけることなく、しるしと意味との関係を保持する必要性もなく、不特定多数の個人にたいして使うことができる。アリの世界では、大きな社会をもつ種では、脳の大きさが実際のところ小さくなっている。[52] 小さなコロニーに住む働きアリは何でも屋であるために、アリのなかで知的な負担が最も大きい。大きなコロニーでは、兵隊アリは敵を攻撃するが、幼虫の世話をしたりトンネルを掘ったりすることはたとえあるとしても少ない。アリは、互いを個体として認識しないことによって頭をあまり酷使しないでいるばかりか、大きなコロニーにおいては、こうして技能の数を減らすことで、知力をもつ必要性が減っているのだ。

人間にとっても、周囲にいる見知らぬ人々がふつうに見えて、合理的にふるまっているかぎり、知らないことは幸せな状態だと言える。出会う人全員に自己紹介をして、相手のことを知らなければならないと感じる状態とは、どんなものだろう？　そうした状況では、精神的な負荷が過剰になるだろう。人間も同様に、農業の出現以降、脳の大きさが子どものこぶし程度にまで減少した。[53] おそらくは、料理や建築などの作業のかなりの部分を他者に頼るようになっていったことが原因なのだろう。私たちの前脳部は哺乳類と比べて大きいと人類学者のロビン・ダンバーは指摘している。社会においてしるしを扱うことから前脳が大きくなったのだろうが、それは主要な原因ではなさそうだ。カフェやその他の公共の場所で座っているとき、あなたは、周囲にいる人々の身体的、文化的、その他の特徴を、さほど思考力を使わず最小限の労力で頭に登録していく。心理学者なら、社会的な監視に要する認知的な負荷がしるしによって軽減された結果、あなたは解放されて、カフェでこの本を読んだり友人と会話したりできるようになっている、と言うだろう。[54] ケニアのエルモロのような、ごく少数のメンバーしかいない小さな部族でさえ、共通の服装や言語などによって実現した、社会的監視にかかる精神的な低コストを利用しているのだ。

もちろん人間は自分の行動を状況に合わせる。それには、外国の文化に順応することも含まれる。インドの田舎に滞在したとき、数カ月もすると無意識のうちに地元の人たちの話しかたや、しゃべりながら頭を左右に揺らすしぐさが身についた。その後シンガポールにいたときには、そちらの話しかたに切り替えて、強調を表す音の「ラ」を文末につけるようになった。こうして順応したことで、地元の人は私のことを理解しやすくなったようだった。一度、インド人の観光客がシンガポール人の店員とやりとりするところを、二種類の英語の方言を「翻訳」して見事に助けてあげたことがある。それでも、私の外国人風の話しかたは明白だったはずだ。インド人男性の着るルンギとよばれる腰巻きの着こなしが下手なことや、その他のたくさんのことから、身元がばれていなかったとしても。

あなたのかなり大きな脳について言えば、それは、あなたの社会の人口よりも、あなたにとって重要な人たちと生活する能力との関係のほうが大きい。しるしによって、社会の大きさの制限がなくなるだけでなく、社会生活の複雑さが低減される。[55] それなら、人間以外の脊椎動物でしるしを用いる種がこれほど少ないのは、なぜなのか？　ほとんどの脊椎動物の社会が最もうまく機能するのは社会のなかの個体数がごく少ない場合なので、個々を認識するだけで十分なのかもしれない。しかし、小さな社会であっても、全員を個別に登録しておくことは、信頼の置けるしるしを認識するという単純な作業よりも、多くの精神的な労力を必要とする。匿名社会と個々を認識する社会とのちがいは、リンゴとオレンジは比較できないという表現の別バージョンだと考えてみよう。動物は、類似点（オレンジの色に着目してオレンジを見分けるように、匿名社会において共有するしるしを見分ける）か、相違点（個人の特徴を用いてそれぞれのメンバーを見分ける）のどちらかを登録することによって、誰がどちらのカテゴリーに入るかを知る。前者のほうが、使うエネルギーが少なくてすむ。個々の認識に頼っている動物は、認知的な負荷を回避するためにできることを実践する。霊長類学者のローリー・サントスは、マカクザルの二つの群れがにらみ合うと、どちらの群れもそれぞれ一カ所にかたまる、と話してくれた。ひとつにまとまることで守備の盾ができるが、混乱を最小限に抑えることにもなる。それぞれのサルが、相手側の群れにいる少なくとも一匹のよそ者のサルに注目すれば、相手の集団全体がよそ者であるとわかるからだ。同じように、親しい相手の毛づくろいをしているサルの背中しか見えていない場合でも、そのサルは集団のメンバーであると想定することができる。

人と人とのあいだの複雑な交流は、そのほとんどが、親密な社会的ネットワークに属する数十名とのあいだで行なわれるものだが、人間性の表れであり、なおかつ他の霊長類がもつ個々を認識する社会の名残でもある。そのうえ人間は、数名の友人や親戚だけでなく、親しみの程度がさまざまな人々もたくさん知っている。そのため、ほとんどの哺乳類は社会の各メンバーを個々の者として扱い、そうした個別の知識を用いて集団としてのまとまったアイデンティティを形成するが、人間はアリと同様に、個々のメンバーに目を向けず、互いのことを知らないでいるという選択肢ももつ。アリと同じく、私たちは、同じアイデンティティを共有しているかどうかを基準にして、見知らぬ人とかかわるのだ。[56]

この第2部では、社会性アリの社会では、人間の社会と同じように、社会が機能するためには個体の数に応じて複雑さが増す傾向にあるというしくみを説明してきた。それでも、国家に市民を新たに加えることは、巣にアリを加えることと同様に、必ずしも脳に付加的な負担を与えるとはかぎらない。アイデンティティのしるしを用いることによって、匿名社会のメンバーである私たちに、見知らぬ人を自分たちの一員であるととらえる能力が授けられるのだ。[57] 現代の人間社会はときに大陸を丸ごと飲み込むほどの大きさにもなるが、その根底には、こうした想像力のなす離れ業がある。これは、私たちの祖先がもっていた小さな社会にも当てはまる。そうした社会には、農業を知らなかった昔の人間社会も含まれる。そのなかの人々は、あなたや私と実際には何もちがいはなかったのだ。現在の人々を理解するためには、当時の人々を理解する必要がある。

第3部　近年までの狩猟採集民

第８章　バンド社会

南アフリカの人類学者、ルイス・リーベンバーグがナミビアはカラハリ砂漠のガウチャ・パンにあるブッシュマンのクン人（!Kung）（!は吸着音（舌打ち音）を表す）の野営地近くにジープを止めたときには、太陽はすでに赤くにじんでいた。ルイスは、ナニという名前の若い男に、ブッシュマンが毒矢に使う有毒な甲虫の幼虫について質問をした。ナニは、歩いて行けるところに幼虫がいると答えた。私たちをそこに連れていってくれるという。

翌朝、私たちはナニを車に乗せて、背の低い棘のある木々が生え、ところどころに太いバオバブの木のそびえる平坦な広い土地に出た。明らかに、ブッシュマンの言う歩いて行ける距離というのは、私たちの概念とはちがうようだ。ナニの指示に従っておそらく車で何キロも走った後、彼は、つやつやとした葉のついた灌木が集まった地点を指さした。そこから青白い幼虫を掘り出し、有毒な汁を搾って矢じりに塗る方法を見せてくれた。

ナニやクン人の仲間たち、そして他の土地にいるブッシュマンや狩猟採集民たちは、農業を営んだり家畜を育てたりはしない。野外で得られる食料だけに頼り、毒矢や簡単な道具を使って獲物を狩り、「歩いて行ける距離」にある広大な土地で食べられる植物を集める。

ここ一〇〇年あまり、初期の人類を深く知ろうとしている人は誰でも、過去数百年における狩猟採集民の暮らしの記録を参考にしている。なかでも特に興味の的となっているのが、狩猟採集民がバンドとして知られる小さな集団で移動する様式である。[1] それぞれのバンドは食料や水の資源が豊富な場所に野営をした。そのような遊動生活を送る狩猟採集民の社会をバンド社会と名づけよう。本章と次章で説明していくが、バンド社会は一般的に数個のバンドで構成される。[2] バンド社会という用語と、本書でも使っているように、一般的に簡素な定住社会を指して用いられる部族《トライブ》社会という用語は別物である。部族社会の多くは、農耕ではなく庭で植物を栽培する園芸を行ない、家畜の群れの番をして移動する牧畜民でもある（ややこしいことに、部族《トライブ》という用語は、多くがバンド社会で暮らす北米のアメリカン・インディアンを指す用語としても使われている）。人類の起源を研究する観点から見れば、園芸や牧畜を営む人々の出現は新しく、人間性の根源的な特性を考えるにあたっては重要性が低い。農業はごく最近になって現れた技術革新であるので、現代にある国家でさえ、狩猟採集民の社会がどのように機能していたかという観点から解釈される必要がある。狩猟採集民の生活様式はまだなお、人間という存在の大部分を表しているのだから。

考古学者のルイス・ビンフォードがアラスカ先住民に、バンド社会における遊動生活を一言でまとめてほしいと頼んだ。その男は一瞬考えてからこう答えた。「その男は一瞬考えてからこう答えた。『ヤナギの木から出る煙と犬のしっぽ。野営をするときにはヤナギの木からのぼる煙、移動するときには目の前で揺れている犬のしっぽだけが見えるんだ。エスキモーの暮らしは、その二つでできている』」[3]

この老人の言葉はとても詩的であるし、狩猟採集民は人類学者にとって長らく重要な存在ではあったけれども、近頃まで狩猟と採集をして生活してきた人々が私たちの過去を鏡のように正確に映し出すのだろうかという疑念はぬぐえない。狩猟採集民は数世紀にわたり、農耕や牧畜を行なう人の存在に順応するか、そうした人々によって苛酷な不毛の土地に追いやられるしかなかった。それ以前に狩猟採集民がどのように暮らしていたかという記録は、誰も残していない。遠い昔、農耕や牧畜を行なっていた人々に順応する過程で、狩猟採集民はとても大きな変化を体験したのではないだろうか。[4]スペイン人の探検家、フアン・ポンセ・デ・レオンが一五一三年にヨーロッパ人として初めてフロリダに到着したとき、そこで遭遇したアメリカン・インディアンたちはすでにスペイン語を話していた。それから三世紀後にルイス・クラーク探検隊が北米大陸を横断した途中で出会ったアメリカン・インディアンの部族は、すでに馬に乗っていた。馬は、北米では何千年も昔に絶滅したが、ヨーロッパ人からふたたびもたらされていた。[5]きっと、昔の写真に写っているアメリカン・インディアンたちはすでに、自分自身を何度も作り直していたのだ。

同じような話が、どのような狩猟採集民についても言える。他のアフリカ人とは明らかに異なる、背が低く体が細く、肌の色が赤褐色で童顔のブッシュマンは、人類の進化の研究においてとりわけ重視されている。彼らはアフリカ南部の一帯に暮らしている。その区域は、人類が進化した地域とほぼ同じであり、砂漠とサバンナという環境も似ている。遺伝子学的な証拠から、彼らは、はるか遠い昔に他の人々から分かれたと推測される。[6]それでも、ヨーロッパ人が到来するはるか以前に北方からやってきた牧畜民のバンツー人と数世紀にわたり接触し、影響を受けていた。さらに最近の数十年間は、先祖伝来の土地がよそ者にどんどん侵害され、ナニをはじめブッシュマンたちは一カ所に野営して留まることを強いられている。

ヨーロッパ人が接触する以前のオーストラリアは、土着の狩猟採集民が農耕民とごく数回しか出会ったことのないような、世界でも数少ない場所のひとつだった。大昔にアフリカから人類が移住してから、アボリジニがオーストラリア大陸を五万年にわたり占拠していた。したがってアボリジニは人類の過去を知るための信頼の置ける参考例となるだろうが、最北部に居住するアボリジニは、タロイモやバナナを栽培するトレス島の部族と交易や婚姻を行なっていた。さらに、一七二〇年以降しばらくのあいだ、インドネシア人漁師の船がナマコを獲りにオーストラリア北部にやってきていた。インドネシア人は何人かのアボリジニを自国の都市、マカッサルへ連れ帰った。アボリジニは彼らから、丸木舟や貝殻製の釣り針の作りかたを学んだ。また、新しい歌や儀式、あごひげ、パイプを吸うこと、木を彫ること、どくろに色を塗ることなどの風習を受け継いだ。[7] もちろん、あらゆる民族と同様に、アボリジニの文化も停滞してはいなかった。ブーメランを発明し、夢の時代《ドリームタイム》とよばれる超自然的なサイクルを想像し、それらはオーストラリア大陸全土に広まった。

ヨーロッパ人がやってくると、病気や武力に侵されてアボリジニの社会についてのきちんとした記録が残されないうちに、多くの人々の命が奪われた。ある著名な人類学者は「多くのアボリジニの部族に属する伝統あるいくつもの集団が、ヨーロッパ人入植者たちの影響を受けて、またたくまに急激に変容した」と述べている。[8] 社会と社会における生活様式がどのように維持され、他の社会から区別されているかを研究するにあたり、このことは深刻な問題だ。

ヨーロッパ人が狩猟採集民と接触したことは、強調してもしすぎることのないほどのカルチャーショックをもたらした。それはすべてを変えてしまったのだろう。ヨーロッパ人が姿を現すまで、狩猟採集民は、（地球が太陽の周りを回っているとコペルニクスが証明するまでは）ほとんどの文明社会で信じられていた天動説を彼らなりのかたちにした説をたぶんもっていただろう。一九世紀の探検家、エドワード・ミクルスウェイト・カーは次のように述べた。「沿岸部に住む部族はおそらく、内陸部に住む部族よりも、世界はもっと広いと考えているだろう。また、広大な砂漠に暮らす部族は、実りが多く人口の多い近隣の地域に住む部族よりも、もっと幅広い考えをもっているだろう」。内陸部に住む狩猟採集民の社会について、「世界は四方に三〇〇キロメートルほど延びた平面であり、自分の国がその中心にあると彼らは考えていた」とカーは記している。[9]では、ヨーロッパ人の舟が浜に停泊したときにアボリジニがどのように感じたか想像してみよう。それは、火星人がホワイトハウスの芝生の上に降り立ったかのような感覚だっただろう。狩猟採集民の世界観や、自身の社会や互いにたいする見かたまでもが、数年または数日かけてゆっくりとではなく、またたくまにがらがらと崩れ落ちたのだろう。ヨーロッパ人と対面したアボリジニと、宇宙人と対面した人間は、かつては決定的だった差異はささいなものにすぎなかったと悟っただろう。アボリジニの社会はまだ存続していたが、自身について昔からもっていた信念を正確に再構築することは、ほぼ不可能になった。

こうした理由から、狩猟採集民と、さらには部族社会について、ここからは過去形で語ることにする。そうした人々が存在しなくなってしまったと言いたいからではなく、昔ながらの生活様式がほとんど失われたことを示すためだ。私が運良く少しのあいだ一緒に過ごすことのできた少数の狩猟採集民たち（ナニのような人々も含まれる）は今では、定住することを求められ、狩りも禁じられている場合が多い。それでも、この数世紀のあいだに行なわれた狩猟採集民についての研究から、私たちの祖先の暮らしについての少なくとも概略を解明できるという確証はいくつかある。北極地方のイヌイットからアフリカのハヅァまでの多様なバンド社会には、遊動生活には全世界共通の要素があることを示すような類似点がある。野生の食料を探しに広い区域を探索することが、社会の要素に原則として含まれるのだ。この点については、これから説明していこう。そのなかで、狩猟採集民にとって社会とは何を意味するのか、そして、なぜこれほど多くの人類学者が、狩猟採集民の社会を軽視または無視しているのかを探っていく。その過程で、匿名社会的な要素が最初から存在していたということが明かされてくるはずだ。今日の私たちの社会の基礎を築いた狩猟採集民のバンド社会に、その萌芽があったのだ。

離合集散と人間の条件

バンド社会とその他の生活様式とを区別する特徴は、狩猟や採集だけではなかった。それらは人々が今日でもやっていることだ。シカを仕留めたりトリュフを掘り出したりする人たちが。また、狩猟採集民が、遊動生活を行なうという点において完全に独特であったわけでもない。フンのような牧畜民は、家畜の食べる牧草を確保するために、一年のうちの一部をそれぞれの野営地に分かれて過ごすこともあった。[10] 最も大きく異なる点は、メンバーの移動形式だった。遊動的な狩猟採集民は離合集散の生活を送っていた。人々はかなり自由にあちこち放浪していたのだ。

それでも、近年までの遊動的な狩猟採集民の場合、離合集散はたいてい統率の取れたかたちで行なわれていた。農業の発明以前に生活していた狩猟採集民の場合もおそらくそうだったのだろう。各々のバンドにはだいたい二五人から三五人がいた。互いに血縁関係のない数個の核家族から構成されていて、三世代にわたることが多かった。[11] 他のバンドに移る人もいたが、ひとつのバンドとの長期的なつながりを保つ傾向にあった。バンド間の移動はふつう難なくできたが、そう頻繁ではなかった。チンパンジーやオオカミなど、パーティ（群れのなかで作られる一時的な集団）の構成員がつねに入れ替わるような離合集散のしかたをする種ではメンバーが絶えず流動しているのとは大ちがいだ。

これも独特な点だが、バンドのメンバーは毎日、食料を探す仕事を行なうための集団に分かれる——紛らわしいことにこの集団の名もパーティだ。夜になると全員が、たいていは数日間か数週間の野営地に定められた場所へと戻ってくる。バンドとのかかわりは長期間にわたるが流動的でもあり、それぞれのバンドが本拠地をもち、その場所がときおり変更されるという特徴は、私たち人類という種に独特のものだ。離合集散をする他の動物のなかでは、何週間か群れで狩りに出て、巣にいる子どものために肉を持って帰るハイイロオオカミとブチハイエナが最も近い。これら三つの種では、敵を自分たちのにおいに近づけない、新しい猟場を近くに確保しておくという二つの目的のために、本拠地がときおり移動する。

生態学者のエドワード・O・ウィルソンは、防衛機能のある本拠地は、私たち人間の核心をなすものだと主張している。[12] こういう視点に立てば、初期の人類は拠点から食料を探しに出かけるアリに似ていた。しかし私は、こうした見かたに補足を加えたい。確かにバンドの野営地は、オオカミの群れの作る巣穴よりも組織化されていて、しばらくはその場から移動せず、老人や弱者や幼い者たちが一息つけた。しかし野営地は短期間のもので、特に安全というわけではなかった。じつのところバンドは、ひとつには自分たちを守る目的で移動していた。パラグアイのアチェ、ベンガル湾のアンダマン諸島民といった狩猟採集民たちは、外部の人間たちからの脅威につねにさらされており、居場所をしょっちゅう、ときには毎日変えていた。バンドのメンバーが集団でヒョウを倒すこともあった。ただしその威力は、ヒョウに襲いかかるヒヒの群れと同じ程度しかなかった。また、捕食者を寄せつけないでおくためには、野営地の周りにひとつの家族だけがたき火をたくよりも、複数の家族がたき火をたくほうが効果的だとも言えるだろう。しかし、これらはバンド単位での防衛にすぎなかった。人々が村に定住するようになって初めて、すべてのメンバーを守る要塞が出現したのだ。

私たち人類の離合集散にこういう由来があることから、人類は一カ所に留まることで成果が出た結果として広く散らばるようになった（今も同じ）とわかる。野営地で過ごす時間があるおかげで、人類は、他の離合集散を行なう種ができないようなやりかたで、他者との広範囲で直接的なやりとりにもとづいて、生活の社会面と文化面に磨きをかけることができた。それと同時に、移動することで、他のどのような陸生の脊椎動物もそれまでに実現することのなかった程度まで領域を広げることになった。そのためには、よく知っている個々の者の状態を探るだけでなく、遠く離れたところにいる者たちの行動をできるかぎり監視するという非常に優れた知性が求められた。

人間以外の動物が行なう離合集散は、バンド社会の離合集散と比べるとはるかにまとまりがないように見えるが、チンパンジー（またはボノボ）のパーティと人間のバンドは相容れないほど異なるものではない。現にチンパンジーの群《コミュニティ》れのなかには、一時的な本拠地に定住するものにかなり近い例もある。大半のチンパンジーは森で暮らすが、私たち人類が進化した場所であるサバンナで暮らす者もいる。そうしたチンパンジーはほとんど注目されていないが、彼らの社会の形式は狩猟採集民のバンド形式にとても近い。ひとつに、サバンナで暮らすチンパンジーは、遊動的な狩猟採集民とほぼ同じくらい、たくさん歩かなくてはならない。霊長類学者のフィオナ・スチュワートは、タンザニアで研究した六七頭からなるチンパンジーの群《コミュニティ》れの範囲が二七〇から四八〇平方キロメートルに及ぶと推定している。そのような環境においてチンパンジーは、狩猟採集民と同じくらい広く散らばって生活している。

さらに、サバンナに住むチンパンジーのパーティは、森に暮らすチンパンジーの群《コミュニティ》れよりも、メンバー構成と拠点がいっそう安定している。これにはいくつかの要因がある。チンパンジーは隣のパーティまでぶらぶらと歩いて行くことが難しい。距離がかなり遠い場合があるからだ。彼らが好む木立の数も少なく、間隔が離れているために、次の場所へと移動するまでの数日間は、数頭が一カ所にまとまって過ごさなければならない。近年までの狩猟採集民も、サバンナにある木立を好んで野営地にしていた。木陰があるからだけでなく、木立のあるところには水などの必要な物があるからだ。サバンナに生える木には、類人猿が森でやっているように、葉のついた枝を折り曲げて木の上に寝床を作れるほど丈夫なものがほとんどない。その代わりに、地上に寝床を作ることが多い。サバンナのチンパンジーは、草を束ねたり若木を折ったりして、ブッシュマンが草と小枝で作るチュ（tshu）とよばれる一時的な粗雑なシェルターのような構造物を作る。チンパンジーはまた、サバンナの真昼の厳しい日差しを避けるために洞穴に入って過ごす。[13] このような原始的な野営地から食料を探しに出かけ、木の枝で作った槍で小型の霊長類を殺し、小枝を使って食べられる塊茎を掘り起こす。こうした手法は狩猟採集民にいくらか似ている。[14]

私たちとチンパンジーがもつ共通の祖先や、その後に代々続くヒト科《ホミニド》の動物も、同じような作戦を使うことができたと想像しても、さほど行き過ぎではない。私たちの先祖にあたるホモ・エレクトゥスが四〇万年前に火を使いこなし、毎晩寝床に入る前に食べ物を分かち合ったことによって、人間のバンドは、規則的に帰るだけの価値がある安息の場所を手に入れたのだろう。[15] このようにして野営地が始まったと思われる。

狩猟採集民社会の現実

狩猟採集民の生活をバンド内で起こった出来事だけをもとに語り、狩猟採集民のバンドがどのように大きな社会に組み込まれていたのかは無視あるいは軽視する人類学者の書いた論文や本が、世の中にあふれている。バンド間のつながりにときおり注目しても、最後では、遊動民には取り立てて言うほどの社会はなかったと結ばれている。[16] こういう主張においては、しばしば、狩猟採集民の文化はバンドによって異なり、より幅広い提携関係や明確な境界線は認められなかった、とほのめかされている。

私は、そうではないと考える。ひとつに、他のすべての人々は、社会とよばれる集団のなかで生活しているからだ。さらに、現存する狩猟採集民のバンドが社会と密接な関係をもっているからだ。まさに、社会のメンバーであることが狩猟採集民の生活における非常に重要な一面であったことを示す証拠が豊富にある。この点は、今日の人類がどのように今の姿になったのかを理解するにあたって不可欠なものだ。私の使う「バンド社会」という用語は、ひとつのバンドがひとつの社会をなすということを意味する場合もあり、ときにはそれも事実であったが、一般的に社会は複数のバンドにまたがり広がっていた。こうした社会が見落とされていたり、誤解されていたりしても、私は驚かない。群れと群れのあいだで間隔を空けたり、ときおり対立したりすることから、グドールのような霊長類学者たちがチンパンジーは社会をもつと推論するまでは、離合集散を行なう動物は「開放集団の種」であり、社会的な境界をもたないというのが共通認識だったからだ（アルゼンチンアリについてもかつてはそう考えられていた）[17]。したがって、こちらも移動のしかたが離合集散である人間のバンドも、社会をもっていなかっただろうと考えるのは、理にかなっていた。

チンパンジーの社会の場合と同様に、人間のバンド社会のメンバーも一カ所にまとまっていることはめったにないため、どこでひとつの社会が終わり次の社会が始まっているのかを知ることは難しいが、それでもやはり社会のメンバー構成には明確な区切りがある[18]。ここ数世紀のあいだに存在した狩猟採集民たちは「同じ種類」の人たちと一緒にいるときには安心感を抱いていた、という逸話がいくつも伝えられている[19]。それはどういう人たちかと質問されると、狩猟採集民たちはたいてい、広い土地に散らばった数個のバンドや、ときには十数個のバンドを包含する共同体の名前を挙げた。こうしたバンド社会の人数は、数十人から二、三〇〇〇人とさまざまだった[20]。

狩猟採集民は明確な社会に属していないという考えを裏づけるために、人類学者はしばしば、オーストラリアの、資源が乏しく人口が少ない荒涼とした西砂漠地帯に住む人々の例を挙げる。その地帯に住むアボリジニは、近隣の集団との明確な境界線をもたないと言われてきた。[21] この見解は疑わしい。人類学者のマーヴィン・メギットは、中央砂漠と西砂漠で生活するアボリジニの数個のバンドのうちのひとつと対話したときのようすをこう思い出している。その内容には、この地域に暮らす人々が「私たち」対「彼ら」という構図をもっていることが明確に表れている。

「黒い人たちにも二種類ある。われわれはワルビリで、残念ながらワルビリではないやつらがいる。われわれの法律こそが真の法律で、あちらの黒いやつらの法律のほうが劣っていて、それもあいつらはいつも破ってばかりだ。だから、あっちのよそ者には何も期待できない」と彼らは言う。[22]

西砂漠に住む人々のあいだではきっとバンド間の結婚もあったのだろうが、それは社会全般においてふつうにあることだ。また、存続のためには、境界を越えることができなくてはならなかっただろう。人類学者のロバート・トンキンソンは次のように書いている。「西砂漠のような苛酷な土地では、特定のアイデンティティを主張する必要性と、近隣の人々との良い関係を保つ必要性とのバランスを保たなければならない」。[23] 私もまったく同感だ。それでも、西砂漠の人々は、他の土地にいるアボリジニの集団と同様に、明確に分かれた集団に属していた。[24] たとえ必要に迫られて、よそ者とのあいだでめずらしく高いレベルの協力をしたとしても、互いに親切にしたからといって社会が溶けあうわけではない。フランスとイタリアの国境は、北朝鮮と韓国との国境ほど緊張をはらんではいないが、それでも国境は存在している。

狩猟採集民が自身の社会に属する人々のそばで安心と信頼を感じることができたというのは、今日の私たちとおおむね同じであり、多くの点において彼らの社会は私たちの国家に似ていた。国家《ネーション》——より正確には学者たちがステートとよぶもの——とは、政府と法律をもつと考えられている。しかし、バンド社会には、正式にはそのどちらもない。一九世紀の歴史学者エルネスト・ルナンは、国家は現代的な現象であると考えた。しかし、国家とは強い結びつきをもつ人々が、記憶の遺産を共有し、集団としてのアイデンティティをもちたいと願うものであるという彼の定義は、バンド社会を適切に描写するものでもある。[25] したがって正当な理由から、多くのネイティブ・アメリカンのあいだでは、部《ト》族社会《ライブ》に代わって国家《ネーション》という用語が使われるようになってきている。

現代国家の諸制度は、社会にたいする情熱を壮大なスケールでかき立てるのに有効であるが、愛国心や国家主義と称される感情には古い歴史がある。[26] これもまたアボリジニについて、言語学者のロバート・ディクソンが次のように述べている。

［バンド社会は］実際のところ政治的な単位であるようだ。むしろ、ヨーロッパなどの「国家《ネーション》」に似ている。メンバーたちは自身の「国の統一性」を強く意識し、「国の言語」をもっていると考え、自身のものとは異なる習慣や信念や言語にたいして庇護者的および批判的な態度を見せる。[27]

国家や、そして実際には他のすべての人間社会と同じく、バンド社会は、彼らだけで占有している土地と一体化していた。縄張りをもち、所有地に入ってくるよそ者を警戒し、たいていの場合は敵意を向けた。遊動的であったかもしれないが、バンドの住民たち全体としての動きは、農業に依存するようになった人たちの動きとまさに同じくらい制限されていたのだろう。[28] ただし例外はあった。何も得るものがない場合には、縄張り制は解消された。アメリカ西部にあるグレート・ベースン（ロッキー山脈とシエラネバダ山脈のあいだの地域）の部族たちは、松の実が豊富にあり、それらを守ることが意味のない季節には、あちこちさまよってもほとんど罰を受けなかった。[29] しかしふつう、それぞれの社会は、数百から数千平方キロメートルにわたる地域を占有し、記憶にないほど昔から境界線が暗黙のうちに定められていた。[30]

群れが縄張りを主張する範囲内ならどこへでも移動できるチンパンジーやボノボとはちがい（個体によって好きな場所に偏りはあるが）、人間の場合それぞれの集団――それぞれのバンド――はふつう、社会の縄張り全体のなかのごく一部、すなわち住民たちが知り尽くしている特定の地域を主に利用していた。それなら、故郷を愛する気持ちは、物理的な構造物に住むことではなく、そのような土地に暮らすことから生まれたことになる。オーストラリアの人類学者ウィリアム・スタナーは、この考えに命を吹き込んだ。

どの英語の単語も、アボリジニの集団とその故郷とのつながりをうまく表現することはできない。「ホーム」という単語は温かみがあり含蓄があるが、「野営地」、「炉辺《ろばた》」、「郷土」、「永遠の家」、「トーテムの場」、「命の源」、「精神の中心地」、他の多くを一語で表すであろうアボリジニの単語にはかなわない。[31]

一部の人類学者は、それぞれのバンドが社会のなかで占有する土地を「縄張り《テリトリー》」とよぶが、バンドによる土地の使いかたは、この単語が意味するよりも柔軟性があった。[32] 隣人が気軽にドアをノックして、砂糖を一カップ分けてほしいと言ってくるように、バンド社会においては、社会的にきちんとした人なら誰でも、さまざまな理由で他のバンドの土地へ出歩くことがいつでもできた。許可を求められれば、その土地のバンドは、他の土地で資源が乏しい場合には、水や猟場を共有したり、訪問者が滞在して友人や親戚とおしゃべりするのを許したりもしただろう。同じバンド内の人々が遠慮なく物を共有したり貸し借りしたりしたように、社会のメンバー間で相互にやりとりすることも当たり前のことだったのだ。

バンドを包含する社会と社会のあいだに通常あったよりも、バンド間でのほうがたくさんの好意があった。ただし社会の主張は、必要な場合には厳格に押し通された。ブッシュマンの場合、同じ社会に属するバンドが使用する土地は隣接していたが、社会と社会のあいだには無人地帯があった。[33] 同じような誰にも使われていない隔たりが、他の種の社会間にも存在する。チンパンジーの群れや、オオカミの群れ、カミアリの集落《コロニー》などがその例だ。[34]

古代の人種

アボリジニが「他の黒い人」について話すことができるということは、アボリジニのなかに誰が誰であるかという明確な意識があるということを示しており、そこから人種という論点が頭に浮かぶ。遺伝的形質が身体に表れた、人々のあいだで大きく異なる特徴は、他の動物では類を見ないほどに人間のあいだで重視されてきた。私たちは、多くの国と、さらには国のなかにある集団とを、人種と結びつける。それでいながら、世界中のさまざまな地域にいる狩猟採集民の身体的な外観が普遍的に見えることに気を取られ、彼らの社会を見落としがちだった。したがって、狩猟採集民の人種的なアイデンティティについて、そしてそれが彼らにとってどのくらい重要であるかについて検討する必要がある。

多くの社会学者などは、人種は社会的に構成されたものだと主張する。つまり、恣意的な想像の産物だというのだ。[35]私たちがしばしば人種と称するものが、大陸全土にわたる広大な土地で身体的な特徴が徐々に変化していった結果できあがったものであり、さまざまな中間的なものがそのあいだにあるのなら、この主張も妥当だろう。しかし、別々の血筋をもった人たちが、ふつうは集団が丸ごと移動した結果、身体的な外見が異なる人たちと接触して社会が構成されているという文脈においてなら、人種というものには確かな意味がある。他の種の社会は、こんなふうに近い地域内で人種のような区別が生じるほど、遠くまでは移動しない。

すべてのアボリジニはひとつの移住をする集団の子孫なので、オーストラリア大陸で隣接する社会のメンバーたちは、皮膚の色素も含めて外見が似ている。[36]沿岸部ではインドネシア人との接触がいくらかあったが、遺伝的に受け継がれたはっきりとわかる特徴で人を分類することは、西洋社会と接触する以前のアボリジニには思い浮かばなかっただろう。彼らはその代わりに、社会間の文化的な差異にたいしては敏感だったと思われる。オーストラリアの先住民がアボリジニ（「黒い人」）となり、他者という感覚と人種としての自覚が形成されたのは、ヨーロッパ人たちがオーストラリアに植民した後のことだった。

人類の心と体が進化したるつぼであるアフリカでは、状況は異なっていた。アフリカの人々に見られる相違点は、私たちが今日当然のこととして受け止めている多くの区別ほどには白黒はっきりしていない（文字通りの意味で）かもしれないが、隣り合って暮らすアフリカの狩猟採集民のなかには「太古の世界に存在した主要な人々の集団間でちがいがあったのと同じ程度の遺伝的なちがいをもつ」集団もあった、と二人の専門家が述べている。[37] 似ていない集団がこのように近くに存在することは、人間社会が厖大な時間をかけて分岐し、アフリカ中に移住して社会を確立した結果、はっきりと異なる集団どうしが近くに暮らすようになったということの表れなのだろう。そういうわけで過去数千年間にわたり、ピグミーが人種的に異なる農耕民族と協力関係を結び、ブッシュマンがおそらくは二〇〇〇年間にわたり、牧畜を行なうコイコイ人に混じって暮らし、さらには一五〇〇年間にわたり、北から移住してきた肌の色の濃いバンツー人とともに暮らしてきたのだ。

だが、はっきりと異なる人々と長期間にわたって接触していたにもかかわらず、ブッシュマンは自身のことを、ひとつの名前でよばれ、同族であると認められるに値する単一の集団であるととらえたことはなかった。それは、ヨーロッパ人がインディアンという呼び名を考案する以前に、アメリカ先住民たちが自身をインディアンであるとみなしたことがなかったのと同じである。ブッシュマンはコー（!Xo）やクンといった視点で自身の社会をとらえており、ブッシュマンというカテゴリーを彼ら自身は認識していなかったのだ。[38] 現在でさえ、ブッシュマンが自身をブッシュマン――あるいは、近隣に住むコイコイ人からつけられた、悪者を意味する侮蔑的な名称であるサン人――とみなすのは、他の場所で仕事に従事するために森《ブッシュ》を出るときだけである。[39] 人間がもつ他の差異と同じように、何かがしるしになるのは、その人自身が、その何かをしるしとみなすことを選んだときだけだ。その何かには人種も含まれる。

近くに暮らすさまざまな集団のあいだにはっきりとした身体的な差異があるのは、アフリカの狩猟採集民だけではなかった。たとえばパラグアイ東部のアチェは、その地域に暮らす先住民たちと比べて肌の色が青白かった（今でもそうだ）。もちろん、人と人のあいだにはふつう多少のちがいがあるように、これらの人種のなかでもわずかなちがいはあった。そして特定の外見を特定の集団と結びつけてとらえたりした。そのひとつにイペティ・アチェがある。彼らはアチェの他の人々と比べて肌の色が少し暗く、あごひげが濃い。しかしたいていの場合、今日、人種とよばれている大きな集団は、あまり注目されていなかった。今では人種ととらえられている狩猟採集民たちは、互いに関連性のない複数の社会のどれかに属していた。まったくの部外者だけが、自分の目には狩猟採集民たちがまったく同じに見えるからという理由で、複数の社会に属していることに目を向けず、ひとまとめにしたのだ。

もしもそうでないなら、人種は最近になって発明されたものであるとする社会学者が正しい。この考えかたでは、明確で独特な共通の性質をまったく受け継いでいない莫大な数の人たちの外見全般をざっくりと評価したものが人種である、とされている。現代における人種にたいする極端なこだわりは、雑多な起源をもつ人々を、実際のところは存在していなかったさまざまな集団であると誤ってとらえることから発生した人工的な産物なのだ。ひとつの地域に暮らす狩猟採集民は、系譜的により緊密な関係をもつ複数の人種に属する例が多かったが、皮肉にもそうした人々は、自分たちに人種としての共通属性があることをめったに自覚しなかったのだろう。そうした系譜的なつながりのある人種のいくつかは、人数が少なかったり、狭い地域内で分散したりしていたので、少数の社会しかもたなかった。アチェとよばれる人種には四つの社会しかなかった。現在では文化的に絶滅したティエラ・デル・フエゴのヤマナには五つの社会しかなかった。アンダマン諸島民はもともと、一三の社会に属していた。そして、オーストラリア大陸全土に分散していた「総称」アボリジニには、五〇〇から六〇〇の社会があった。

バンド社会の匿名性

チンパンジーやその他の離合集散をする哺乳類との共通性がありながらも、狩猟採集民のバンド社会は匿名だった。メンバーが互いを個人的に知っていることよりも、アイデンティティのしるしに頼っていたのだ。個々のメンバーが通常は分散しているので、遭遇する見知らぬ人たち全員が自分とはちがう社会に属しているとはかぎらなかった。一世紀近く前にブッシュマンと生活をともにした人類学者は、次のように表現した。「部族のバンドが広く分散していればいるほど、互いのことを個人的には知らなかったり、直接的な接触がなかったりする」[40]。今日でもアフリカ東部に居住し、一〇〇〇人のメンバーを擁する狩猟採集民社会であるハヅァは、複数の小さなバンドが連携して成り立っているにもかかわらず、部族全体をひとつの民族ととらえている。多くのメンバーは、自分たちの社会の領域の反対側に暮らすハヅァの人たちと接触したこともなく、彼らについて何も知らないが[41]。

このことから、狩猟採集民たちが、自身の社会が共通のアイデンティティ――言語や文化などのしるし――によって結合されていると考えているように思われる。こうしたアイデンティティについての情報が少なくて苦労していた二〇一四年の夏、私は、元ハーバード大学教授でブッシュマンの権威であるアーヴィン・デヴォアとケンブリッジの彼の自宅で対面した。八〇歳で白いくちひげを長く伸ばしたアーヴィンは、まるで魔法使いのようだった。じつは、この日から数週間後に他界してしまったのだが。彼は、バンド間の相互のつながりに関連する詳細――共有していたしるし――が、彼らがヨーロッパ人と接触した以降にすでに薄れたり変化したりしていなかったとしても、誰からも探されず記録されずにいるうちにどこかに消えてしまったのかもしれない、と指摘した。人類学者のジョージ・シルバーバウアーは一九六五年に、グイ・ブッシュマンを「部族」、すなわち社会とよぶことは、「彼らの文化において、言語以外にも共有されている特徴があるという事実から」適切であると書いた。残念ながらシルバーバウアーは、そうした特徴が何であるかを一度もはっきりと説明しなかった。[42]

このように見落とされてしまうひとつの理由は、同時代の観察者の目には、狩猟採集民社会の多くの特徴があまり目立たないものに映っていたからかもしれない。狩猟採集民の日々の生活にあるしるしは地味なものだったが、自然界や他の人々についてのそういった微妙な特徴は、彼らの五感を大きく刺激していた。私たちからすればごくわずかなものに思われるような隣人たちとのちがいは、通り過ぎるレイヨウによって曲げられた草の葉のように、明らかに目立って見えていたのだろう。

ブッシュマンの方言はとても認識しやすく、しっかりと研究されてきた。今日のブッシュマンたちは、二十数個の基本的な言語（あるいはその方言）のどれかを話している。残念ながら、その他の多くの言語と、それらを話していたブッシュマンの集団は絶滅してしまった。[43] それでも、ブッシュマンの社会を区別するしるしは言語以外にもたくさんある。人類学者のポリー・ウィーズナーは、メンバーたちがほとんど接触することがなくても、特定の品——未来を占うために使われる神託の円盤や、思春期の儀式に使われる木のフォーク、女が織った前掛け——がバンドの一員であることを見分けるしるしになると述べた。[44] ブッシュマンのコーは、バンド集団——すなわち社会——によって異なる方言を話し、形の異なる矢を作った。コーのなかのひとつのバンド集団のメンバーが、別のバンド集団の矢を、「『自分たちとはちがう種類の』コーが作ったもの」だと見分けたとウィーズナーは述べている。一方、ブッシュマンのなかの別の部族であるクンは、メンバー数が一五〇〇人から二〇〇〇人いて、彼ら独自の矢の形をもっていることもウィーズナーは発見した。

岩に色を塗ったり模様を刻んだりしなくなり、ブッシュマンのなかでの区別の一部が消失したのかもしれない、とデヴォアは指摘した。すっかり忘れ去られてしまっていたが、こうした工芸品が出現した理由はこの点にあったのだろう。また、何世紀も昔に、近隣のバンツー人と品物を交易するようになると、壺を作ることも止めた。私から見れば、これは不運なことだった。壺のデザインは、集団のメンバーであることを明言する重要な要素になりうるからだ。考古学者のガース・サンプソンは、南アフリカにある一〇〇〇カ所の古代の野営地で陶器の破片を収集した。デザインのモチーフがそれぞれに狭い地域と関係することに気づき、それらの地域はすでに消滅していたブッシュマンの集団とのつながりがあったと結論づけた。たとえば区域のなかのある一帯に櫛形模様のついた壺が集まっていた。この模様は、ムラサキイガイの貝殻の端をまだ柔らかい粘土に押しつけて作るものであり、その場所にあった社会によって発明されたにちがいない。[45]

他の狩猟採集民のあいだでも、バンド間を区別するものがたくさんあった。戦《いくさ》のためのペイントを顔に施し、部族の紋章を身につけたインディアンを見て、カウボーイが「アパッチが来たぞ」と叫ぶシーンが西部映画によくあるが、現実にもこれにだいたい似たものがある。「知識のある人なら、三〇メートル先からモカシン靴を見て、あれはオジブワの靴、あれはクロウの靴、あれはシャイアンの靴と言える」と考古学者のマイケル・オブライアンが教えてくれた。「革細工にもちがいはあるが、ビーズ細工を見ればすぐにわかる」という。壺の飾りとティーピー（北米インディアンのテント小屋）のデザインも決定的なしるしとなる。これは羽根冠についても同じで、羽根を平たく広げるものや、立てて筒状にするものもあった。部族によっては、羽根の代わりにバッファローやレイヨウの角を使っていた。コマンチは羽根冠を手放し、その代わりに、角のついたバッファローの皮をかぶった。[46]

アボリジニの場合、ワルビリの人々は「われわれの法律こそが真の法律」と言うが、これには、集団の慣習や信念が外部の者たちから自分たちを区別するためにいかに重要であるかがはっきりと表れている。さらに細かいことだが、歴史学者のリチャード・ブルームはアボリジニについて、「しぐさですら誤解されることがある。ある集団ではウィンクと握手であるものが、他の集団にとっては単なるけいれんや接触であったりする」と記している。[47] それでも、私が収集したかぎりでは、アボリジニの社会間（あるいは人類学者が使う民族言語学集団という言いにくい用語）における大きな差異は、言語を除けばほとんどない。髪型がちがう場合もある。たとえばウラブンナは、頭巾を「網のような形」にまとめるが、近隣の部族はエミューの羽根を刺す。[48] しかし、身体につける傷の模様（入れ墨のようなもの）などの芸術的な表現は、もっと広い地方のレベルでしか変化しなかったと考えられている。

他の土地で暮らす狩猟採集民たちがもつ集団としてのアイデンティティについても、興味深い話がある。大半が二〇世紀初頭まで外部の人間を断固として拒んできたアンダマン諸島民のなかには、体にペインティングを施すオンゲや、石英の破片で皮膚を刺して入れ墨をするジャラワがいた。[49] アフリカのピグミーのあいだでは、音楽の性質やリズム、音楽に合わせた踊り、演奏する楽器（その大半は今も使われている）にちがいがあった。[50] アチェの四つの社会にはそれぞれ異なる神話や伝統があり、そのうえ楽器や歌いかたが異なっていた。これらの集団のうちのひとつ、イペティ、またの名をアチェ・ガトゥが驚くべき（そして残り三つのアチェの社会から恐れられる）存在だったのは、彼らが人肉を食べたからというよりも、メンバーが約四〇人しか生存していないのに、病人を食べる際の手の込んだ儀式や伝承を保持していたからだ。六〇年以上前に彼らを観察した人が、次のように記している。

「アチェ［ガトゥ］が死者を食べるのは、その魂が、生きている人間の体に入り込むのを避けるためである……食事の後に魂は、頭蓋骨の灰から立ち上る煙によって運び去られ……魂は空まで上り、上方の世界、見えない森、広大なサバンナ、死者の地のなかへと消えていく[51]」

人肉を食べる風習は別として、私がこれまで提示した狩猟採集民社会のなかで見られる差異のほとんどは、ささいなことと感じられるかもしれない。しかし実際は、とても重大なものだった。私たちはいまだに、人々のあいだのごく小さなちがいに敏感で、その重要性を大げさに言い立てることがよくあるが、私たちの世界は今や正常の域を超えた刺激を中心に展開しており、過去になかったほどまでに感覚が緊張を強いられている。ビッグベンからタイムズスクエアにいたるまで、私たちの社会のしるしの多くは、他のどんなものもそうであるように大仰になっている。狩猟採集民が生活において遭遇する最も奇妙な存在は、実際にはかなり似ていて、よく似た物をもっている近隣の人たちだった。しかし、彼らが目にしたちがいは、あなたや私が現代においてほとんどの外国人と遭遇したときに感じるよりもはるかに大きな不安や恐怖といった本能的な反応を引き起こしただろう。さらには、古代では狩猟採集民の人数が少なかったことからすると、今日、私たちのほとんどが見慣れている外国人の数と比べて、彼らが出会ったよそ者の数はごくわずかにすぎなかったことだろう。

メンバーの数が少なかったことは、社会間の関係だけでなく、社会の内部での関係にも影響を与えた。遊動的な狩猟採集民の社会は、他の脊椎動物たちの社会よりもほんの少しだけ大きかったが、日常的には、バンド内のほんの数名のなかで生活を送っていた。そのため各々のバンドは、移動はするが、密接な関係で結ばれた隣近所とでも言えるものだった。したがって遊動生活というものは、社会面では、目で見てそれとわかるようなものなのだった。しかし、経済面や政治面においては、それほどわかりやすくない。基本的な人付き合いから、仕事の流れや集団での意思決定という点にいたるまでのあらゆる側面は、細かく調整され、共同で実施された。原始の人々が困難な環境において成功するのを後押しするために。

第9章　遊動生活

バンド社会が日々どのように機能していたかを知るために、各々のバンドに注目しよう。バンドには二十数名から三十数名のメンバーがいて、社会的な意味では単なる隣近所にはおさまらない。他には頼らずにやっていかなくてはならないために、地域の製造センターとしての機能を果たす必要があった。鉄工所ほどではないが、ふつうの町にはありそうにない、最低限に組織化された製造単位を想像してみよう。この工場はさほど手の込んだものではなかった。複雑な、あるいは恒久的なインフラは必要とされていなかった。ごく簡素なアリのコロニーなどの小さな社会に住む動物と同様に、人々は、その場で集めた材料を使って、住居や、その他の必要なものを何でも作った。薬局のことは忘れよう。ダーウィン（オーストラリアのノーザン・テリトリー準州の首都）から丸一日かかるところにしかないのだから。私はその地方で、ひとりのアボリジニが鼻づまりの治療を施している場面を見たことがある。その男は、ツムギアリの作ったテントのような巣を木から引きはがし、生きの良いアリたちをすりつぶしてどろどろにし、それを鼻の下にもっていって数回スーッと息を吸った。私も試してみたところ、ヴィックス・ヴェポラッブのようなきついユーカリ油のにおいがした。

バンド内の工場では、複数の作業者を要するような仕事はほとんどなかった。槍や差し掛け小屋を作るなど、段階を踏んで作業を行なわなくてはならないときには、ふつうはひとりの人（あるいは二人の場合も）が最初から最後までその仕事を担当した。チームワークが求められるときがあっても、まず複雑なものではなかった。ただし、キリンやマンモスを倒すにためには数人の男たちが力を合わせる必要があっただろうし、死骸を解体するためには、手の空いた者たち全員がアリのように集まって作業をしなければならなかっただろう。

性別や年齢に応じて作業を分担することが、工場での基本的なルールだった。子どもの世話や、老人にかかわること、さらには見張りなど短時間だけ行なう特定の仕事を除いて、日常の仕事をこのように分担することは他の哺乳類では見られない。人間のバンドにおいては必ずといっていいほど、男たちが大きな獲物を狩ったり魚を釣ったりした。一方、女たちは、子どもに授乳をするという負担を負っている場合が多いため（それで狩りができなくなる）、果物や野菜、トカゲや昆虫のような小さな獲物を採集してバンドのカロリー摂取量の大部分を確保し、それらを調理した。

男女別々の形態で食料を確保しに出かけることから、人間は、他のほとんどすべての動物の活動よりもいっそう複雑な動きをすることになる。徒党を組んで食料をあさる特定の種のアリ以外では、動物界において見られる最も特殊な遠征の事例は、チンパンジーのパーティが霊長類を狩るときや、ハイイロオオカミやブチハイエナが獲物を追う準備を整えるときだろう。

狩猟採集民は、お腹をつねに満たしておくには移動を続けなくてはならないために物を蓄えることができず、私たちの頭にあるような所有という概念をもっていなかった。必要が生じたときに誰かがその物を作ることができない場合、与えたり貸したりすることが期待された。その際、与える側が、受け取った人や受け取った人の家族の誰かに、いつか何かを返礼に求めるだろうという了解があった。[1]

人々は、持ち上げられる物なら何でも持ち帰ることができた。約一〇キログラムという値がときおり挙げられる。これは航空会社が提示する機内持ち込み手荷物の制限重量と同じである（いくつかの例外もあった。イヌイットは犬ぞりを使って、平原のインディアンは長い棒を二本交差させた上に網を張ったトラヴォイという道具を使ってもっとたくさんの物を運べたし、簡単なカヌーや丸木舟を使う集団もあった）。後から取り上げるが、炉や、種をすりつぶすための重い石、道具作りに使われる大きな石もあった。[2] 工場という観点からすると、じつのところバンドの人数は多すぎた。それぞれの家族の人間はたいてい、自分の家の雑用をしていた。バンドをひとつの経済単位としていたのは、人々のあいだでの物や情報の交換だった。

工場が存続するために最も重要なのは、食物の交換だった。私がマレー半島で調査したバテクは、食物を分かち合うことを、慈善行為ではなく、すべての食物はそれを見つけた人ではなく森に属しているという事実を表すものだととらえていた。[3] 獲物を仕留めた男は、家族とそしてバンドのメンバーとも肉を分かち合う。アチェやピグミーのいくつかの集団でも、獲物を捕らえた者は一口しか食べない。この寛大さは、けちくさいチンパンジーや、それよりわずかにましだが大勢とは食物を決して分けないボノボとはまったく対照的だ。人間は、バンド全体で一度に食べ切れないほど大きな獲物を殺すことができるが、動物の肉はすぐに食べてしまわなくてはならない。返礼は長期にわたって有効なので、ある日、肉を分配した者は、次の機会には他の誰かが自分の家族のお腹を満たしてくれると確信していられた。これは社会保障プランの原形だ。[4]

工場のある生活の良い面は、作物を栽培したり、食料を余分に調達しようと必死になることに時間が取られないので、その結果、余暇がもてたということだ。こうした利点があるために、バンドに「原初の豊かな社会」という別名がつけられた。[5] 備蓄できた唯一のものが、社交に費やす時間だった。[6]

二五人から三五人というバンドの典型的な人数が、たまたま理想的だった。ふだんは、全員が食事をして快適な暮らしをするために十分な量の肉と作物と物品を調達し、加工、交換していた。事がうまく運ばなくなるのは、バンドの住民の数が一五人より少ないか、六〇人を超えるときだった。

バンドの大きさは自主的に制御されていた。人数の増えすぎたバンドを離れて、自力で生きていくこともできた。それぞれの好きなように行動した。個人や家族は相互に依存していたが、それぞれの好きなように行動した。ネヴァダ州の西ショショーニでは、毎年秋に離散するのが年中行事だった。それぞれの家族が好きな場所に行って、マツカケスが好む木の実を集めていた。離散したのは、食料が乏しいからではなく分散しているからだった。そうすることで、別の土地にいる友人たちのもとを訪れる機会も得られた。[7]

何でも屋

現代人は、大きなもの（スティーヴ・ジョブズを思い浮かべよう）から小さなもの（時計の修理屋）まで、専門家におおいに頼っている。これと比べてバンド社会の人々は、小さなコロニーで暮らすアリたちの何でも屋戦略を採用していた——しかも同じ理由から。労働力がごくわずかしかないときには、専門家に依存すると災難になりかねない。これが特に当てはまるのは、誰かひとりのメンバーが死亡して、その代わりになる熟練者がいない場合だ。この点と、必要最小限のものしか所有しないということは、すなわち、狩猟採集民の生活についてのあらゆることがほぼすべて、それぞれのメンバーの頭のなかに入っていなくてはならないということを意味していた。たとえ、仲間たちや、とりわけ年長者たちが、正しいやりかたを推し進めるにあたり頼りになるような場合でも。

現在では、このことは理解しがたい。鉛筆を、ましてやアイフォンや車を一から作れる人など誰もいない。年齢や性別に応じてこういうことをなすべきだという決まりはあったが、それは仕事についての一般的な取り決めにすぎなかった。ただし、バンド内で唯一の専門職があった。それは呪医だ。アボリジニの治療師は、それになるための訓練だけで何年もかかるのだが、それでもなお、生活上の雑事は自分自身でこなすことが求められていた。[8]「万能」方式のために、バンド社会の複雑さや、住民たちの行なう仕事には制限があった。現代社会で使われているわかりにくい作業指示書を見れば、文書化されていることがらについてであっても、指示を与えることは難しいとうかがわれる。もちろん、狩猟採集民たちは書くという行為をしなかった。ブーメランを発明したアボリジニは木を彫るのが得意な人物だったにちがいないが、平凡な人間でもさほど苦労せずブーメランを作れるような方法を見つけなくてはならなかった。さもなければその発見は、一世代だけで忘れ去られていただろう。

バンド内のすべてのメンバーがまったく同じ基本的な生き残る術《サバイバルキット》をもってはいたが、創造力や技能といった点においての個人間での差はもちろん明白にあっただろう。一九三〇年代に哲学者のグンナー・ラントマンが見抜いたように、ブッシュマンのなかでも、「他の女たちよりもビーズ作りが上手で熱心な女や、他の男たちよりも器用に縄をよったり棒の芯をくりぬいたりする男がいるが、誰もがそういう仕事のやりかたを知っていて、その仕事だけに専念する者はいない」[9]。さらに、自分の才能を顕示することは、政治的に微妙な行為だった。野営地では人と人のつながりが密接であるため、バンド社会は自慢にたいしてあまり寛容ではなかった。狩猟採集民が成功を収めた者や才能のある者をいじめるという逸話はいくらでもある。次のような発言もあるくらいだ。「私が獲物を殺すと、たいていみんなが、それも特に親しい人たちが『小さい！』と大きな声で言う。傷を負わせたのに逃してしまった獲物はとても太っていた、とも言われる」[10]

こうしたからかいはさておき、どのバンドでも誰が最も優れたハンターかを全員が知っていただろう。たとえメンバーたちが、その人物に控えめにしていてほしいと願っていたとしても。専門家を見分けることは、私たち人類という種に備わっている気質である。三歳の子どもでさえ、人には技能や知識においてちがいがあるということを知っていて、四歳か五歳になる頃には、問題に対処できる適切な人物を見つけ出すようになる。[11] こうした傾向は、人類の進化の歴史のなかでもはるか昔に生じたのだろう。多くの種の社会は、メンバーたちがさまざまな才能をもつことから利益を得ている。たとえばチンパンジーは木の実の殻を割ることを学習するが、その作業に熟練している者のそばに近寄っていくものだ。[12]

ブッシュマンのクンでは、とりたてて技能をもっていない非生産的な人は、tci ma/oa または tci khoe/oa と言われていた。「無の物」または役立たずという意味だ。自身の才能が他の人々に利益をもたらす男は //haiha（女の場合は //aihadi）とよばれた。ざっくり翻訳すれば「物をもっている人」となる（どう発音するのかはきかないでほしい）。[13] このようにバンド社会には専門家や専門職というものが存在しなかったが、道具作りの熟練者や、魅力的な語り部や、紛争の老練な仲裁者や、思慮深い意思決定者たちが活躍する機会はあった。才能をもっていながら、勝ち誇ることなく、からかいを受け流すことのできる人たちは、オルダス・ハクスリーの『すばらしい新世界』に登場する、創造性を抑圧された人物たちのたどる運命を免れた。その代わりに、自分の才能を、許される方法で、生活の質を高めるために使うことができたのだ。たとえば、好ましい異性の気を惹くことに。[14]

個性は中世の後期になるまで重視されなかったと述べる心理学者もいる。[15] しかし、部族全体にとって悪いことでないかぎり、遊動的な狩猟採集民には、ふつうとは異なる選択を取る自由がかなりあった。なかでも、別のバンドへと移動をして、自分と意見の異なる人たちから逃れるという自由が与えられていた。[16] バンドによって、または人によって、仕事のやりかたにちがいがあっても、大目に見られていただろう。社会におけるこうした平等主義的な風潮から、バンドや、個人や家族にも、生活の場でいろいろと工夫をする余地が生まれた。独特な形の矢を作っていた男がいたかもしれない。獲物を仕留めたのが自分だという証拠を残し、そうすることで、こっそりと自分の腕前を自慢するために。このように個性を出す自由のあることが、バンド社会における革新の源泉となったにちがいない。複数のバンドにいる何百人ものメンバーたちが才能をもっていたとしたら、なおさらだろう。家族はそれぞれ自分たちで使う斧を作らなくてはならなかったが、斧作りがいちばん上手な者の作りかたをまねようとすることはできただろう。

専門家が存在しなかったため、狩猟採集民にとっては、家族と毎日編成される狩猟と採集のための小集団《パーティ》以外の特別な利益集団はほとんどなかった。政党やファンクラブ、ファッションのフォロワー、プレッピー、ヒッピー、ヤッピー、オタクなどは存在しなかった。編み物が好きな女たちのグループが会合を開くこともなく、排他的なフラタニティ（男子学生の社交クラブ）がパーティーに繰り出すこともなかった。このような関係に最も近い比較の対象となりうる集団といえば、たいていはバンドそのものだった。人々は、気質や、ある程度は血縁関係にもとづいて、バンドに引き寄せられていっていた。しかし、バンドのメンバーはふつう、自分たちは社会のなかの他のバンドとは別個であるとか、より優れているというようには考えていなかった。個人間での競争はあったかもしれないが、現代の町や都市に競争相手がいるように、バンドにもそうした相手がいたことを示す証拠は、私はこれまで見たことがない（たとえばバンドとバンドが集団スポーツで対決することは一切なかった）[17]。住民たちの個性や、もしかすると格好の水場に近いということ以外に、別のバンドではなくあるバンドに属する特別な利点はなかったのだ。

全体的に見れば、バンド社会の内部において集団志向がなかったことが、社会がメンバーにとって非常に重要なものであったもうひとつの理由なのかもしれない。現代人たちはたまたま、教会に通っているのか、ボーリングのチームで練習をしているのかによって変わってくる関係性のなかで大変な努力を払っている。このようにアイデンティティがころころと変わる側面は、集団自己《グループセルフ》と称される。[18]バンド社会においては、こうした熱意のすべてが、核家族という単位を別にすれば、遊動民のほとんどにとっての唯一の帰属先である社会へと向けられていたのだろう。社会における生活に人々の世界観すべてが表れていたということを示すものはいくつかあるが、なかでも、バンドでは神聖な概念（たいていは自然と直接関係するもの）が他の生活の側面と区別されていなかった。同様に、儀式や娯楽や教育——家族内のことがら以外のすべて——は、自身と社会全体との関係の要となっていた。[19]

今日の社会においても見られるように、メンバーの一部といっそう頻繁に交流していたという事実はあったが、そのことはあまり重要ではなかった。社会全体との一体感や帰属関係が重視されていたために、メンバー全員との結びつきが、現代の国家において市民が国にたいして感じている結びつきに勝るとも劣らないほど明確なものになっていた。

議論による統治

カナダ人の人類学者リチャード・リーがブッシュマンの男に、彼らには頭《かしら》がいるのかとたずねたところ、男はいたずらっぽくこう答えた。「もちろん頭はいるとも！　じつは全員が頭なんだ。一人ひとりが、自分自身の頭なのさ！」[20]

バンド内で存在しない仕事のひとつがリーダーだった。他の人のために決定を下そうとしたがる人は、ずっと同じ小さな集団のなかで、プライバシーがほとんどない状態で毎日暮らしている人たちにとって、やっかいな存在だった。他の人たちの意見を左右しようとする人には、技能や優位を誇示する人々を牽制するために使ったのと同じように、からかいやジョークという武器で抵抗した。そのため、影響力を行使するには、派手なやりかたは避けられた。バンドの順調な営みを保つために、微妙な社交技術が必要とされた。ある人類学者の言葉を借りれば、「命令ではなく説得する」ためにそうしていた。[21]

ここでもまた、謙虚さが重要だった。バンド内で社会的な成功を収めるメンバーは、外交家でディベート術に卓越していた。強引にならずにそれとなく議論を導き、目下の状況について他よりも理解の深い人に譲歩をする。狩猟採集民が、今日行なわれている遊びよりも競争の要素の少ない遊びのほうを好きだったのも不思議ではない。多少の例外を除いて、綱引きや、小高い丘に向かって棒を投げて誰の棒が最も遠くまで跳ねていったかを競う少年たちの遊びなどにおいては、勝つことが目的ではなかった。[22]

もちろん、私たち誰もがときおりしているように、その時々のニーズに応えるという限定された意味においては、ひとりの人が先導することもあった。そうしたリーダーが出現するのは、迅速で明確な行動が求められ、問題について議論する余地のないときだろう。こうした例が動物で見られるのは、やる気の旺盛な雌ライオンが先頭に立ってシマウマを攻撃するときなどだ。あるいは、個々の者がすぐに有効になる情報をもっているときもそうだろう。偵察に出ていたミツバチが戻ってきて、花の見つかる正確な場所を他のミツバチに知らせるために「尻振りダンス」をするときのように。

バンドでは、主張をはっきり打ち出すことや、他の人たちに指示を与えようとする行為は、順位制の逆転として知られる手法によって抑圧された。[23] 多数派が示し合わせて、自分本位の者、権力を欲しがる者、自慢する者に待ったをかけるのだ。同じような戦術が、未完成のかたちではあるが、いじめられたチンパンジーやブチハイエナたちの集団が丸ごと別の土地へ移動するときや、不愉快なことをしてくる者を集団で攻撃するときに認められる。しかし、バンドにおけるこうした行為は、私たちの祖先が受け継いできた霊長類的な厳格な序列をくつがえすほどの効力をもっていた。[24]

順位制の逆転は絶対に確実な手法ではない。私たちは誰でも、暴君たちが共謀して上手く事を運ぶという事例をいやというほど知っている。乱暴な子どもたちが結託して学校を荒らしまくるのもそうだ。しかし、このような強引なやりかたから得られる成功は限られていただろう。狩猟採集民は脚を使って投票できた、という表現を人類学者は好んでする。困難きわまると、別のバンドへと容易に移っていくことができたのだ。バンドのメンバー全員を政治的に支配する方法がなかったので、弱者を虐げる者たちを無難に避けることができた。

誰も集団を支配することができず、集団もまた虐げられるのに抵抗したことから、バンド全体に平等性が生まれた。性別と年齢による多少のちがいは別として、人間関係は平等だった。動物のあいだにはそれ以前から、このような平等主義の例があった。プレーリードッグやバンドウイルカやライオンにもリーダーはおらず、誰かによる支配もほとんど見られない。これと比べてチンパンジーの場合、たとえボスがとても面倒見のよい者でも、手下たちがトップの地位を狙っている状況のなかで生きていくのは苦難の連続だろう。

しかし、権力や影響力の差異がないということからすぐに頭に思い浮かぶのは、社会性昆虫だ。彼らが効率的に動き回っているようすを見ると、誰かが統率しているのだろうと思いがちだ——だが、そんな者は存在しない。女王がコロニーを率いているとでも？　女王は兵隊を指揮せず、巣を作る係や子どもの世話係に命令も出さない。女王アリは婚姻飛行を一回した後、地下に潜ったまま卵を産み続ける。女王の役割は、こうやって生殖を行なうことだけだ。一方、働きアリたちは群れのなかにいながら単独で仕事をするか、たまたま近くにいる働きアリたちとともに作業を行ない、勝手気ままに食べて眠って、そしてまた働く。

では、社会性昆虫は平等主義者なのか？　最もコロニー中心主義である種は、危機的なまでに食料が不足しているときでさえ争わない。それでも、社会的な軋轢を示す一例では、一種の順位制の逆転が見られる。ミツバチと一部のアリとスズメバチでは、見回りを担当する働きバチや働きアリが、卵を産む正当な立場にある者――すなわち女王――と恐れ多くも張り合おうとする働きバチや働きアリの産んだ卵をつぶしていくのだ[25]。

狩猟採集民の平等主義とは、完全な対等を意味するのではない。家族のなかはつねに平等とはかぎらない。いつも鉄拳を振るって家族を支配する父親は昔からいたものだ[26]。そして、物質的な豊かさにはほとんど差がなくても、外交術やその他の技能のレベルに差があることから相違が生じた。こうしたバンドの特徴から私が連想するのはライオンだ。ライオンは順位制をもたない平等主義的な種であるが、狩りの場面では互いに争う。平等とは、機会における平等であり、結果における平等ではないのだ。人類の場合、平等は自然に発生したわけではなかった。社会人類学者のドナルド・トゥージンの言葉に次のようなものがある。「少なくともアメリカ人にとって、『平等主義』には心地良いジェファーソン的な響きが感じられる。鹿の皮を身にまとった頑丈で感じの良い開拓者たちが、みんなの幸せのために仲良く働いているイメージを彷彿させる。じつは真実は正反対だ。平等主義とは概して野蛮な考えかたである。なぜなら、社会のメンバーたちが互いに平等な立場に立とうと必死になるために、警戒心や陰謀がつねに渦巻いているからだ[27]」。どおりで、人は大昔からうわさ話に興じているわけだ。

また、平等の実践も完璧ではなかった。子育てや料理、狩りといった分野で男女に期待されることはつねにちがっていた。古い記録からすると、こうした不平等はときに、一方の性による他方の性の扱いかたにまで及んでいた。そのひとつにアボリジニでは、ほとんど自主性が認められない女性たちがいた。しかしたいていの場合は、男女どちらの意見にも耳が傾けられた。なかでもブッシュマンでは、今日の大半の社会よりも男女の平等が進んでいた。[28]問題が起こると、関係者全員が意見を述べて、最終的には合意に到達して判断が下された。こういう場面は、テレビが発明される以前の時代には主要な娯楽だったにちがいない。確かにブッシュマンたちの話し合いは、イギリスの首相であったクレメント・アトリーがかつて民主主義を形容して述べた「議論による政治」の原点だった。[29]

争いを解消することには大きな関心が寄せられた。バンドのメンバーたちは、行動を規制するための系統的な手段をほとんどもたなかったが、人々がどのようにふるまうことが許されるべきかについての認識は共通していた。今日ではそれを権利とよぶ。ある意味で、こうした規則を認めることが、社会のメンバーであることの基準だった。すなわち、適切なふるまいをして、集団にとって重要な物事に参加するという責務である。「われわれの法律こそが真の法律」とワルビリの男は言ったが、それは彼らの倫理規定を指していたのだ。

集団での決定

人間以外の種においても、共同的な行動は集団の決定によって定められる。ミーアキャットは食料が見つからないと「移動コール」の声を上げる。一頭だけの声では群れを動かすことにはならないが、誰かがその声をまねして繰り返せば、仲間たちは新たな場所を目指して動き出す。[30]こうした状況では、集団を動かす力の大きさは、優位に立つ個体も他のどの個体でも変わらない。

ミツバチや一部のアリは、新しい巣を作る場所を選ぶときによく似た手法を用いる。検討の対象となるそれぞれの場所について、投票に似たことを行なうのだ。同様にリカオンは、狩りに出る同意を示すために、くしゃみをする。民主主義は人間が発明したものだなんて、誰が言ったのか？[31]

軍隊アリは、監督なしに秩序を保つ典型的な例だ。私はナイジェリアで、幅三〇メートルにわたりじゅうたんのように広がった軍隊アリの群れに出くわした。この大群は衝撃と畏怖作戦を実行し、肉をかみきる強い顎を使って獲物を仕留めに向かうところだった。この群れを指揮する個体はいない。アリの群れは集団の知恵に頼っている。それぞれの個体が提供するのは、せいぜいわずかな情報だけだ。おそらくは獲物や敵の居場所についての合図くらいの。それでも、集団のレベルで生じる全体的なパターンから、戦略的な意味が生まれる。そうして、何百万匹ものアリたちが誰にも先導されずに、有効なルートをたどることになるのだ。

軍隊アリの社会的な協調行動の規模は、数個のバンドによる協調をはるかに超えている。人間の小規模な集団にとって集団の意思決定は効果的になりうるが、私たちの社会は、大規模な試みを実行するにあたり権力の中枢にこれまで以上に依存するようになってきており、そのためにいっそう脆弱になっている。リーダーは、社会のアキレス腱になりうるのだ。人はしばしば個人的な利益を求めてリーダーの地位まで上り詰め、他人への配慮を欠き尊大であるにもかかわらず人気を得ることが実際にある。だから、ヒトラーやポル・ポトのような人物が社会を破滅させたりするのだ。さらに、善意のリーダーの死によって空洞ができても、社会は同じような混乱に陥るかもしれない。したがって、他の社会を倒そうとしている社会にとって、国王殺しは戦争に代わる安上がりな手法となる。排除すべき司令官がいないので、あなたがどれだけ踏みつぶしても、アリたちはあなたの家の食品棚をじっくりと襲い続けるのだ。

情報と、それを使う能力も、行進するアリたちのあいだに分配されている。そしてまた、バンドに分散して暮らす狩猟採集民のあいだにも。ソーシャルメディアによってある程度、バンド社会で実践されていた集団による意思決定への回帰がもたらされている。同じ意見をもつ人々が、監督されず、ほとんどコストもかけずに、完全な集団行動を行なうことが可能になってきているのだ。歴史的に重要な初期の例として、二〇〇一年、マニラのエピファニオ・デ・ロス・サントス通りに抗議をする人々があふれ、フィリピンの法廷はジョセフ・エストラーダ大統領の告訴に追い込まれた。これほど大勢の人々が集まったのは、「Go 2 EDSA, wear Blk」（黒い服を着て、エピファニオ・デ・ロス・サントス通りへ行こう）という内容のテキストメッセージが数百万通も素早く行き交ったからだった。このようなメッセージを正当なものとして扱うには、転送している人たちが自分たちと対等の立場の人間であると信頼することが必要だった。その日、順位制の逆転が、未来学者のハワード・ラインゴールドが「スマート・モブ」と形容したかたちでしっかりと取り戻された。[32]

バンド社会からわかる人間にとっての社会の利点

動物の社会においてメンバーたちに与えられるほぼすべての恩恵は、私たち人間の社会のメンバーたちにも与えられる。そこには、社会がどのようにメンバーを養い、そして守っているかという二つの観点がある。この点について、バンド社会で暮らす狩猟採集民の視点から考えよう。バンド社会のメンバーであることから、遊動民たちは、安心できる本拠地（実際にはそれぞれのバンドが多数の本拠地をもち、ときおり居場所を変えた）をもつことによる安定性と、柔軟な移動性というバランスの取れた状態を手に入れた。そこでは、バンドと社会がそれぞれに異なる機能を果たしていた。バンドは日々触れ合う単位であり、そのなかでの関係性は、つねに接触を保っているサルの群れにおける関係と同じくらい密接だった。バンド内においても、メンバーどうしのつながりには動きがあり、毎日、狩猟や採集を行なう集団へと細かく分かれた。そうした集団のメンバーたちは、力を合わせて敵や捕食者を倒したり、食料を手に入れたり（ほとんどの霊長類とはちがい大勢でそれを分かち合った）、子育ての手助けをしたりできた。子育ての手助けはボノボやチンパンジーにおいても多少は見られるが、人間では女が主な責任を担うものの、男も父親として、そしてまた祖父母も参加した。高齢者が子育てを手伝うことは動物のあいだではあまりないが、年を取って生殖が不可能になったバンドウイルカの雌は子育てに力を貸す。何よりも注目すべきは、人間にとっては社会的な学習が重要であり、その内容が複雑だったということだ。子どもたちは父母からだけでなく、他の大人たちからも教えを受けて、社会における生活のしかたを身につけていった。

バンドによってもたらされる関係とは対照的に、狩猟採集民たちが所属している社会の主題はアイデンティティ——そこに入るか入らないか——だった。日常の雑事はそれぞれのバンドでこなされていたが、社会はたき火を個々の拠点に設けるだけでなく、市場や婚姻関係の下支えをするなどいわゆる安心毛布を提供した。したがって、バンド間での関係は、私たちが現在の国家のなかで複雑にかかわり合い、つねに互いを頼りにしているほどではなかったが、それでも、社会の一員であることには生き延びるにあたって計り知れない意義があり、問題や機会が表面化したときに行動をともにしたり、資源や情報を分かち合ったりするための助けとなっていた。

バンド社会で暮らす狩猟採集民たちは、工場を有効に活用したバンドに分散して生活することによって、つまらない口論を最低限に抑え、平等主義を保っていた。それなら人間はどのようにして、共通のアイデンティティをもつことで得られる社会的なつながりを利用して、文明を作り出すようになったのか？

そのプロセスは、狩猟採集民とともに始まった。結局のところ、彼らの社会についての私の描写は、これまでに記録されてきた多くの内容と一致してはいるが、まだまだ不完全だった。彼らが手にすることのできた順応性という概念を、伝え切れていなかった。人間の離合集散は形態を変え、簡素な村から都会の群集にいたるまで、養われ守られるための何通りもの方法のなかのどれかで生活することが可能になった。後の時代になって出現した農民がそうだったように、狩猟採集民の生活様式も状況によってさまざまだった。資源があれば、社会は定住することもできた。そうしてもなお、メンバーたちは野外で食料を調達し続けた。リーダーの権威を受け入れることへの嫌悪感を捨てることもあった。特定の仕事において才能を発揮することを誇りと感じても当然と認められたり、さらには必須の条件にまでなることもあった。社会に参加することの利益と負荷の両方が増していったのだろう。そのことについては、次の章で実証していこう。

第10章　定　住

オーストラリアはヴィクトリア州のマウントエクルズと海との中間地点にある、およそ三万年前の火山の爆発でできた溶岩平野に、何百もの住居の考古学的遺跡がある。構造物の跡は十数個ずつまとまっており、複数の世帯に仕切られたとても大きな物もある。数千人の人々がこれらの小さな村が集まった地域に定住し、部族のメンバーたちは互いに競い合い、戦闘を交え、長期にわたる同盟を結んだりした。

これらの村の周辺地域は管理された広大な水景へと姿を変え、河川がさまざまにせき止められたり、流れを変えられたりして、迷路のように複雑でありながら統合された排水系が構築されている。数キロメートルにも延びる水路は、古代から存在するものだ。その多くは八〇〇〇年前のものであり、排水系全体は六〇〇〇年前から八〇〇〇年前に栄華をきわめた。運河は、野生ウナギの一種を獲るために使われた。長さ一〇〇メートルに及ぶ罠が仕掛けられ、一メートルもの高さのある石の壁がところどころに築かれている。人々はまた、人工の湿地も切り開き、そこでウナギの稚魚を食用になるまで大きく育てた。大量に捕まえたウナギが余ると、オフシーズンのために保存しておいた[1]。

オーストラリアの他の土地に住むアボリジニと同じく、マウントエクルズのアボリジニも栽培や家畜化によって生産した食料を食べてはいなかった。この精巧なインフラはすべて、狩猟採集民的な発想で作られたものだった。住居は常設の建物のようで、年中人が住んでいた家もあったかもしれない。もともとの住民たちの子孫は、そうだったと主張している。まさに、マウントエクルズのアボリジニから教えられることは、社会が農業を実践する以前から、人々は、いわゆる定住型の狩猟採集民社会において、生活する選択肢をもっていたということだ。

バンドでまとまって暮らしていた狩猟採集民の社会生活には、ひとつの謎がある。彼らの生活の多くの面が、現代的な生活とは正反対のようなのだ。私たちの大半は尊敬するリーダーに喜んで従い、みずからリーダーになろうと努力する人もいる。遊動的な狩猟採集民は、そのどちらの行為にも軽侮の目を向けた。私たちは社会的な序列《ヒエラルキー》を受け入れ、身分の区別を強化するだけでなく、権力や名声をもつ人たちを尊敬し、家柄が良く裕福な人々に憧れ、スターや大統領の私生活を追いかけるのに過剰な時間を費やしている。カール・マルクスはすべての社会の歴史を階級闘争という観点からとらえたが、狩猟採集民のバンドには闘争すべき階級は存在しなかった。では、文明世界において富に付与されている価値は、どこからやってきたのか？　狩猟採集民がほとんど何も所有せず、すべてを人にあげても構わなかったというのなら。また、私たちの個人的な野心はどこから来て、どれくらい昔からあったのか？　最後に、小さなコロニーに住むアリたちのように何でもこなせる者として私たちが作られていないのは明らかだが、たとえば、ごく狭い分野の仕事において他者より秀でることによって、他の人とはちがう人間になりたいという願望はどこからきたのか？

定住することによって人々は、狩猟採集民がバンド生活において使っていたものとは異なる道具類を思考の道具箱から取り出して利用しなくてはならなくなった。私たちが当然と受け止めている状態——社会の不平等や職業の専門化、リーダーによる統率の黙認など——は、定住型の狩猟採集民のあいだでは決して普遍的ではなかったが、何世代にもわたり一カ所に留まることで、そうした条件がいっそう表出されやすくなった。このような入り組んだ側面があったために、人類学者はふつう、いわゆる単純な狩猟採集民のバンド社会と比較して、定住型の狩猟採集民のことを複雑な社会であると説明する。しかし、離合集散社会にもそれなりの複雑さはあった。少しずつ分散していたであろう食料を探し、適切な野営地を見つけるために骨を折り、社会の平等を維持しようと努めることがそうである。こういう理由から、どちらが単純か複雑かと区別するのはやめたい。それよりも、狩猟採集民の生活が複雑に（または単純に）なった究極的な理由として、住む場所をつねに固定するという点に注目していく。

人類の先史時代研究の多くでは、動物の家畜化や植物の栽培が重要な契機となって、文明において権力や役割の差が出現するようになったと推測されている。確かに、農業によって情勢が一気に変わった。しかし、カメレオンが環境に応じて色を変えるように、人間もまた、平等と分かち合いから権威への服従と群れを形成することへ、そして放浪から定住へと、状況に応じて移行することで社会生活を再構築した。これを信じがたいことのように感じるのは、私たちの考えかたが、子どもから大人へと成長する過程において、私たちの社会の土台を構成するものになじみすぎてしまったからだろう。私たちは狩猟採集民のことを、彼らが私たちについて感じるのと同じように、つまりは異質な生命体としてとらえるようになったのだ。それでも人間の認知は、かつて狩猟採集民がもっていた社会的な選択肢全般に今もなお適応が可能だ。

集会

人は、ひとりでいるときにも、他の人たちと一緒にいるときにも満足していられる。その一部は、知らない人を気に留めずにいられる匿名社会のおかげだ。大半の動物は、社会のメンバーとの間隔の取りかたについてとても心が狭い。軍隊アリはいつでも文字通り重なり合っているが、ヒヒは、群れに留まる必要があるにもかかわらず、親密な味方以外とは用心深く距離を置く。マツカケスはもっと柔軟で、一年のうちの一時期は密集した群れのなかで活動し、ひなを育てるときには巣のなかでつがいで暮らす。逆説的だが、離合集散の程度が最も高い動物でさえ、実践しうるさまざまな種類の分散の手法をすべて活用しているわけではない。なぜなら、人間以外の種では、一度に近くにいて耐えられる他の個体の数がせいぜい数頭であるからだ。グドールが、群れの全員が一カ所で食事ができるように大量のバナナを研究拠点に蓄えたことがあったが、チンパンジーたちはそこに腰を落ち着けなかったばかりか、群れが崩壊して完全にばらばらになった（後にこの話題に戻る）。人間なら、こういうことをしても問題にならないだろう。グランド・セントラル駅の群集にまぎれていた観光客が、それと同じ日にブルーマウンテン行きの列車に乗り、人をほとんど見かけずとも楽しく散歩ができるものだ。

人間が離合集散を臨機応変に行なうようすは、狩猟採集民のバンドが複数集まり、数百人ものまとまりになるときによくわかる。こうしたときおり開かれる社会的な集会は、数週間にわたり全員が食べていけるだけの豊富な資源のある季節に実施された。この時期に人々は、群れをなすサルたちのように一団となって行動し、サルとはちがい一カ所にまとまって眠った。宿泊地に選ばれた場所は、水場か食料のある土地だった。他の時期には放浪生活を送っているアンダマン諸島民の社会では、毎年、海のそばにある住居を建て直して複数のバンドが集まり、二、三カ月のあいだ一緒に魚を釣った。柱とヤシの葉で作った建物は、直径が一〇メートルを優に超え、高さは数メートルに達した。これは二ユーヨークにある私のアパートよりも大きい。建物のなかには、それぞれの家族用の寝台とたき火があった。共同の住居は何世代にもわたって使われていたので、それぞれの建物のそばには何千年も昔からたまったごみの山があり、その周囲の長さは一五〇メートル以上、高さは一〇メートルもあった。[2] こうした種類の集会は、世界中の集団において見られた。もうひとつ例を出せば、北米では毎年秋に、ある部族のバンドが集合し、崖の上でバイソンを襲った。[3] チンパンジーの群れは、こんなふうに大勢で集まって楽しむことはない。チンパンジーは、社会的なかかわりを自分が扱うことのできる程度へと小分けするものだ。

こうした集まりは今で言う親睦会であり、うわさ話や贈り物、歌、踊りでにぎわった。ゾウたちが大勢で集まるときと同じように、男たちは女を求めてうろついた。[4] いくつかの根本的な点では、集会期間中の生活は通常とほとんどちがわなかった。それぞれのバンドがしばしば、互いに少しだけ離れた場所に野営をし、「隣近所」の状態を保っていたからだ。バンド間での付き合いの最もよくある例は、ひとりきりであるいは家族で旅をして、個人的な知り合いのもとを訪れるというものだったが、こうした集会は、人々が共有していたアイデンティティによって円滑に運営されていた。まちがいなく、こうした集会を実践するにあたって、共通のアイデンティティが大きな意義を与えていたにちがいない。たとえ、成り行きでそうなったのであっても。そこで集団の行動を左右するような決定が下されたという記録はひとつも見たことがない。それでも、寄り集まることによって、共通の目的という概念が人々のあいだに広まったにちがいない。[5]

集会は、恒久的な定住へと向かう一歩だった。しかし、人々が互いの関係を再確認する機会にはなったかもしれないが、動き回る狩猟採集民が移動を停止したという程度の集まりは、いくつかの理由から成功しない定めにあった。近辺の食料源は食べ尽くされ、ごみくずが山と積まれ（遊動民はこの手の問題への対処が苦手）、人を嚙む昆虫が思う存分活動した。最も大きな問題は、これほどたくさんの個性が一堂に会し、嫉妬や競争や敵意が表面化してきたことだった。結局のところ、何人かの天敵どうしが再会しない同窓会などないだろう？

まったくもって、人間たちがバンド社会の平等主義的な生活様式の規模を拡大しなかった第一の理由は、ほとんどの哺乳類と同じく、人間はささいなことでしょっちゅうけんかをするからというものだ。ロックコンサートが無秩序な混乱状態へと陥ることがあるように、大規模な集会がけんか騒ぎに終わることがあっただろう。実際、殺人はこの時期に一番多く発生した。[6] バンドはもとの故郷に戻った。新たに見つけた相手とカップルになったり、別の土地に住んでいる友人のところに行ったりするなど、数人の入れ替えはあった。「自由な社会は動きのある社会であり、動きとともに衝突も起こる」と小説家のサルマン・ラシュディはかつて述べた。[7] 放浪する狩猟採集民にも、これがそのまま当てはまった。

まさかの場合を想定した考えかた

農作物の収穫に近い生産的な行為がバンドのなかで行なわれる例もいくつかあった。種を蒔いたり植物を栽培したりはなかったが、周囲の環境から食料を手に入れるという形式を取ることで、一時のあいだ一カ所に留まることが容易になった。[8] 一八三五年、オーストラリアの測量監督トーマス・ミッチェルが、ダーリング川沿いの焼き払われた平原に「牧草畑にとてもよく似た」ものが「何マイルも広がっている」光景を目にしたと書いている。アボリジニのウィラジュリは、石のナイフでキビを刈り入れ、積み重ねて乾燥させた。これは明らかに昔ながらの手法だ。古代の人々の食事内容についていろいろ言われているが、穀物をすりつぶし、焼いてパンにしていたのは事実だ。[9]狩猟採集民が周囲の環境に手を加えて生産性を高めた例がいくつかある。南米のアチェは、グチュという甲虫の幼虫の栽培法を確立していた。この幼虫は、枯れかけているブラジルヤシの内部で一〇センチもの体長に成長する。アチェは木を切り倒して幹を開き、成虫をおびきよせた。全員が丸々と太った虫の収穫に間に合って帰れるように、バンドの移動経路が計画されなくてはならなかった。この珍味はとても愛されていたので、もしもアチェが一カ所で大量の虫を安全に育てる方法を見つけていたなら、すぐその場に住居を構えて、虫の飼育者として生きていったのではないだろうか。[10]

動き回る生活様式を捨てるには、継続的に豊富な資源を手にすることが必要だった。それには、食料が不足する時期を乗り切るために、余った食べ物を備蓄することも含まれた。こういう手法を確立して生活している昆虫のひとつが収穫アリで、彼らは地下に共同の食品庫を作って手厚く警備し、そこに種《たね》を新鮮な状態で何カ月も保存しておく。しかし、その他の脊椎動物の社会では、集団で努力して後々の満足を確保しておくような事例は見られない。たとえばマツカケスは、自分の食べる種だけを拾い、群れのメンバーがそれを盗むと攻撃する。

人類学者のリチャード・リーは、ブッシュマンの社会における採集活動についての記述のなかで、「クンは余った食べ物を蓄えない。なぜなら、彼らは周囲の環境そのものを自分たちの貯蔵庫とみなしているからだ」と説明している。[11]それでも、長持ちする食料の供給を可能にする文化的な習慣があれば、今日の社会に特有の、恒久的な、もしくは少なくとも長期的な本拠地を維持することができただろう。ブッシュマンとハヅァはどちらも、肉を乾燥させる（ただし長期間保存できるほどではない）ことで、その方向へと小さな一歩を踏み出した。[12]イヌイットは、アザラシの死骸を氷の上に置くことで、その一歩先を行っていた。彼らにとって戸外は、ひとつの巨大な冷蔵庫だったのだ。西ショショーニは毎年秋に家族単位に分かれてマツの実を探して食べるとき、余った木の実をかごに入れておいた。冬になり食べ物が少なくなると集まってその木の実を食べた。不況を逆手に取って、社交や食事を楽しんだのだ。[13]

野外で手に入れた大量の食料を安定して蓄えることのできるような環境はほとんどない。たとえ資源がある場合でも、ひとつの場所に留まるリスクは大きい。近隣の土地にすでに定住民がいれば、状況が悪化したときに場所を移動するという選択ができなくなるだろう。耳にしたことのある定住地のほとんどは、海産物が豊富な沿岸部や、魚がたくさん泳いでいる川沿いの地域である。そうした例には、マウントエクルズのアボリジニの部族や、日本の縄文人、ニューギニアの少数の狩猟採集民などがある。彼らはみな、一年の大半かすべてを定住地で暮らしていた。彼らの村のいくつかは小さく簡素なものだった。魚を捕まえて、湿気がありすぎて豚を育てることのできない土地に生える野生のサゴヤシの髄《ずい》と、近隣に住む園芸民が好むヤムイモを食べていたニューギニアの村のように。[14] 北米には、生活にもっと工夫を凝らしていた狩猟採集民たちがいた。フロリダ南西部のカルサや、南カリフォルニアの沿岸部やチャンネル諸島のチュマシュなどだ。さらには、太平洋岸北西部に暮らしていた部族についての研究が最も進んでいる。彼らの居住地は、オレゴン州北部の高木の森林からアラスカ沿岸部の植物があまり育たない地域にまで広がっていた。[15] これらのアメリカの部族たちは、どんなときでも食べていけるように海産物を大量に集めては備蓄していた。[16]

ヨーロッパ人が北米にやってきた当時、太平洋岸北西部には狩猟採集民たちが密集して暮らしていた。ただし、ブッシュマンやアボリジニと同様に、自分たちをひとつの集団としてみなしたことは一度もなかった。また、この地域に住んでいた人々の使っていた言語には、定住生活を営んでいる者たち全員を包含し、はるか遠くの内陸部に住んでいるバンドと自分たちとをまとめて区別するような用語がなかった。このような語義的な穴があったのは、定住地にはさまざまな背景をもつ者たちがいたからかもしれない。そのなかにはイヌイットや、南部の血筋をもつアメリカン・インディアンなどもいた。それらは複数の土地を保有する部族社会からなり、定住生活を選択していた。大半は海から離れて暮らしていたが、主にサケを食べる少数の部族は川沿いの土地を選んだ。

太平洋岸北西部には、数世紀にわたり、二、三〇〇人から、多いところでは二〇〇〇人近くが暮らす地域がいくつかあった。これらのなかで最も発展を遂げた地域はじつに見事なものだった。共同の長屋《ロング・ハウス》などの巨大だったと想定される住居に住んでいた。記録に残る最大の建物は、長さ二〇〇メートル、幅一五メートルもあった——面積は三〇〇〇平方メートルにもなる。現代のセレブたちの豪邸と同じくらい広大だ。ただし、ひとつの建物に数家族が暮らしていた。小さな定住地ではひとつの共同長屋で全員が生活していたかもしれないが、大きな村となると建物の数は複数あった。

それらの社会は、アイデンティティのしるしによってきちんと区別されていた。その種類は、小さなバンドで暮らしていた人たちが使うものよりいっそう豊富だった。太平洋岸北西部で使われていたさまざまなしるしは魅力的で、詳しく記録されている。最も驚くべきものが唇飾り《ラブレット》だ。頰や下唇に穴を空けてはめる装飾品で、象牙の円盤や色とりどりのビーズ細工などがある。唇飾りは三〇〇〇年前から四〇〇〇年前に出現し、身につけている人の社会的・経済的な身分について多くのことを物語っていた。ただし、もともとの主な用途は、個人と部族を結びつけることだった。[17] たとえば極北部に住むアレウトは、タトゥーや、鼻に刺したピン、首飾り、パーカ（フードのついた毛皮製ジャケット）に使う動物の毛皮によっても区別されていた。会合であれ戦いであれ、よそ者と遭遇する場面では、アレウトにとって、部族の帽子がもっとも重要なしるしとなった。その帽子は、鳥のくちばしのような形をしていて、鮮やかな色の模様で飾られていた。[18]

リーダーシップ

定住生活の複雑さの多くは、個人的な反感や物流の問題に対処することと関連している。これらの問題のために、遊動的な狩猟採集民の集団は頻繁に分裂した。こうしたものが遊動民にとって頭の痛い問題であったという事実は、世界中に存在していた狩猟採集民のバンドの大きさが、居住環境がツンドラや熱帯雨林とさまざまで、そこで得られる食料が多様でありながらも、つねに数十名に一定していたという所見から裏づけられる。食料を手に入れるために分裂する必要があったというよりも、社会の破綻が要因となって、社会の大きさが一定していたのだろう。[19] たとえばいくつかのブッシュマン社会にあるバンドは、二世代か三世代ごとに大きくなりすぎて機能不全に陥った。[20]

機能不全になるのを避けるために、定住者たちは、自分たちが従うことのできる程度の意思決定を下す者たちの存在を受け入れるようになった。メンバー間において権力や影響力のちがいがあまりない状態でうまくやっている動物はいる。たとえばアリは、一種の集団的な知能を発揮して生活を営む。しかし人間は、しるしがあれば十分に社会を一体に保つことのできるアリとはちがう。社会的な軋轢が存在しない人間社会はこれまでにひとつもなく、バンド社会もその例にもれない。だが、他者を率いたりリーダーに従ったりする気質はどこから生まれたのか？　人間の場合、その傾向は確かに、自分よりも多くのことを知っていて、社会や立場に応じた適切なふるまいをするように期待をかけてくる――そのうえ強制してくることも多い――親に従うように育てられることから生じている。しかし、そうした気質が生活全般にまで浸透するようになってきた。今日、私たちはとても見識の高い人々に囲まれている。そうした人々をだいたいにおいては尊敬し、保安官や上司、大統領や国会議員などの権威を認めるようになっている。今日の社会が機能するためには、人々は、さまざまな状況における自分の立場を知り、他者を率いるのであれ他者に従うのであれ、その立場に応じてふるまわなくてはならない。[21]

多くの脊椎動物に見られる優位行動は、リーダーシップにかなり近いと言えるだろう。優位性は誰が誰とどのように交流するかに影響を与える。しかし、力の誇示と資源の支配は高い地位につくことの重要な要件となりうるが、それを満たしているからといって群れの最上位にいる者がリーダーとなるとはかぎらない。大半の種において「第一優位者《トップドッグ》」が、集団のために有意義なものを何も調達してこないのに、他の者たちをこき使う例がよくある。第一位《アルファ》はたいてい、ある程度の影響力をもつ。ハダカデバネズミの女王が働きネズミたちをつついたりかみついたりするようすが観察されているが、おそらく仕事をしろと促しているのだろう。最も有力で最高位にある者に従うことは、もしも何かがうまくいかないときの保証となりうる。ワオキツネザルのアルファはふつう、その日に群れが進むべき道を決める。ただし、ウマの群れの場合はそうではなく、アルファの雄ではなく雌たちが進路を定める。[22]

しかし、人がふつうリーダーとみなすのは、社会的なことがらを指揮するにあたり重要な役割を果たす人物である。オオカミのアルファにある雄と雌はまさにそれをする。群れの向かう方向を定めるだけでなく、メンバー全員を動かして、獲物の狩りやよそ者のオオカミたちへの攻撃の先陣を切るのだ。[23]ゾウの群れにおいては、他のメンバーたちをこき使うことによってではなく、最年長の雌が母系制社会における最高の地位を獲得する。他の者たちは、どのよそ者が味方であるかなどについて最高位の雌が豊富な知恵をもっていることをわきまえて、その指示に従っているようだ。[24]最高位の雌はまた、目下の者たちのなかで緊張が高まると仲裁に入り、傷つけられた側を後から慰める。これは、政治的な手腕をもった優位なチンパンジーたちのふるまいと似ている。[25] それでも、いずれの種においても、交渉が巧みな者でさえその影響力は限られている。彼らは、人間の王や大統領がするようには、社会全体を対象とした長期的な行動指針を立案することはできない（ただし明らかに、人間の指導者たちも今日では、他の人々の同意なしにアジェンダを実行することはほとんどない）。

厳密な意味でのリーダーシップというものは、自然界にはめったに存在しない。そのうえ、人間でさえリーダーを必要とはしないということをこれまでに見てきた。狩猟採集民のバンドでは、日々の活動から長期的な計画まですべてのことは話し合いで決められた。しかし、数十人もの人々が長く一緒に生活していると、こうした平等主義的な方式は維持できなくなった。村というものができ始めると、強引な人から逃れたり、仲間と協力してそうした人物を打ち負かしたりすることが簡単にはできなくなった。せいぜい、村の隅に引きこもるくらいだった。

誰がリーダーになるかを決めるにあたっては、多数の要因が絡んでいた。人を惹きつける個性をもつ人には支持が集まるかもしれないが、バンド社会や小さな定住地では、そうした人物はめったに出現しないだろう。数百万人規模の国でさえ、ジョン・F・ケネディほどの人物はそう多くは出てこない。それでも、そこそこ才能のある人なら、社会に強い軋轢が生じたときに役に立つだろう。そのような状況では、権威のある人物になろうと努力することは報われ、そのような人物に従おうとする気持ちも報われる。この二つは、リーダーシップが機能するために連動していなくてはならない。意見の食いちがいを脇に置き、ひとりの人がリーダーの地位に就くことを後押しするのだ。[26] そうして、現在と同じように人々は、注目を集め問題に迅速に対応した人たちに引き寄せられていったのだろう。そうした人物のもつ才能のひとつが、大衆に向かって雄弁を振るうことだった。この技能は最初、バンド社会において磨かれたものであり、リーダーシップが生まれた段階においてなくてはならないものだった。いわゆるおしゃべり効果《バブル・エフェクト》（集団内でよく話す人がリーダーになりやすい効果）によって、話し好きの人々は世の中でつねにある程度幅をきかせてきた。しかし、平等主義的なバンドで生活するブッシュマンの若者たちは、雄弁な者たちに従いたくなる気持ちを抑えてきたと思われる。[27]

したがって、狩猟採集民の定住地では政府のようなものは作られなかったが、明確なリーダーではなくとも影響力をもつ人物は確かに存在した。その一例に、マウントエクルズ近辺に住んでいた漁師たちの頭《かしら》は高貴な身分の者として扱われ、宣戦を布告し、戦利品のなかで最上の物を要求することができた。[28] アメリカ大陸にいた支配者のなかでその名声が王に最も近かったのは、現在ではフロリダ南西部にあたる地域に居住していたカルサの長だった。この首長は、ある歴史家によれば「二〇〇〇人が入っても余裕があったと言われていた」建物のなかで、現代の基準からすればちょっとした王座とも言える腰掛けに座って平和を保っていた。[29]

それでも、こうした首長たちのリーダーシップは今日の基準からすれば弱かった。チュマシュや太平洋岸北西部の首長たちでさえ、格好は派手だったが、自身の力をあまり公然とは主張しなかった。[30] 彼らは、兵士に守られた大規模な農耕社会の長と比べると慎重にふるまわなくてはならず、圧政を敷くよりも説得や補償などを重んじ、人々が義務を果たす気持ちになるようにごちそうをふるまうなどした。リーダーというものはいつでも、政治的な駆け引きや、自身の利益を守ることが上手なものだ。[31] そのうえ首長たちは、自分自身を模範的なメンバーのように見せることもよくあった。バンドのメンバーたちがもってしかるべきとされている謙遜や誠実さや強い意志を示すことで。これらの資質は、今日のリーダーがもっていても称賛される。おそらくは平等主義的な時代の名残なのだろう。首長たちは、力を合わせて働くよう人々に説くことによって、平等主義的な考えかたの本質を保持したのだ。それでも、首長の支配力は限定されていた。リーダーとそれに従う人々とのあいだで駆け引きが果てしなく演じられ、小さな定住地では、人々がある程度まで制御できるような首長が支持された。[32] 太平洋岸北西部の首長たちは、村での生活の日常的なことがらについて意見を述べる非公式的な会合から支援を受けていた。これはまさに、委員会制度を使ったリーダーシップだった。遊動社会においてはバンド全体が担っていた役割を委員会が果たしていたのだ。

あれこれ変わる生活様式

リーダーが必要になるような面倒な事態は、社会の内部で起こるものとはかぎらない。メンバー間の意見の食いちがいからではなく、外部の人間から脅威がもたらされることもある。歴史上最も尊敬されているリーダーたち――アメリカ人ならジョージ・ワシントン、エイブラハム・リンカーン、フランクリン・ルーズベルト――は、外部との衝突が盛んに発生していた時代、市民が頼りになる人物を必要としていたときに登場した。[33] 狩猟採集民の場合にも、こういう経緯からリーダーと定住生活が出現したこともあったのだろう。ヨーロッパからの初期の植民者が残した記録には、何百人ものアボリジニたちが、おそらくは組織的な戦法が必要とされたような戦闘を行なっていたと書かれている。その描写からすると、強力なリーダーがいたようだ。ブッシュマンもまた、敵にたいして共同戦線を張るときにリーダーを擁立した。[34] 現在ではボツワナにあたる地域に住んでいたアウエイ（=Au//ei）もそうだった（=と//は吸着音を表す）。一九世紀初頭の数十年のあいだにこの部族について初めて書かれた記録には、特定の季節には防御用の柵で囲った村に住んでいたとある。囲いのなかで生活しながら十分な食料を手に入れるため、獲物を選別する手法を編み出した。動物の群れを、複雑に入り組んだ落とし穴に追い込むのだ。[35] 当時のアウエイは、血を流す復讐を実行する戦士であり、荷車に火をつけ、牛を盗み、ブッシュマンの他の部族から貢ぎ物を取り立てていた。

ある社会がリーダーと村に適応したからといって、そうした変化が永久に続くわけではなかった。一九世紀終盤の数十年間でアウエイはリーダーをもたずに放浪するバンドへ戻った。一九二一年になる頃には首長がふたたび出現したが、その役割は、武力衝突が起こったときにバンドを率いることだけに縮小され、今回は人々が定住することもなかった。牧畜民であるオルラム（Oorlam）など武装部族に侵入されたときには、リーダーの影響力が増した。[36] 戦う誘因が減ると、リーダーは人気を失い、人々は平等主義的なバンド生活に戻った。それが彼らのもともとの生活様式なのだろうと思われるかもしれない。ただし、どれくらい昔に自衛の必要性が生じたのかは、まったくわかっていない。アウエイの絶えず変化する文化からは、社会組織は移り変わり、その痕跡はほとんど残らないものだとうかがわれる。

こちらは有名な話だが、遊動生活をするアメリカン・インディアンにも首長がいた。首長は年長者で、その役割は今日まで続いている。これらの部族が、ヨーロッパ人が到来して馬や銃をもたらす以前に、どれくらい頻繁に首長に率いられて、持ち運びできるティーピーとウィグワム（半球形の小屋）とともに移動していたのはわからない。明らかなのは、危険が迫ると遊動社会の複雑度がいっそう増したということだ。平原インディアンたちのあいだには、今日の陸軍士官学校《ウエスト・ポイント》に相当する戦士のための共同的な団体があり、厳しい訓練を課して精鋭の戦士たちを輩出し、戦闘に備えていた。

大半の時期を遊動民として過ごしていたアウエイとは対極的に、一般的には完全に定住していたとされている狩猟採集民たちも、同様に順応力が高かった。定住をして野外で食料を集める部族の典型である太平洋岸北西部のアメリカン・インディアンたちでさえ、つねに一カ所に留まっているとはかぎらなかった。彼らの定住場所は一〇〇年単位で大きく変わった。村は、状況に応じて移動したり解散したりした。いくつかの共同長屋が季節ごとの住居として使われ、家族は、別の場所にある家へと荷物運搬用のカヌーで移動した。一時的な野営地が作られたという証拠もある。今日アウトドア派がテントを張るのと同じように、人々は外に出かけて狩りをしていたのだろう。[37] おそらく、マイホーム主義を貫いたり、ひっきりなしに放浪するなど、まったく極端な生活を送る狩猟採集民はほとんどいなかったと思われる。[38]

ちがいとともに生きる

長きにわたって定住し、もはや所有物が家族で持ち運べる範囲を超えると、技術を発展させる可能性が開けてきた。それに続いた社会体制の大きな変化は、基本的な日常生活に影響を与えた。

定住によって誕生した技術の多くは、食料の生産を増やすことと関連していた。たとえば太平洋岸北西部のアメリカン・インディアンは、航海に耐える大きなカヌーと、大量の魚を加工する道具、乾燥させた海産物を長期間保存するための水を通さない容器を作った。漁労用具の種類はいっそう多様になり、さまざまな形態の網を使ったり、棍棒で殴ったり、槍や銛《もり》で刺したり、追い込んだり、梁《やな》を仕掛けたりして魚を捕まえることができるようになった。

種類が豊富でより複雑な道具ができたことで、数人で全員のための大量の食料を手に入れることが可能になった。一カ所に身を落ち着けたために、全員があちこちに散らばって個別に食料を調達することが実際にはできない場合が増えたことを考えると、この点は重要だった。ベーコン――あるいはサーモン――を家に持ち帰ることは、社会的な関心事となった。こうした事情と、その他の社会的な責務から、専門的なノウハウや道具類を利用したさまざまな作業へと労働力を割り振ることが求められた。

したがって、たとえば矢じりの削りかたや布の編みかたについての個人の興味や才能は、バンドにおいてよりも、いっそう肯定的に受け止められた。太平洋岸北西部では、親が子に特定の役割と知識を伝えていくことで、いくつかの職業が世襲制になった。専門性がますます必要とされるようになったことから、社会全体の営みのあらゆる側面を動かすことが、もはやひとりの人間の手には負えなくなった――ただし集団としての知識は拡大しつつあった。定住によって社会の複雑さが、メンバーが背負うことのできる物理的な荷物による制限を受けなくなった。それと同じように、社会の複雑さは、メンバー全員が頭のなかに収めて運ばなければならない文化的な荷物からも解放されたのだ。

エミール・デュルケームの先駆的な研究以降、社会学者たちは専門化を社会の結合や連帯を強化する力とみなしてきた。[39]これは確かに正しいが、デュルケームの念頭にあった結合性とは、定住地に暮らす人々だけに限られてはいなかった。バンド社会で暮らす何でも屋たちも物品の交換に頼っており、それによって人々の連帯がいっそう強化された。バンド内での交換はさまざまなレベルの技能をもつ人々のあいだで行なわれただろうが、多くの定住社会において職業がはっきりと専門化されることによって結束を固める効果がいっそう高まり、人々はそれまで以上に相互に依存するようになった。その傾向は、今日にいたるまで続いている。[40]

また、職業が人によって異なることから、あまり知らない他人や、まったく見知らぬ人たちとの交流が簡素になっていった。そういう人たちの存在は、大規模な定住地ではふつうのことになっていったからだ。私たちは、ある人の役割を知るだけで――たとえばその人の着ている警察官の制服にもとづいて――それ以上のことを何も知らなくても、その人にたいしてどのようにふるまうべきかを理解できる。同様に、働きアリは同じコロニーの兵隊アリに適切な接しかたをする。その二匹が以前に出会ったことがあるかどうかは関係ない。

他の哺乳類が仕事を専門的に担当することはめったにない。チンパンジーやボノボについて、木の実を見つける専門家が木の実を割る作業の熟練者に木の実を渡したら生活の質が向上するだろうと論じることはできなくはない。これはまったく複雑なことではない。多くの収穫アリには、種を集めるタイプの働きアリと、種を割ってみんなに食べさせる役割をもつ体の大きな働きアリがいる。だが、これに最も近い脊椎動物はハダカデバネズミくらいだ。彼らの比較的大きい社会では、女王と王と働きネズミのあいだで分業体制が整っていて、働きネズミのなかでも最も体の大きな者たちが兵隊の役割を担う傾向がある。

人間の場合、仕事が専門化されていることから、知らない人とどのように接するかだけでなく、他者全般とどのように一体感をもつのか、そして、その人たちがもつあらゆる種類の集団とのつながりをどのように整理してとらえればよいかもわかる。バンド社会にとっては、こうした社会内での区別は、性差や年齢のちがいを除いては、それほど重要ではないのがふつうだった。しかし、オーストラリアの多くの社会では、人々はスキンや半族とよばれる集団に属していた。子どもたちには、父か母の属するスキンの次の順番にあたるスキンが与えられ、先祖が何であったのかと、動植物とのつながりにもとづいて半族に分けられた。そうしたつながりによって、互いの関係のとりかたと誰と結婚できるかが決まっていた。

定住する狩猟採集民のなかで専門家の集団が急増していった。古代の儀式と隠された真実を司る秘密の集団、すなわちシャーマンの集団などがあった。社会自体への帰属という最も主要な関係からこうした雑多な帰属関係が派生して、緊急性や発達水準が低く持続期間も短い多数の集合体を作り出したというシナリオが考えられる。他の動物の社会において同様の例がめったに見られないのは不思議雌だ。イルカやハイエナのような哺乳類から霊長類では、子どもを育てて守ることに重点を置いた、雌を中心とした緊密な社会ネットワークくらいしかない。そのうえ、これらの動物のどれも、自分が同じ志をもった――たとえば果物をおいしく味わう――仲間とつながっているというようなとらえかたをしない。チンパンジーが一緒に狩りをしたり戦ったりするときに、人間と同じように連帯感をおぼえるかどうかはわからない。

人間の定住地で集団志向が生じ、内部での競争が減り、社会的な刺激が、扱いやすく達成感の得られるようなまとまりへと分割されたのだろう。心理学にある最適弁別性という概念が、これを説明するのに役に立つ。人は、包含と独自性という感覚のバランスが取れているときに自尊心が最も高くなる。つまり、自分の属する集団の一部であると感じられるくらいには似ていたいが、それと同時に、特別でいられるくらいはちがっていたいのだ[41]。大きな集団のメンバーであることは大切だが、それだけでは、特別でありたいという思いはかなえられない。このことが、もっと排他的な集団とのつながりをもつことで大勢の集まりから離れる動機になりうる。遊動的な狩猟採集民の社会は小さかったので、このような問題は起こらなかった。半族やスキンなど少数の集団は別として、誰でも、自分に変わった部分や、社会のなかでの個人的なつながりがあるだけで、数百名からなる社会のなかにいても自分は独自の存在だと感じられた。たとえば、職業やクラブに帰属することでちがいを表す必要がなかった。実際のところ、ちがいを表すことは歓迎されなかったかもしれない。しかし定住社会が拡大するにつれ、自分を他と区別したいという気持ちがますます強くなっていった。ここで初めて、他の人たちについて知りたい内容が「あなたの仕事は何ですか?」になったのだ[42]。

身分の誕生

第二の、もしかするとさらに劇的な変化が、社会のメンバーのあいだにリーダーへの服従以外の身分差が出現したことだった。バンドや非常に簡素な村の人々は、短期的な必要を満たすことで満足感を得られると考え、この最低限の目標が達成できないときにだけ人生を辛く感じた。遊動民がかついで回るわずかな荷物は、たいていが実用的な品物で、ほとんどは代替でき、貸し借りや交換が容易だった。これと比べて定住型の狩猟採集民は、はるかに数が多く種類も豊富な物をもっていた。バンド社会において所有はあいまいな概念だったが、定住社会ではやがて、個人が管理できるような方法で資源を集めておくことができるようになった。物質主義がはびこることも多かった。人々は物を所有するだけでなく相続もし、それらを他の者たちに使わせないこともあった[43]。太平洋岸北西部のネイティブ・アメリカンは何でも相続した。歌を歌ったり物語を語ったりする権利でさえも。

富や影響力の階層《ヒエラルキー》が拡大していくなかで、所有は身分を表すしるしとなった。バンド社会が促進してきた「分かち合いの倫理観」への弔いの鐘が鳴るなかで、とりわけ首長が自身の富を蓄財していった。たいていの場合、首長は、共同体の生産性を利用し、余剰の一部を自分のために蓄えてその地位を固めた。格差の循環は首長の死後も続いた。首長が死ぬと、その地位と富を子どもや首長の選んだ人物に引き継がせたのだ。放浪するバンドは、首長の働きとはほとんど関係のない相続という行為と所有物に困惑するだろう。ただし、首長が背負っていた借金を引き継ぐのは当然だ。太平洋岸北西部の首長は、政治的な利益のために企画された投資行為であるポトラッチとよばれる祝宴で、彼の（ふつう首長は男性だった）経済力を誇示した。祝宴の場で首長は、ごちそうや、蓄えるのに何年も要した品々を人に贈ったり、さらには台無しにすることで、周囲を驚嘆させた。そうすることで首長は、「蓄財ではなく支出したもののために裕福」になったのだ[44]。アメリカ人の人類学者モートン・フリードはそう書いている。

定住地の人々の目的は、余暇を最大にすることから、権力と尊敬を勝ち取ることへと変わっていった。太平洋岸北西部では、高い評価を集める職人たちのもとに仮面や家の装飾やトーテムポールの注文が集まった。彼らは、山積した仕事にフルタイムで取り組む数少ない人々の一例となったが、貴族のすぐ下の地位に上り詰めることで十分に報いられた。

太平洋岸北西部のエリートたちは、ふつうの市民に何かを強要するほどの権力はなかったが、仕事を人にさせるという代替の選択肢をもっていた。つまりは奴隷制度である。奴隷たちは、戦いで捕虜になった人々や彼らの子孫だった。他の部族を襲撃したときに持ち帰った略奪品の一部だったのだ。部族が複雑さを増すにつれ、それに応じたしるしを採り入れ、部族のメンバーであることを示すだけでなく、富と影響力のヒエラルキーにおける位置づけを示すものへと修正していった。権利をもたず、メンバーとみなされない奴隷だけが、唇飾りを身につけなかった。

バンドでは平等に暮らしていた人々が、これほど容易に不平等になじんでいったことは驚きだ。人々は奴隷の存在に順応し、貴族たちは権威ある地位を求めて争い、横暴な首長は引きずり下ろされた。それでいて、そうした社会の一般大衆が反乱を起こしたという記録はない。たとえエリートたちが資源を不均衡なまでに支配していても、全員が守られ、食べることができていたからかもしれない。いずれにしても、狩猟採集民のバンドでなら権力欲の強い人々を抑えようとする暴動が発生したかもしれないが、そうした行為をもくろむことは徐々に難しくなっていった。なぜなら、より多くの人や多くの意見がかかわってくるだけでなく、支援を集めるのが難しかったと思われるからだ。抜け目のない首長は、取り巻きや、おべっかを使う者や、さらには他のエリートたちの追従を利用できた。たとえばカルサの首長には、軍官や神官の後ろ盾があった。さらなる要因もあったにちがいない。つまり、いったん身分差に身を委ねると、ある心理学的な属性が作用するのだ。不利な立場に立たされた人たちは、トップに君臨する者はその地位に値する人間であるとみなすことで現状を合理化する、という傾向である。[45] この傾向は、チンパンジーに見られるような力の序列から進化したのかもしれない。私たちの身分の差にたいする順応力は、人類という種の思考の道具箱のなかにあるとても古いツールなのかもしれない。

先史時代における定住と権力格差

過去のある時点までは、離合集散が私たちの祖先にとって唯一の生きかただったにちがいない。私がそう言うのは、チンパンジーとボノボと人類が共通して離合集散を行なうからだ。したがって、これら三つの種のすべてが派生したもととなる祖先の生活様式も離合集散だったというのが最も単純な説明となる。分散して暮らすことが唯一の選択肢だったなかで、原始人が最初に設けた野営地は、一カ所に住まいを定めるにあたり求められる社会的な巧妙さを培うのに役立ったにちがいない。しかし、私たちと他の二つの類人猿との分岐は、およそ六〇〇万年前に起きた。私たちの祖先が人類と称される存在になるずっと以前のことだ。人類の進化の系統において、どれくらい昔から定住生活が営まれていたのだろうか？

根を下ろすことは、リーダーシップや身分差などの定住と関連して発達する社会的な特性とともに、人間性が生まれる分岐点になったと教科書では記述されてきた。定住生活のもつ最大限の可能性が実現されたのは、農業が発達した以降だというのは本当だ。しかし、アウエイ（=Au//ei）のあらゆる多才さを見ると、こうした慣習がなぜ、人類の夜明けの時代に初歩的な形態においてでも出現しなかったのかという理由が私にはわからない。[46] バンドにおいて人々が平等な関係を保つためにたゆまぬ努力を払ってきたことからすると、平等主義は私たち人間に元来備わっていたものではなく、最近になって手に入れた選択肢だったのではないかと思われる。結局のところ愛想のよいボノボでさえ完全な平等主義者ではない。ボノボは弱い者いじめをする者や、ましてやリーダーも受け入れないだろうが、それでも競い合うことはあるし、たいていの場合、せいぜい群れのなかに多くの他者がいる状況を我慢しているだけなのだ。権力と資源をめぐる衝突は、私たち人間がこれまでつねに演じてきた人類の遺産の一部である。バンド社会における平等は決して最初からある状態ではなく、弱者が力を合わせて強者を抑制しようとしてきた不断の努力の結果だったのだ。

もしも人々がとても古くから専門化と身分という慣習を進んで採り入れてきたとしたら、なぜ最近の数世紀のあいだ、これほど多くの狩猟採集民たちが定住せずに平等主義的なバンドで生活していたのか？　農耕民たちが世界にあるなかで最も理想的で最も肥沃な土地の所有権を主張する以前から、狩猟採集民たちはあまり歩かなくなり、定住をする傾向にあったと私は推測している。

アボリジニは、無知なよそ者の目からすると畑で栽培されている穀物のように見える野草からパンを作れるが、そのことから、定住型の狩猟採集民と農耕民とを区別することが本質的には瑣末なことであるとわかる。人類学者は従来、太平洋岸北西部の部族とバンド社会を、狩猟採集民という題目のもとにひとくくりにするが、植物を栽培しているかどうかよりも、その土地で採取できるものに頼っているかどうかのほうが、大きな問題なのだった。[47] 遊動生活から定住生活へ、そして狩猟採集から農業への変化は徐々に起こった。肥沃な三日月地帯の狩猟採集民たちは、羊を家畜化し小麦を栽培する何世紀も前から、その地に根を下ろしていた。もちろん、いったん農業を始めれば、収穫量をそれまでよりもはるかに増やすことができた。人口が増加し、それに伴い贅沢な文化が生まれるという観点から見れば、海の幸を食べて暮らしている定住型の狩猟採集民の文明の先行きは暗かった。海や川の生物を家畜化することは実際的ではない。拡大する社会を養うために、あるいは社会が、野生の食料源から遠く離れた場所まで広がることができるように、海や川の生物の生殖をコントロールする方法がないからだ。一方、多数の栽培作物や家畜は、それらに合った環境を探したり作り出したりすることで、従来の生息地から移動させることができる。たとえば、羊飼いは羊の食べる牧草を探し、農耕民は米を栽培する台地を作ったり灌漑をしたりして、いたるところに牧場や農地が作られた。しかし、農耕民たちがいかなる場合でも生産規模を拡大させたわけではない。北米にもトウモロコシを栽培する農民がいたが、その部族のやりかたは何世紀たっても、工夫という点では太平洋岸北西部の狩猟採集民とあまり差がなかった[48]。

現在のように家畜化・栽培化された食料に依存し、大規模な匿名社会へと発展するような生活様式へと向かっていたため、祖先は簡素な生活から今の私たちのような生活へと前進していったと考えがちだ。しかし、狩猟採集から農耕への移行は既定路線ではなかった。村でもバンドでも、農耕を進歩とみなしていた狩猟採集民はほとんどいなかった。「あなたたちは種を蒔いて農作業してものすごく苦労しているけど、私たちはそんなことしなくていい。何でもそこにある。熟したらそこに行って採ればいいだけ」と、アボリジニの女性が白人の定住者に語ったという記録がある[49]。二〇世紀半ばにアンダマン諸島民のもとを訪れたひとりの旅行者は、島民たちが、ココナツを栽培する計画にたいして同じような反応を見せたと記録している。どうして「ココナツの実を収穫するために一〇年も木の世話をしなくちゃならないんだ？　この島にも周りの海にも食料があふれていて、すぐに採って食べられるのに？」[50]。だから、狩猟採集民のチュマシュは、近隣の農耕民の栽培したトウモロコシと魚を交換した。シャベルや鍬《くわ》を自身では一度も使わずに。アフリカ狩猟採集民のピグミーたちでさえ、何世紀ものあいだ農場で季節労働者として働いてきて農作業に精通しているのに、フルタイムで植物の栽培に専念することは一度もなかった。実際、狩猟採集を捨て去ることは、生活の質という点では決して進歩ではないということがわかっている。農業の出現後、身を粉にして作物の収穫に努めるにつれ、人々はいっそう小さく、弱く、病気がちになっていった。こうした状態は、牛に鋤《すき》と引き具をつけるというアイデアが出現するまで逆転されることはなかった。[51]

簡単な園芸程度の最小限の規模であっても、仮にも農耕に専念することには、初期の農民たちが誰も予測できなかったであろうもうひとつの欠点があった。社会が農作物という罠に絡め取られてしまったのだ。[52] なぜ罠かと言うと、大きくなりつつある社会がいったん農業に手を染めると、フルタイムの狩猟採集へと戻る選択肢が消滅したからだ。確かに、ラコタやクロウ、さらには南米のいくつかの部族などの狩猟採集民たちが、農耕を行なった時期はあってもその後に見切りをつけたという例はある。[53] ただし、大人数の社会が同じ選択をしようとしても、人数があまりに多すぎてその土地にある食料では養い切れず、飢餓に直面することはまちがいないだろう。

農業以前の時代、食料が集約され安定的に供給される定住地は、文明発祥のための最初の実験場だった。そこに生活する人々は、現代の政治的・組織的な意味における国家へ向かう小さな一歩を踏み出したのだ。しかし、放浪をするバンドも含め、狩猟採集民のあいだに存在していた多種多様な生活様式を見落としてはならない十分な理由がある。近年までの狩猟採集民たちはみな、私たちに似ていた。完全に進化を遂げた人類であり、私たちがおおむね捨て去ったさまざまな社会的な可能性をたまたま体現していながらも、今日にいたるまで完璧に有能であり続けている。だから、遊動的な狩猟採集民と定住型の狩猟採集民の両方が、現代人を明確に理解することに関係してくるのだ。また、こういう理由から、本書においてこれから何度も、人々が社会を構築する方法に関連して心理学から国際関係にいたるトピックを提示する際に、狩猟採集民へと立ち返る予定だ。[54]

人類は進化を続けているが、長きにわたった先史時代に人類の社会的な潜在能力が急激に変化したと推測する理由はほとんど見当たらない。人々は小さなバンド単位で分散して生活するか、一定の期間、少数の集団で定住していた。どちらの生活様式も、アイデンティティのしるしを中心に構成されていた。それらのしるしは、現在の私たちの匿名社会よりも単純ではあるが、根本的にほとんど変わりない匿名社会のためのものだった。私たちの匿名社会が、定住型であれ移動型であれどのように出現したのかを知るためには、先史時代の遠い昔に起こったであろう出来事をたどらなくてはならない。ブッシュマンやアボリジニのような形態で暮らしていた狩猟採集民時代より以前の、人類が地球上に初めて現れた時代までさかのぼって。

第4部　人間の匿名社会がもつ深遠な歴史

第11章　パントフートと合い言葉

　ピナクルポイントにあるゲーテッド・コミュニティは、南アフリカの海岸沿いに伸びるガーデンルート近くにあるモッセルベイというリゾートタウンのはずれに位置する。道路に沿って芝生がきれいに刈り込まれたゴルフコースが、インド洋を臨む断崖まで延びている。断崖の脇には、アリゾナ州立大学の考古学者カーティス・マリーンの注文を受けて、大工をしながらダチョウを飼育している地元の人が作った木製の階段が下まで続いている。下りの途中にある防水シートの内側には超現実的な世界が広がっている。右手のシートの内部には浅い洞窟があり、研究者たちがぐらつくテーブルの前に座ってノートパソコンをたたいている。左手にある陽光ふりそそぐ海の見える光景をさえぎるように、堆積物でできた小山がある。そこは投光照明で照らされて、小さなオレンジ色の旗がいくつも刺さっている。科学者たちがこの小山にゆっくりと段を刻む一方で、コンピュータのデータを処理する専門家と発掘担当者たちの中間地点では、三人の測量技師がハイテク装置の搭載された台の前に陣取って、新たに発見された出土品それぞれの座標をマッピングしては、数秒ごとに「撮影……終わり！」というう、聞いていると眠くなるようなかけ声をかけている。彼らはみな、一六万四〇〇〇年前から五万年前にかけてここに住んでいた人々の残した痕跡をひとつ残らず発掘する作業に従事しているのだ。遺物の大半は、鉱石や石や貝殻を材料にした単純な人工物であり、私たちの初期の祖先がどのように暮らしていたかについての最良の知識をいくつかもたらしてくれる。[1] 私がピナクルポイントを訪れたのは、これほど遠い昔の人類が、現代の人々と同じ布地から切り出され、今の私たちと同様に匿名社会に暮らしていたことを示すどのような証拠があるのかを知りたかったからだ。

私たち人間と、私たちに最も近い現存する種のチンパンジーとボノボの両方が社会で生活していることから、ピナクルポイントの人々もそうだったと考えるのは妥当だろう。しかし、分散していて不完全ではあっても、この地点や他の場所から発見された証拠から、それらの社会は人類の歴史における遠い昔に匿名社会へと移行した可能性があるという結論が示唆されており、その移行がどのように起こったかについての強力な手掛かりが得られている。だが、突き詰めるとその答えは、考古学的記録にではなく人間が互いに発していた音のなかにあるのかもしれない。それも、人間が話すことを学習する以前の。

五〇〇万年前から七〇〇〇万年前、私たちの先祖が類人猿から分かれ、類人猿の子孫がボノボとチンパンジーに進化していった。私たちの祖先から続く子孫にはさまざまな種があった。人々は、こうした豊富な系統を、原始的なものから複雑なものへと一直線に並べることで単純化している。だが、線形な思考は事実を歪める。過去数百万年におけるほとんどの時点で、人間に似た複数の種が同時に繁栄し、たくさんに枝分かれした系統樹をなしていた。一本を除いてそれらすべての枝が行き止まりを迎え、私たちが唯一の生き残りとなったのだ。

これらの種の最古のもの、すなわちアウストラロピテクスとその祖先は、素人の目には類人猿と似て見える。私たち人類の属するヒト属（ホモ属）は、約二八〇万年前に誕生した。ホモ・エレクトゥスなどこれらの初期人類の一部はアフリカを離れ、その後、ヨーロッパとアジア南西部ではネアンデルタール人が、インドネシアでは「ホビット」とよばれるホモ・フローレシエンシスが、アフリカ以外の土地で進化した。だが、私たちホモ・サピエンスは、最古の祖先と同じくアフリカが起源である。アフリカ以外の世界中の土地において私たちは、カリフォルニアやヨーロッパへ侵入するアルゼンチンアリと同じ侵入生物種なのだ。

過去の謎を解き明かす

初期のホモ・サピエンスとその先祖については多くの詳細が失われており、さらには誤った情報が含まれているかもしれないために、どのような生活をしていたか、そしてこちらは証拠をもとにした考察がしにくいが、自分自身や他者をどのようにとらえていたかは、解明がほとんど不可能な謎となっている。私たちの視界をさらに曇らせているのが、ピナクルポイントで人々が野営をしていた期間の大半も含めて、地球上にサピエンスが暮らしていた期間の大方において人類は困難な状況にあったという事実である。アフリカが乾燥していくにつれ、苛酷な気候のために人類の数は少なく抑えられた。ＤＮＡの証拠から、ある時点ではわずか数百人しか残っていなかったことがわかっている。この数は、今日の絶滅危惧種の数よりも少ない。[2] 私たちはあと一歩のところで失敗していたと思うと、謙虚な気持ちになる。

それなら、私たちが何らかの知識をもっているということは、頭の良さや勤勉さと同じくらい、運が良かったおかげということになる。私たちが今日、数分で飲み干すソーダを詰めるのに長年の耐久性のある瓶を製造しているようには、時が経過しても朽ちない立派な物を建てようと考えるだけの理由が狩猟採集民にはなかったために、考古学的な証拠がいっそう乏しくなっている。深い洞窟に狩猟採集民の芸術作品が残っていることから、これらの場所が彼らにとって重要な、おそらくは神聖な意味合いをもつものだったとわかる。しかし、なかには四万年前にさかのぼるものもあるこれらの作品が現存するのは、洞窟内部の条件が保存のために理想的であったおかげだ。幸運が考古学者に微笑みかけることもある。チンパンジーでさえ考古学的な記録を作るのだ。チンパンジーが種を割るのに使う槌《つち》は、それらが木の下に積まれていて、地面が何度もたたかれたせいですり減っていたことから、道具として使われていたと特定された。これらの槌は四三〇〇年前のものであったと判明している。[3]

人類を研究する考古学者も石器を主な手掛かりとしているが、近年までの狩猟採集民を見れば移動生活で使う道具のうちのごく一部にすぎなかったようだ。初期の人類が残した物のほとんどは消えていった。たとえばオーストラリアのアボリジニが砂漠の地面に色のついた砂で描いた絵は、次の風が吹くと消え去っただろう。同じように、儀式で使われた小枝や歯、骨、とげ、葉も、朽ち果てるか他の何かの残骸と区別がつかなくなっただろう。だから、ピナクルポイントのどこがお気に入りのねぐらだったかを推測することはできるが、寝具の遺物が見つかるとは期待していない。かごを作ったのか布を織ったのかと推し量ることができるだけだ。人々が自分自身をどのように認識していたのか、社会的なつながりをどのように保っていたのかなど、社会の重要な属性の多くについては、たとえあったとしてもごくわずかな痕跡しか残っていない。

先史時代における定住生活の証拠そのものでさえ、初期の住まいが原始的なものであれば、ごくわずかしかないだろう。マウントエクルズ近辺の石の壁や運河は、ほぼ破片しか残っていない。そのうちのいくつかは、わずか二世紀前に人々が使っていたものだというのに。しかし、数万年前に建てられ、長期間の滞在に適していたと思われる小屋の跡がヨーロッパで発掘されている。もしかすると、人類が現在の形態に進化するずっと以前の数十万年前までさかのぼるかもしれない構造物が、フランスのテラ・アマタなどの遺跡で発見されている。それらは、木の枝を石で支えた建物の遺物だと主張する者もいる。[4] もしもそれが正しいなら、これらの住居は、大勢が住めるくらい大きかったのだろう。

狩猟採集民が成し遂げた最も新しい革命は、定住生活ではなく、考古学者が発見することができるほど長く残る人工物を作り出したことだろう。知られているなかで最古の長く残った建造物であり、さらには記念碑的なものが、トルコはアナトリア地方南東部の丘にあるギョベクリ・テペである。そこでは少なくとも一万一〇〇〇年前に建造物が作られ始めた。植物の栽培や動物の家畜化が始まる前の時代だ。ある考古学者が「丘の上の大聖堂」と称えるギョベクリ・テペの遺跡は、知られているなかで最古の宗教的な場所である。[5] 高さ三メートル、重さが最大で七トンもあるT字形をした石灰石の柱が斜面に環状に並べられ、それぞれの石柱には動物の模様が彫られている。クモやライオン、鳥、ヘビなどかなり危険な動物が、おそらくは簡単なフリント製石器を使って彫刻されているのだ。ギョベクリ・テペの周辺でよく群れをなしていたレイヨウが、真夏から秋にかけて、この片田舎へ狩猟採集民を引き寄せたにちがいない。考古学的発掘調査から、この地でごちそうの宴が開かれていたという証拠も発見された。そのなかには、野生の草から収穫された穀類で作られた、知られているうちで最古のパンとビールもあった。[6] これほど驚異的な構造物を生み出した人たちは、通年もしくは一年のうちのいくらか、この近くに住んでいたにちがいない。だが、それを証明するものはまだ見つかっていない。しかしここからさほど遠くない肥沃な三日月地帯の周辺なら、早くも一万四五〇〇年前には狩猟採集民が定住していた。古代のナトゥフ文化期の定住地から発掘された、かなり大きな住居や手の込んだ頭飾りの遺物などの人工物から、この社会が栽培化や家畜化に成功するはるか以前から身分の格差が確立されていたことがうかがわれる。この他に富の格差を実証するものに、モスクワの近くで三万年前に手の込んだ埋葬がされていた例がある。遺体の衣服は何千個もの象牙製のビーズで飾られていた。これらを作るには何年もかかっただろう。[7]

従来の考古学的発見は内容が乏しく、それを根拠にして、石器時代の人々は定住したことがなく、さらには、絵画や音楽や儀式にほとんどまたは一切かかわらず、複雑な武器や網、罠、小舟をひとつももたず、もしかすると発話さえしなかったとまで主張されてきた。人類が抽象的な思考と複雑な推論を行なえるだけの能力を発達させたのは、ようやく最近になってからだと言い切る者もいる。もしもそうなら、最初のホモ・サピエンスは、漫画の不器用な登場人物とたいしてちがわなかったと思われる。

ホモ・サピエンスはそれ以上の存在だった。ピナクルポイントの研究チームは、過去一五年間で相当な量の文化的な遺物を発掘している。私が訪れた二日間で、食事の後に残った貝殻や、貝を調理した炉床、オーカーとよばれる赤い顔料の破片、折りたたみナイフくらいの大きさの珪岩《けいがん》の刃が掘り出された。地層のいたるところに、熱処理を施したシルクレート岩（珪質礫岩）から作られた細石刃《さいせきじん》があった。それはとても薄く、槍の穂か投げ矢として使われたと思われる。

これらは単純な物かもしれないが、この海岸を訪れた古代の人たちが美的感覚をもっていたとだけは言えるだろう。一一万年もの昔に、人々は洞穴に巻き貝や二枚貝を持ち込んでいた。きれいな物を海辺から拾ってきたその姿は、今日の浜辺で何かを拾う人たちを思い起こさせる。[8]

考古学的記録から、ホモ・サピエンスの生活は長い年月のあいだに、とりわけ過去四万年から五万年のあいだに著しく向上したことがわかる。人工物の数や複雑さが増してきたのだ。それらのなかには、ラスコーの洞窟に描かれた傑出した絵画がある。ピカソはこの絵について「われわれは何も学んでこなかった」と語ったと言われている。それに加えて、道具の設計がさらに巧妙で多様になり、考古学的記録においていっそう大きな足跡を残している。

まさに、現代の狩猟採集民たちが持ち運んでいる道具の多くの起源は、この時代にさかのぼることができそうだ。この一〇年間で考古学者たちは、四万四〇〇〇年前から近年までブッシュマンが埋葬されていた南アフリカの洞窟で、彼らが使っていた生活必需品をたくさん掘り出した。[9] 保存されていた物のなかには、甲虫や塊茎を掘り出すために使われた棒や、骨製の突き錐《きり》、数を数えるために刻み目をつけた木片、貝殻やダチョウの卵で作ったビーズ、矢じり（少なくともそのうちのひとつはオーカーで装飾されていた）、矢じりを矢柄に接着するための樹脂、矢の先端に毒を塗るための器具などがある。ここ数世紀のあいだに存在していたブッシュマンなら誰でも、これらの物をよく知っていただろう。

ブッシュマンたちはこれらの考古学的な品々を見て何であるかわかると同時に、彼らはきっと、同じ時代の別のブッシュマン社会で作られている道具とは少しちがうと戸惑いをおぼえただろう。実際、古代の道具類は近年のブッシュマンたちの道具類ととてもよく似ているために、自分たちがしているように、地域によって所有者が多少のちがいを加えたのだろうと決めつけて、すぐさま、そうした差異を、同時代の特定のブッシュマン社会と結びつけたとしても筋は通りそうだ。

ピナクルポイントの人工物からは、初期の人類が、社会と関連づけられることの多い様式的な装飾に関心をもっていたかもしれないということを示すヒントがたくさん得られる。一六万年前にオーカー（酸化鉄）が洞窟に持ち込まれ、火のなかで黒焦げにされるようになった。熱したということは、ほぼ確実に装飾に使う意図があったということだ。オーカーに熱を加えると、鮮やかな血の色になる。チュマシュのような北米アメリカン・インディアンをはじめとする、世界中の狩猟採集民は、自身のアイデンティティのしるしとなる模様を考案し、オーカーを使って体に描いた。ブッシュマンをはじめ、たくさんのアフリカ人がいまだにそうしている。ピナクルポイントから海岸線を一六〇キロメートル行った地点で、一〇万年前のオーカーを使った作業場が発掘された。そこには、砥石と槌に使う石、そしてアワビの貝殻に入れた顔料がそろっていた。その洞穴のなかには、七万一〇〇〇年前の幾何学的模様の傷がついたオーカーの塊と、ビーズのようにつなげるために穴を開けたカタツムリの殻もあった。[10]

ピナクルポイントの簡素な人工物や生活環境は、四万四〇〇〇年前のブッシュマンの目にとってさえ、あまりにも原始的なものに映ったかもしれない。私たちから見て両者のちがいがあまりに顕著なので、かなり大きな進化上の転換が突然発生し、それにもとづいて四万年前から五万年前に文化的な変化が展開したのだと多くの人類学者が主張してきた。この意見は疑わしい。人類の遺伝子はしばしば変化を続けているが、ホモ・サピエンスが誕生してからかなり経過した後の一万年間の期間内に「現代的な人類」が突然出現したとする考えかたは、あまり意味をなさない。この考えかたは、産業革命初期の人々が現代の私たちと比べてあまりに粗野で単純な生活を送っていたからといって、一八世紀の人間の知能が私たちの知能よりも根本的に劣っていると考えることに等しい。[11]二人の科学者がこの点を簡潔に言い表している。「考古学的記録からわかることは、人々が過去に何をしたかだけであり、何をする能力があったかではない」[12]

考古学者のリン・ワドリーは、傷のついた骨や貝殻のネックレスは石器時代の国旗であると指摘し、人類は、自分の頭の外部に抽象的な情報を保存することに取り組んだそのときから、行動面で現代的な人間になったと主張している。[13]もちろん、オーカーで描いた模様やビーズや矢じりの様式について私たちの祖先が考えていた内容を決してはっきりと知ることはできない、という問題はある。これらは彼らにとって情報を伝えるものだったのか、それとも意味のない落書きと同じだったのか？　それでも、ピナクルポイントで見つかった特定の種類の貝殻のように、もしも実用的ではない特定の物が繰り返し出土するなら、それはしるしとしての価値をもっていたのかもしれない。古代エジプトの絵画に猫が何度も描かれているように、重要な意味をもつ物は繰り返し姿を現すものなのだ。そうした場合でも、ある人工物がある社会を指し示すとしたら、何度も出現するだけでなく、ある集団にとって特有なものであるのだろう。初期の人々の行動や思考の様式を解き明かすには、考古学的な遺跡の数が少なすぎる。[14] 私たちにできることはせいぜい、それらの品々はしるしとして役立っていたかもしれないと推測することくらいだ。近年までの狩猟採集民にとってもそうであったように。

最初のブッシュマンが、しるしで区別された社会をもっていたことが十分にありえることから、そのような社会がもっと古くに発生したという可能性が見えてくる。その起源は、ホモ・サピエンスの誕生まで、ひょっとするとさらに古い人類の種にまでもさかのぼるかもしれない。ケニアの東リフトバレー（大地溝帯）で研究を行なうチームが、三二万年前に複雑な技術が存在した証拠と、象徴的な行動と解釈できるものを発見した。そこで見つかった黒曜石の道具や、すりつぶして染料にしたと思われるオーカーなどの人工物は、互いを飾ったり、集団としてのアイデンティティの区別をつけたりするために人々（たぶんホモ・サピエンス）によって使われていたのではないか、と考古学者は述べている。これらが貴重な物であることは明らかだ。オーカーと黒曜石の大きな塊はその場所までわざわざ運搬されていた。黒曜石などは、最長九一キロメートルも離れたところから運ばれていたのだ。[15]

洞窟の壁は、私たちの祖先が芸術を産み出した最初で唯一の場所では決してなかったのだろう。ピナクルポイントにいた人々は、これは私たちのものだと主張するために、木を彫ったり、丸石に絵を描いたりしたにちがいないと私は思う。それらは風雨にさらされて遠い昔に消え去ってしまったが。ホモ・サピエンスの誕生以来、アフリカには社会を表すしるしがあふれていたのかもしれない。その数は、警告を与える、祝賀する、あるいは国への敬意を表明するなどの目的で今日の世界中に翻っている旗の数ほど豊富だったのかもしれない。私がこのように確信をもつ理由は、他の霊長類を対象とした研究からわかるように、人類が進化して、容易にしるしに依存するようになってきたからである。

人類はどのように進化して、しるしを使うようになったのか

文化や文化に付随した象徴《シンボル》は人間社会に深く浸透しているため、最古の人々がシンボルをもたない社会に暮らしていたとは想像しにくい。しかし、匿名社会が存在するには、シンボルを用いる文化や厖大な人口は必要ではない。アリのアイデンティティは、化学的な作用としてごくわかりやすく提示されていて、（私たちが知っているような）象徴的な情報は使われていない。アリが共有するにおいは、私たちを彼らから区別するだけでよい（敵対するコロニーとの区別が必要なアリの場合はもう少し複雑になる）。マッカケスのカウという鳴き声や、マッコウクジラのクリック音、ハダカデバネズミのにおいにも同じことが言える。

最初の人間社会で使われていた単純なしるしは、愛国主義や過去とのつながりなどといった抽象的な内容を伝える必要はなかっただろう。そのような属性は、後から付け加えることができたと思われる。しるしは深い意味を伝えなくてはならないという前提を捨て去れば、匿名の人間社会の夜明けを思い描くことが容易になる。

最初のしるしによって可能になったかもしれないのが、誰がどこに属しているかについての思いちがいを減らすことだった。社会の住民は誰でも、誤認によるリスクに直面する。まちがいは、二つの方向に作用しうる。危険かもしれないよそ者をメンバーと混同して攻撃されることと、おそらくは切羽詰まった状況でメンバーをメンバーでないと決めつけて不必要に攻撃をしかけることのどちらかに

なるだろう。

そのようなしるしが発達した根底には、他の人々と調和した行動をしようという動因があったと思われる。初期の祖先たちは、多くの動物と同じように、社会的な学習に長けていたのだろう。この才能から文化が生まれることが可能になる。文化とはすなわち、社会で伝承されていく情報の総体であり、近くの群れよりも遅い時間に寝床に入るミーアキャットの群れの習慣や、魚を捕まえる技を子孫に伝えていくイルカやクジラの習慣なども文化に入る。[16] 人間の場合、忠誠の誓い（国家への忠誠心を誓う文言、アメリカ合衆国のものが有名）を暗唱する地域もあれば、箸の使いかたに熟達する地域もある。

模倣をするのは社会性のある動物や頭の賢い動物だけではない。コオロギはクモに襲われそうになると、経験豊富なコオロギを観察して隠れる技を学ぶ。[17] しかし、社会をもつ多くの種にとっては、模倣はとても重要になりうる。青色に染めたトウモロコシよりもピンク色に染めたトウモロコシのほうを好むように訓練された群れで育ったサルは、青色のトウモロコシのほうを好む群れに入れられると青色のほうを選ぶということが、ある実験で明らかになった。どちらの群れも両方の色のトウモロコシに容易に近づくことができる場合でも同じだった。[18] 文化的な慣習は、チンパンジーとボノボが社会的な学習を行なうなかでも生じる。若者が年長者の模倣をするプロセスから、木の実を石で割る方法や、小枝を曲げて食用のシロアリを釣る方法、手の届かないところにある水を噛んだ葉に吸収させる方法、毛づくろいの最中に抱き合う方法などにおいて、群れのなかで多様性が生まれる。[19]

しかし人間の慣習と比べると、チンパンジーの文化における多様さは単純で数も少ない。そしておそらく、少なくとも社会的な観点から見れば、さほど重要ではない。チンパンジーは、誰がどの群れに所属しているかを頭に入れておく目的で、葉を使って水を吸収する手法を記憶することはないようだ。イルカもまた、魚を捕まえる戦略のちがいを観察してはいないようだ。たとえば、毛づくろいのあいだに手を握るなど、地元の慣習から逸脱しているチンパンジーがいても、仲間がそれに注目したり、ましてや避けたり、まちがいを直したり、叱ったり、殺したりすると示すような事例はない。[20] ときおり体に障害のある者を群れから追放する以外には、チンパンジーは、めずらしいふるまいを見ても警戒はしない。それはすなわち、自分たちとのちがいをしるしとみなす段階まで進んでいないということだ。新しい群れに移動した雌は、不作法なふるまいをうっかりしてしまっても、その報いを受けることなく、新しい群れの習慣に順応していくらしい。[21] 群れの者たちは、その雌を、自分たちのやりかたに順応しているかどうか、もしくはどの程度順応しているかにもとづいてではなく、個体として受け入れる。ただし、ひとつの例外がありうる。チンパンジーが出す最も大きな鳴き声、パントフートだ。

特定の種では、一時的に作られるゆるやかな集団さえ、その時々の必要に応じて同一のしるしを採用する。たとえば鳥は、一緒に過ごす期間、互いに同じような鳴き声を出す。[22] ときには、こうしてそろった鳴き声を上げることが、人間が行なう一種のミラーリングに近い場合もある。共通の立場にあることを示すために、互いの話しかたや身振り手振りを合わせるような現象のことだ。サルでさえ、自身のふるまいを模倣する人間のほうを好む。[23] チンパンジーの場合、個々の声を聞き分けるだけでなく――彼らは、人間が声を聞いてトムかディックかハリーの誰が話しているのかがわかるのとまったく同じことができる――互いの声を聴きながら自分の出すパントフートを微調整して、最終的には群れ全体でまったく同じパントフートの音が共有されるようにする。[24] まさに、パントフートの「なまり」が、チンパンジーのそれぞれの群れがもつレパートリーのなかでぬぐい去ることのできない要素になるのだ。[25]

パントフートは群れによって異なるが、チンパンジーたちは、人間が人のなまりを聞いて地元の人間ではないと察するように、それぞれの個体が群れの一員であるかどうかを特定するために「なまり」を利用しているわけではなさそうだ。その代わりにパントフートは、私が集団協調信号と名づけたものとして主に役に立っていると考えられている。つまり、社会のメンバーを一カ所に結集することと（多くの鳥の群れで使われているように）、他の群れからの位置を確認する手段として使うのだ。社会のメンバーが、ある場所の所有を主張したり、少し距離のある範囲内で協調的な行動を取ったりするような種においては、発声がこうした機能を果たすことがよくある。その例として大型のタイプのヘラコウモリは、仲間たちをよそ者のコウモリから遠ざけて、縄張りのなかにある果実のついた木のほうへ誘導するために、自分の社会特有のかん高い鳴き声を用いる。そして縄張り内では、その土地の権利を主張するために（と推測されている）その鳴き声を上げ続ける。[26]

チンパンジーは近隣の群れのパントフートをよく知っていて、遭遇したらどうなるかを予測できる。自分の群れからパントフートで呼びかければ、よその群れからのパントフートが返ってくる。よく知っているよその群れからパントフートが返ってくると、次の段階へと進展する――パントフートを聞いて、こちらのほうが数的に有利だと判断すれば、攻撃するかもしれない。聞き慣れないパントフートを耳にすれば、たいていは用心深く後退することになる。これまでに見たことのない群れほど、チンパンジーにとって苦痛なものはないからだ。[27] PET検査（陽電子放射断層撮影）から、チンパンジーの脳が興味深い反応をしていることも明らかになっている。まだ理由は解明されていないが、よそ者のパントフートは、後側頭葉を活性化させないという点において他の鳴き声とちがうのだ。[28] 脳のこの部位は情動と関連することから、たぶんよそ者の集団は冷淡に受け止められるのだろう。

集団協調信号は一種のしるしだ。必ずしも個々のメンバーをよそ者と区別するために使われるのではなく、行動を協調させ、空間の所有権を主張するために使われる。私たちもそのようなしるしをもっている。今日、各国の領土には、そこに住む人々が使う無数の標識がつけられている。公式の旗や国の記念物は、オオカミやアリが自分の群れの領域を知らせるために残していったにおいと同じくらい効果がある。集団協調信号を、仲間のメンバーを認識するためのしるしへと転換することはたやすいことであり、ごく単純な理由から転換が進められたと思われる。

隣人たちが危険な存在である場合、「撃ってから尋問する」方式を採り、知らない人はよそ者だと想定するほうが、順番を逆にして攻撃されるリスクを負うよりも安全だろう。しかし用心がすぎるとエネルギーを無駄に遣い、誰であるかすぐにはわからなかった訪問者の死を招くことになるかもしれない。訪問者が自分は脅威ではないという明確なしるしを提示すれば、その両方が避けられる。そのような合図のやりとりに少しの特別な工夫をこらせば、社会のメンバーたちは、識別が難しい者がメンバーであるかどうかを確認することができるだろう。パントフート――集団におけるアイデンティティを知らせるために必要に応じて提示できるような類いのもの――は、メンバーであることを証明するもの、すなわち合い言葉として機能する単純なしるしになるだろう。[29]

合い言葉

合い言葉が初期の人類が使っていたしるしであるというのは、とりあえず単なる仮説だ。人間に近いもうひとつの種であるボノボは、ハイフートとよばれる発声を行なう。チンパンジーがパントフートを使うのとよく似た方法で、それぞれの群れが使っているようだ。[30] そうなると、この二つの類人猿と人類との共通の祖先は、これまで述べたように順応可能な同様の発声法をもっていたと考えるのが合理的だ。人々は今ではもう、互いを認識するために合い言葉にはめったに頼らないが、戦闘中に自らの所属する小隊に近づく兵士なら自分は味方だと知らせる合図をしたほうが賢明だ。同じような意味合いで、南米のオリノコ川沿いの熱帯雨林に住むヤノマミが友好的な関係にある村を訪れるとき、「友だち」という単語を大声で叫ぶ。

実際のところ、専門家はこの点においてチンパンジーを過小評価しているのかもしれない。チンパンジーは出会うたびにあいさつとしてパントフートを交わしはしないが、それでもこの発声は、群れのアイデンティティをとりあえず指し示すものとして機能することもできるだろう。霊長類学者のアンドリュー・マーシャルが、自分の属する動物園の群れのパントフートをきちんと発声できなかったチンパンジーのことを教えてくれた。そのために社会から追放されたこのチンパンジーは、他の者たちが腹一杯食べ終えるまで食事をすることを許されず、毛づくろいの輪にも入れてもらえなかった。ついには、他の雄たちから檻の周りの堀に追い落とされ、そこで溺れ死んだ。おかしな鳴き声を出したことがひどい仕打ちを受けた理由であると証明することは不可能だが、それは真実味がありそうだ。

もしも人類が最初に使った合い言葉がパントフートに似た音声であるなら、言葉が誕生する前に方言が存在していたことになるだろう。文字が出現する以前の言語もまた、考古学的記録に痕跡を残さない特徴だった。私たち人類がいつ話し始めたのかを誰も確かには知らないが、おそらく、生産的な会話をする前に求められる深いレベルの信頼を支えるために、まずは合い言葉が発達しなければならなかったのだろう。[31] 子どものうちにその音を習得することが必須の課題になったはずだ。それより昔、文化的なふるまいを模倣することが必須だったよりもさらに重要な課題に。新入りにとっても音の習得は必要不可欠だっただろう。ただし、若者と移住者のどちらも、合い言葉を正しく理解するまでは大目に見られる必要があったと思われる。

私たちの祖先がサバンナへと移動を開始したときに、この性質が出現したと私は推測している。消化管や歯、道具から判断すると、祖先は、チンパンジーやボノボよりも肉をたくさん食べて、広大な土地を歩き回らなくては出会えないような獲物を狩ったり、その屍肉をあさったりしていた。[32] チンパンジーでさえ、縄張りの片隅に引きこもっているメンバーにはめったに出会わなかっただろうが、とても広い範囲に分散して生活するバンド社会の人々は、他のバンドのメンバーにたまたま遭遇するのは何年間かに一度くらいだったかもしれない。出会ったことのある者どうしでさえ、年月がたつにつれ、見た目が変わり記憶が薄れていくために、うっかりと見まちがいをしてしまう。すると不安定で危険な展開になっていく。

信頼できる合い言葉があれば、この問題が回避できるだけでなく、そのうちに、それまでに一度も出会ったことがなく、たぶん互いにまったく面識のないようなメンバーの存在が許容されるようになるだろう。個々を思い出す手段に依存する動物の場合、広い範囲を移動することで社会がばらばらになっていく可能性があると予測される。なぜなら、長いあいだ離れていると、たとえまったく知らない者どうしでなくても、互いを忘れてしまうだろうからだ。しかし、人間の社会はこの運命から逃れることができただろう。もしもメンバーが、知り合いと、知ってはいないが仲間のメンバーである者たちを、よそ者と区別できるしるしを使うことができたなら。

しるしがあれば、人々は、他者との社会的なつながりは保ちながらも他者のことを忘れていられ、さらにはまったく見知らぬ人たちに囲まれていても心地良くいられる。そういう理由から、しるしのおかげで、社会の空間が拡大しただけでなく人口も増加した。チンパンジーの群れの個体数は最高でせいぜい二、三〇〇で、ボノボの場合はそれよりいくらか少ない。私たちの祖先の社会はかなり早い時期にこれらの群れの大きさを抜いたということを示唆する証拠がある。脳の容積の推定にもとづき、二人の人類学者が、ホモ・エレクトゥスと初期のホモ・サピエンスの人々がもっていた社会的ネットワークは、チンパンジーのそれよりもすでに大きかったと推論したのだ。[33] これはすなわち、彼らの社会の人口数がすでに二〇〇人を優に超えていたということを意味する。考古学的記録を調査した別の研究では、さらに早い、二八〇万年前にヒト属が出現する以前に、社会の人口が数百人に到達していたと推測されている。この時期は、人類の食事に初めて肉が多く含まれるようになった頃である。[34] これら二つのことから、しるしは私たちの由緒正しい遺産であり、多数の人工物が化石として記録に残るようになるはるか以前に、その機能が開始されたようであると思われる。

私たちの祖先の社会では、しるしが単純な合い言葉に限られていた早い時期から互いに面識のないメンバーたちがすでに含まれていたのか、それとも高度で多様なしるしができてからようやく、匿名の他者たちのそばにいることが可能になったのかどうかを知る術はない。いずれの場合でも、そうなった時点から、初期の人類は、他のメンバーたちを、会った回数が少なくても住んでいる場所が遠くても、個人として知っていなくてはならないという必要性から解き放たれた。まったく知らない人といても気楽でいられるようになった最初の人間たちのことを、「親密性から解放された」種であると表現したい。[35]

人類は生きる掲示板

合い言葉が必要に応じて作られたのは、きわめて重大ではあるが初歩的な進展だったのだろう。二、三〇〇人からなる社会は、たいていの哺乳類の基準からすれば巨大ではあるが、今日の社会と比べれば話にならないほど小さい。しかし当時は、それでも大きな躍進だったのだろう。その頃、先祖たちは、自身と同じ種が構成するいっそう大きな社会と競い合っていたのだから——大きなバンド社会が今日にいたるまでそうしてきたように。しかし、社会のメンバーであることを保証するためには、ひとつの合図にすぎなかったものが包括的な体系へと発展しなければならなかった。

ひとつの合い言葉しかもたなければ、社会がごまかしやまちがいの害を被りやすくなり、そのせいでよそ者が忍び込むことになるかもしれないという問題が生じる——あるいは社会のメンバー全体が混乱に陥ってしまうかもしれない。種があまりに簡単な、あるいはあまりに少ない合図に頼っていると、物事がうまくいかなくなるという事例が自然界には豊富にある。アリのコロニーのにおいを体につけてから、そのアリの巣へと難なく入っていくクモのことを思い起こそう。それでも私は、人間の社会が、アイデンティティをこっそりまねすることで競争相手の社会を乗っ取った例があると思っているわけではない。そのような手段が不可能であったのは、私たちの祖先が、もっと多くの、もっと多様な、もっとまねのできないしるしを増やしていったからだ——たとえば手の込んだ儀式のような。アリのにおいを構成している分子の秘密を解くことは、人々が互いについて記憶に留めているしるしの混合物を偽造することよりも単純だ[36]。したがって、個々のしるしは豪華なものである必要はないが、いくつかのしるしや、社会がもつしるし全般は確実に、進化の道をたどるにつれますます複雑になっていった。そういうわけで、友だちという言葉を大声で叫ばずとも、人々は、自身のアイデンティティを速やかに明らかにして、疑いを免れることができたのだろう[37]。たとえひとりの人がアイデンティティについての明白なまちがいを見落としても、他の誰かが誤りに気づく。集団の力に頼って侵入者を発見する例は、昆虫にも認められる。巣にいる最初の見張り番のそばをうまく通り抜けたよそ者のアリはたいてい、次に出会う歩哨に見破られるものだ[38]。

人々のあいだで広く用いられ、そしてたぶん単純なしぐさ以外では合い言葉の次に使われるようになった最初のしるしのひとつが、おそらくは体につけるしるしだろう。人類は、自身のアイデンティティティを見せるための生きる掲示板へと進化していった。私たちの毛のない肌と頭髪は、他の霊長類から人類を区別する解剖学的な特徴であるとともに、自分自身を表現し、一目で他者のことを知るためのキャンバスだったのだ。[39]

私がガボンで、さまざまなアフリカの部族の写真が掲載された本を集まった大勢の人々に見せると、がやがやと騒がしくなった。好奇の目が写真に向けられ、意見が熱心に交わされた。人々の指が、この地方の人々には奇異に映る装身具や羽毛のついた帽子やその他の細かな点を指した。だが、最も指あとがついた部分は、見慣れない（だから明らかにばかげた）髪型だった。人類はなぜ、他の霊長類のように毛づくろいをするだけでなく、髪型を整えることのできるようなもじゃもじゃの髪の毛をもつように進化したのか？　その理由は、文化によって別々の様式で整髪できるようにすることではないのか？

頭髪は、人類のどの時代においても様式にのっとって整えられる必要があった。目に入らないようにするだけが目的の場合もあったが。古代中国では、整えられていない頭髪は、「野蛮人や狂人、幽霊、不死の者など、人間社会に属さない人物であることを必ず指す」とある歴史家が述べている。[40]秦朝を建国し紀元前二一〇年に没した始皇帝の墓に並んだ兵馬俑《へいばよう》は、出身の部族を示す頭巾をかぶった姿で正確に再現されている。ブラジルのカヤポについて、ある人類学者が次のように述べている。「それぞれの人が他とはちがう部族独特の髪型をしていて、それが部族の文化と社会を表す紋章となっている（したがって、彼ら自身から見れば、人類がこれまでに達成した最高水準の社会性を表すものとなっている）」。[41]ある北米アメリカン・インディアンの部族は髪を短く切り、他の部族は地面に届くまで伸ばしていた。眉に沿ってまっすぐに前髪を切る部族もあれば、頭頂部（あるいはとりわけモホークなら側面）を剃る部族もいた。髪の毛はさまざまな様式で分けたり、編んだり、あるいはビーバーの毛皮で包んだり、角のような形にまとめられたりした。[42] 髪の毛が縮れていて長くは伸びないブッシュマンのような人たちでさえ、時間をかけてきれいする。

私たち人類の毛のない肌は、しるしを見せるのにじつに適している。ダーウィンは、毛のない体は女性の性的魅力を高めるために進化したと考えたが、これにたいしてはチンパンジーの雄が反論を唱えるだろう。いずれにせよ、毛がないことから人々に与えられたのは、刻みつけたり、描いたり、色を塗ったり、穴を開けたり、入れ墨をしたり、布を巻きつけたりして、自分が誰であるかを定義することのできる表面だった。個人的に特別な工夫をこらすことが、オーカーを火にくべてできたクレヨンとともに始まったのかもしれない。その目的は、スタイルのちがいを出すことだった。人類学者のセルゲイ・カンが、自然の肌を社会的な肌へと変えるという上手な表現をしたように。[43] ミャンマー北部に住む顔に入れ墨を施した女性たちはよそ者たちから嫌われており、部族内での結婚がもとから決まっているも同然である。[44]

一九九一年にオーストリアとイタリアの境にある山中で発見された五三〇〇年前のミイラであるアイスマンには、背中と足首に傷をつけて煤をすり込んだ入れ墨が一四カ所ある。[45] しかし私たちの体は、アイスマンの時代よりずっと以前から掲示板として使われていたのだろう。私たちのまとまりのつかないあごひげやもじゃもじゃの髪の毛はどれくらい昔からあったのかは誰にもわからないが、人間の肌は一二〇万年のあいだほとんど毛がなかった。それは、ホモ・エレクトゥスの初期の時代までさかのぼる。[46]

よく想像され漫画に描かれる穴居人《ケイブマン》（いつも男性）は、自分の外見をまったく気にかけない。私たちは、自分が自然より優れていると思っていて、この野蛮人は粗野そのもので、髪は洗わず乱れていると思い描く。[47] こうしたしぶといステレオタイプは、自分とはちがう文化に存在する同じ時代の人々にも向けられることがあるが、現実というよりもただの思い込みだ。社会性のある霊長類は、何時間もかけて互いの毛づくろいをする――毛がぼろぼろなのは不健康のしるしなのだ。人間にとって髪を整えることは、霊長類が毛をきれいにしてめかしこむことと同等である。ただしその動機は、毛づくろいをしあう者どうしの絆を結ぶことよりも、身づくろいをした人が自身のアイデンティティを効果的に宣伝することだ。鏡のない時代には、自分の見た目を良くするために他の人にまるきり頼っていたのだろう。とりわけ「背中のあたり」を整えるために、と霊長類学者のアリソン・ジョリーはかつて表現した。ケイブマンは、こざっぱりしていただけでなく優雅でもあったのだろう。「二万五〇〇〇年前の人形では、裸体の女性が髪を美しく編んでいた」とジョリーは記している。[48]

この数千年のあいだに、肌と髪は、自分自身を歩く広告にするためのちょっとした執着の対象となってきた。世界中のどこでも、人間の頭の先からつま先までが標識で埋め尽くされ、頭骨の形を変えたり、首や耳たぶや唇を長く伸ばしたり、歯に彫刻を施したり、爪を飾ったり、足を小さくしたりしてきた。最初に衣服を身に着けた根本的な理由は、慎み深さではなく、人体をさらに美しく飾り、重要な意味を与えるためだったのだろう――アイデンティティを獲得するためのもうひとつの方法だったのだ。

アイデンティティをときおり表明する手法として始まったかもしれないものが、次々と出会いを体験する人々にとって欠くことのできない一式のしるしへと膨れ上がっていったのだろう。信頼できるしるしがあることで、誰が誰であるかをつねに頭に入れておく必要がなくなった。このようにして、アイデンティティを継続的に宣伝することが必須になっていったのだろう。社会の人口が増大し、分散するようになるにつれ見知らぬ人に出会う可能性が高まることから、メンバー全員が集団に属していることを繰り返し確認することが必要になった。物事を行なうにあたっての社会特有の手順は、もはや気まぐれにまねるものではなくなり、強要されるようになったのだろう。受け入れられないようなふるまいを見せる人は、今や、友人にさえショックを与えるようになったのだ。なかでも重要だったのが、よそ者との比較だろう。異質なものすべてが中傷の対象ではなかったが——たとえばある社会のメンバーが別の社会の長所をほしがることはあるだろう——よそ者をまねて風変わりな握手をするだけで追放されたかもしれない。

同じ社会のメンバーたちを抽象的にとらえる能力のおかげで、人々は、知らない人間がそばにいても、彼らが予測に合致していれば、彼らを個人としてとらえて注意を向けたりせず、くつろいでいられた。通り過ぎてゆく見慣れぬ顔のひとつひとつについてじっくり考えなくてはならないなら、配偶者や大切な友人を幸せな気分にしておくのは難しいだろう。[49] 人々が初めて自身のアイデンティティを人前で見せるようになったのと同じ昔の時代に、それぞれの社会の存在を示す記号が多様化した可能性がとても高い。オオカミが尿をかけて縄張りのしるしをつけるのに似て、木の彫刻や岩の絵は最古の記号だったと考えられる。ひとつには、土地や物が自分の支配下にあると主張したいという衝動から、そうした行動にいたったのだろう。

文化の段階的変化

人々が教え合う社会生活についての詳細部分が、しるし一式の中核をなすようになっていった。[50] 人類が文化をもつようになったのだ。文化とは、社会によって異なる豊かで複雑な体系のことである。文化は、人々がどこに属するかを特定するのに役立つだけに留まらず、集団のメンバーたちを守り、養った。そしておおむね、チンパンジーには理解できないようなやりかたで、文化はメンバーにとって重要な意味をもっていた。[51]

あらゆる種類の社会の特徴は、結局のところ、私たちの祖先が、彼ら自身の行動を生み出し、修正し、多様化していったことの結果として出現した。こうした方法で、人々は、自身の行なうすべてのことについて革新と改善を積み重ねていく。これは、文化の段階的変化《カルチュラル・ラチェッティング》とよばれる人間特有の特徴である。[52]段階的な変化は、過去五万年のあいだ、とりわけ最近の一万年のあいだにぐんと増えた。その後は、一〇〇年の単位ではなく、年ごとに変化が生まれるようになった。いくつかの改善は、社会の境界を越えて共有されるようになる。今日における携帯電話の流行のモデルのように。その過程で人々は、自分の好きなものを何でも自身のアイデンティティを示すしるしに変えていく。よそ者が複製することがほぼ不可能なほど複雑な、一連の象徴を創造するために。

こうして新しいものが繰り返し出現することのない世界を私たちは想像できないが、その多くは現代の消費者資本主義の産物であり、絶えず変化をつけることは人間の生活にとって必須ではない。初期の人類が残した考古学的な足跡がまばらにしかないことから、人類が存在した期間の大半において革新は非常にまれにしか起こらず、差異も少なく、進歩もほとんどなかったと推測できる。これまでに存在した人類の世代の九九パーセントが体験した生活は、彼らの親や祖父母の生活とほとんど同じだったのだ。社会はごく少しずつしか変化せず、長い年月のちりのなかに記録されることもない。その適例が、ピナクルポイントで起こった段階的な変化である。それは、何千年ものあいだ大きな石を槌のように使って木の実を割ってきたチンパンジーからごくわずかな程度の変化でしかない。

初期の人類の文化はたいしたものではなかったかもしれない。人数が少なすぎるという理由から。文化が精巧になるには、豊富な人口が必要だ。狩猟採集民は自立的だったと以前に述べたが、物事をどのように行なうかという記憶は一人ひとりの頭のなかに完全には保存されていなかった。私たちはつねに、考えられるすべてのことについて相手に何かを思い出させようとする。記憶するという責任は全員に割り振られている――これを集合記憶とよぼう。本やインターネットがなかった時代、私たちの祖先は頼り合っていた。コミュニケーションを取れば取るほど、忘れることが少なくなり、一人ひとりが、それぞれの作業のやりかたを細かい点まで知っておく負担が減った。人間の学習は不完全で、技能は時の経過とともに低下してしまうだろう。[53] 十分な数の人たちが接触していれば、集合記憶は広く効果的に拡大しうる。バンドからバンドにだけでなく、近隣の社会から学習して、社会から社会へと広がっていくのだ。

集合記憶の起源は、五万年前より先にはさかのぼらないだろう。その頃、人類の数は少なかった。仕事の専門化が小さな社会を危機に陥らせることがあるように、人数が少ない状態で他者の知識に頼りすぎることにはリスクがある。生き延びるための基本的な技術が、まったくの不運のために失われることがあるのだ。これはタスマニア効果と名づけられている。タスマニア島のアボリジニたちは、八〇〇〇年前に海面が上昇してタスマニアが島になって孤立してから、火をおこす方法や釣りの技術などを忘れてしまったと多くの人類学者は考えている。[54]

ネアンデルタール人も人数が少ないことに苦しんだ。彼らの脳は私たちの脳よりも大きかったが、社会はもっと簡素だった。頭が悪かったから社会が単純だったのだと解釈されることがよくあるが、苛酷な北方の土地で狩っていた獲物ではごく少数の人口しか養うことができなかったという理由で、初期のホモ・サピエンスと同じ生活様式から抜け出せなかっただけかもしれない。[55]

もうひとつ、エコー原理というものが、人数が少ない場合に進歩の妨げとなったのかもしれない。この名称は、過去がいかに長い年月にわたって名残を留めるかを表すものだ。[56] 耐久財を捨てることはできるが、完全に忘れられることは決してない。以前の世代が残した証拠はいたるところにあり、人々の集合記憶は過去へと拡張される。土のなかに埋もれていた人形や斧は、昨日作られたものかもしれないが、それとほぼ同じくらいの可能性で、何千年も昔に作られたものだったかもしれない。初期の人類は、祖先の設計した物を見失うことなく、それらに何度も回帰することができたのだろう。

多数の人口を抱えた現代文明には、遠い昔に捨てられたものたちを圧倒するような、いっそう優れた物があるため、昔に回帰するという行為は私たちのあいだではほぼ失われている。私が子どもの頃のコロラドでは、矢じりが地面によく落ちていた。それらを拾い上げて家に持ち帰ってはいたが、どうやって作るか考えようという気はあまり起きなかった。しかし、アフリカにいた初期の人類や、さらにはヨーロッパに最初に移動した人々でさえ、少ない人数でどうにか暮らしていた彼らは、エコー原理によって命が救われたかもしれない。捨てられた物を調べることで、道具や石の人形を作る才能が生活のなかからすっかり消えることがなかった。このことが、いかに多くの人工物が、厖大な時の流れのなかでも、ほとんど変化することなく複製されていたかの理由なのかもしれない。

四万年前から五万年前にかけて物が増加したことを説明づける妥当な理由は、脳の性能が根本的に向上したというものではなく、その当時に人口が急増したことだった。この人口爆発の原因は、アフリカ全土の気候が人間に適していたことと、その時点かわずか以前に人類が旧世界全体へと拡散していったことにあった[57]。その結果、集合記憶が増大し、実用的な技術と、アイデンティティのその他の側面の両方が急速に発展していった[58]。人々は以前よりもっと、よそ者と接触するようにもなったのだろう。自分自身をよそ者たちから区別しようと努力したからこそ、社会のメンバーであることを表現する目的をもつと思われるネックレスや絵などにおけるちがい《バリエーション》がこの時代に盛んに見られるようになったのかもしれない。このようなしるしが広まる速度は早い。人類学者のマーティン・ウォブストは、われわれがこれを作ったというメッセージを伝えるために物を特別に作ることが連鎖反応を引き起こし、そうしたしるしが、社会の拡大を後押ししたのと同じように、文化の発展の刺激となったと推論している。ある社会がいったん、たとえば壺にひとつの模様を加えると、他のところにある模様のない壺は、その所有者がその社会に属していないことを即座に意味するようになった。その結果、人々は、自身のアイデンティティを強調するような別の様式を採り入れることで対抗した。するとご覧あれ！　いろいろな地域で続々と、新しい型の品物が出現したのだ。[59]

私たちのアイデンティティとは、一部には異質な集団との接触や、彼らが作る物や行為にたいする反応であることから、次のようなルールを提示したい。社会がさまざまな競争相手と交流すればするほど、社会が示すしるしの数が増え、複雑さが増し、いっそう目立ちやすくなる。[60]つまり、複数の社会が近くに密集している場合は、混乱を避け、自身を守るために、別々の社会の差異はいっそう大きくなっていきがちだ。このようにして凝った唇飾り《ラブレット》ができ、太平洋岸北西部のたくさんの部族を区別するものとなった。あるいは、ニューギニア島に見られる装飾品や儀式といった認識効果の高い因子について考えよう。この島には、色とりどりで手の込んだ衣装で知られる一〇〇〇以上の部族が密集している。すぐ隣のオーストラリアでは、アボリジニの部族がまばらに分散し、比較的同じような衣服を着ているのとは対照的だ。

芸術や装飾、言語や活動といった生気にあふれた雑多なものが世界中の社会を区別しているが、それらはいっそう精巧なものになっていくだろう。しかし、単純で根源的な方向へと後戻りする可能性もある。人類の始まった時代、もしくはもっと以前の匿名社会へ移行することもあるかもしれない。しるしは、人間の祖先が見せてきたような行動を通じて段階的に発展してきたのだろう。おそらくは、ここまで想像してきたように、今日のチンパンジーやボノボになおも見られるような行動から。まず、合い言葉があったのだろう。その次のしるしは、体全体を社会のメンバーであることを表現するためのキャンバスに使うことと関連していたのだろうが、これらのしるしは考古学的記録にほとんど痕跡を残していない。数万年前、さらに複雑な社会が誕生した。その時期は、人口が膨れ上がり、交流が盛んになり、人々がはるかに複雑な活動を集団として記憶できるようになり、近隣の社会と自分たちを区別する必要を感じるようになったときだった。

人間以外の霊長類がもつ個々を認識する社会から、豪華な文化的な要素――単純なしるししか用いずあらかじめ設定された社会生活を営んでいるアリの世界では無縁なもの――をふんだんにもつ、人間の完全な匿名社会までは長い道のりだった。人類の進化の過程は、大脳皮質から脳幹下部にいたるまでの厖大な書き換えプロジェクトだった。人間のもつ複雑な神経回路の多くは、刺激としるしへの反応と、しるしを共有する集団との原始的な相互作用から発達した。私たちの改造された脳によって、個人と社会の表象が符号化される。脳のなかでは感情や意味が渦を巻き、それらが一刻一刻、そして長年にわたって自身を行動に駆り立てている。このような行動の相互作用は、進化論者がほとんどまだ取り組んでいない領域であり、目下、心理学によって明らかにされつつある。

第5部　社会のなかで機能する（あるいはしない）

第12章　他者を感じ取る

狩猟採集民とともに時間を過ごせば、夜間をとおして眠るということは現代的な考えであることがわかる。ナミビアを訪れたとき、天の川がくっきりと見える夜空の下で、ブッシュマンたちが、吸着音や鼻音、さざめき声が混ざった鳥の鳴き声のように豊かな音で会話するのが聞こえていた。彼らの小屋は、家の前でちらつくたき火でほとんど見えなかったが、彼らは、昔話やその日にあった出来事を活き活きと大げさな身振りを交えて話していた。太陽が昇る頃には、話題は毎日の仕事へと移った。夜は物語の時間だった。しかるべき社会生活の全体像を伝え、いっそう大きな社会との結びつきを確認するための話を語るのだ。[1]

数年後、プリンストン大学の心理学と神経科学の教授であるウリ・ハッソンの後ろに立っていたとき、ブッシュマンたちの活き活きとした語りが鮮明に思い出された。ハッソンは、脳スキャン映像を次々と映し出すディスプレイを前にして座っていた。映画を観ている人々の脳の活動を観察していたのだ。ハッソンが再生した映像のいくつかは、解釈に幅のある内容のものだった。夫が不実ではないかと疑う人もいれば、妻が嘘をついていると確信している人もいた。ハッソンが脳のスキャンを見たところ、解釈に応じて脳の状態が異なることがわかった。しかし、被験者たちが映画を観ながら話し合うと、大脳皮質の活動が同調した。統一した解釈にもとづいてストーリーを追い始めると、脳のなかの同一の部位が活発に作動したのだ。ハッソンはこうした心と心の結合を、「社会的な世界を作り出し共有する機構」と名づけている。[2] あの星降る夜にブッシュマンたちが表していた喜びは、このような心の融合からもたらされていたにちがいない。

人は、いつもの相互作用を通じて、自身の行なうすべてのことを一種の物語に変えて、その語りの視点から自身の生活を解釈する。さらに、日々の交流を通じて、いっそう大きな、ある種の社会全体の物語を作り出す。誰もが、その物語において自分が何かの役を演じているとみなしている。このより大きな物語には、お金や結婚、仕事などについてのルールと期待されることがらが詳しく述べられている。すなわち、大きな物語は、社会が機能するための枠組みを構築することによって世の中に意味を与えるような、社会的なしるしなのだ。こうした物語は歴史を通じて受け継がれ、新たな世代ごとに手の込んだものになり、人々が自身の社会をどうとらえるか、自分自身とよそ者とを区別する線をどう引くかを決定する。[3] 誕生した瞬間から私たちは、自分が期待の網の目のなかに存在していることに気づく。そうした期待のなかには、誰がどこに当てはまるのかを教えるしるしを利用して、人々のカテゴリーを識別しなくてはならないというものがある。線引きを決めるのは、私たちが統治されている具体的なやりかたではなく、どのように他者との一体感をもつかという心理のほうである。社会のあちこちで形成される私たちのアイデンティティと、そうしたアイデンティティを区別する特徴が、私たちの生活を導いている。科学者たちは、それらの働きを解明しようと努力しているところだ。

本書ではここまで、社会の起源と進化についての研究を段階的に取り上げた。まずは動物界に注目し、さまざまな種がどのように社会を作り、社会のメンバーであることから何を得ているのかについて考察した。次は、私たち人類がもっていた原初の社会の多様性について調べ、狩猟採集民たちが、アイデンティティのしるしによって区別される明確に定義された社会をもっていたと知った。アイデンティティのしるしはそれ以降、人間社会を組織化する原理として存続している。さらには、こうしたアイデンティティのしるしがどこからやって来たかを探すために遠い過去を探検し、しるしは単純な合い言葉として始まったらしいとわかった。だが、物語はますます複雑になってきた。第5部を通じて説明していくが、人間としるしとの関係、そしてしるしが確立する集団との関係は、根底にあるさまざまな心理とともに発展してきたのだ。[4]

旗のために死ぬ

「実験で刷り込みをされたアヒルのひながボールの後をついていくように、人間は旗の後をついていく」と、動物の行動という観点から人間の行動を研究した先駆者であるイレネウス・アイブル＝アイベスフェルトは述べている。[5] アイデンティティのしるしを学習し、人々や場所や物事を分類するためにそれらを使うことは、人間にとって必須で本能的なものである――体験に先立って組織化されている――ことが証拠からわかっている。

硫黄島にアメリカの国旗を掲げるなどの感動的な物語によって、しるしの意義や重要性が増しはするが、そうした意味についての知識や理解が、効果的なしるしとして作用する物によって必ずしも喚起させられる必要はない。熱のこもった反応を引き出すために、そのようなしるしを個人と結びつける必要もない。しるしの存在（感動的な賛美歌）も不在（住民たちがハクトウワシを撃ち落とすアメリカの町を想像しよう）も、大脳辺縁系、つまり情動を司る脳の部位と関係している。この部位の神経回路は、強力なしるしが喚起されると、激しく燃える炎のように作動する。たとえば、暴動が起こっている状況下で国家の記念碑が破壊されると、暴力行為がいっそう激化するように。[6]

見る人と文脈が適切であれば、非常に単純な物や単語だけでも十分だ。たとえば、等辺の十字に九〇度で腕がついている絵がそうだ。この平凡な図を見るだけで、ホロコーストを生き延びた人々は気絶してしまうだろう。しかし、鉤十字がもつ象徴的な意味について改めて考えずとも、しるしは十分に恐怖を引き起こす。パブロフの条件づけのように、そうした苦痛の反応がいったん引き起こされると、それを捨て置くことは不可能だ。奇怪なエスニックフードを口にして催した吐き気を抑えることができないのと同じように。かつてコルシカ島で人気のあった歩くチーズを少しだけ思い浮かべてほしい。ウジ虫の力でのたうち回るあのチーズだ。今はそうでも、鉤十字が広く使われていた時代、このシンボルはナチ党員の胸を歓喜で膨らませた。その喜びは、私たちが野球場で、国旗を前にして同胞とともに起立するときに感じるであろうものと同じものだ。

人は確かに旗が大好きだ。今日、「穏やかなデンマーク人」でさえ「国《ナショナル》の色《カラー》」については熱狂的になる」と歴史学者のアルナルド・テスティは述べている。テスティは続けてこうまで言う。「民主主義で宗教色のない共和国では、国旗は市民にとって、いっそう大きく、神聖さにも近い重みをもつ。とりわけ、国王や神など大衆を結束させる偶像《イコン》が他にない場合には」[7]。旗への熱狂は、私たちにとって最も重要な集団と関連している。国旗のために戦い死ぬことは、個人としての喜びであり誉れなのだ。

単なる形や音がどのようにして人間の脳内に熱情や恐怖を突如として発生させることができるのかは、よくわかっていない[8]。そうした反応は子どもの頃から起こっている。それも不思議ではない。アメリカでは学校の教室に国旗が掲げられ、幼稚園ではしばしば忠誠の誓いが暗唱される（ただし今では、しないという選択もできる）。六歳になる頃には、国旗を燃やす行為は悪いことだと感じるようになる。そうしてまもなく、国に誇りをもつようになる。[9]

私たちは、国家のアイデンティティを表す記号のあふれた環境に暮らしているので、たいていの状況では、重要なしるしが一種の背景雑音となっている。しるしがあらゆるところに存在することから、誰もが共通した体験をもつことになる。気持ちがどこか別のところに向いているときにも、しるしがあらかじめ心のなかに入り込んでいるのだ。[10]逆境に直面すると、シンボルはかがり火となり、私たちを行動へと向かわせる。一九九〇年にアメリカが湾岸戦争に参戦すると、国歌がヒットソングに躍り出た。二〇〇一年には、9・11の翌日にアメリカ国旗の販売数が爆発的に伸びた。[11]

赤ん坊はどのように人を分類するか

人間の集団間での相互作用にかかわる心理の多くは、個々の人とじかに結びついているしるしにたいして、どのように反応するかに関係する。ハッソンをはじめとする心理学者たちの研究から、私たちの脳は社交をするように作られており、他者のアイデンティティを認識することが社交プロセスの一部であるということがわかっている。そこで重要な第一歩は、とにかく自分以外の存在に気づくことである。コンピュータでチェスをプレーしているとしよう。自分の相手は機械だと思っていたが、ゲームの途中で、相手が打つ手の背後にはコンピュータのプログラムではなくて人がいることに気づく。そのとき、頭脳の活動が、他の人々との相互作用のために確保されている脳の部位へと移行するだろう。その部位には、内側《ないそく》前頭前皮質（大脳の前部）と上側《じょうそく》頭溝（側頭葉にある溝）が含まれる。たとえ情報がまちがっていて、そこに人がいない場合でも、これが起こるだろう。同じゲームを同じＩＢＭのパソコンを使ってプレーしていても、別の心的状態へと移行するのだ。人に注意を向けて、その人の心のなかを推測するときにふつうなるような状態へと。[12]

私たちは社会的な存在として、他者への認識を土台に生きている。私たちは、人と人のあいだのわずかなちがいに巧みに気づくという鋭敏な知能を、チンパンジーやボノボと共有している。これら三つの種がすべて、個々の者が出たり入ったりするような離合集散の社会において生育することから、この能力に磨きがかけられる。[13] 人がどのようにして、個人としても集団のメンバーとしても互いに関心を向けるのかについて、心理学者たちは魅力的な結論に到達している。そうした研究のほとんどすべては、独立した社会ではなく、都会的な環境に暮らす人種について実施されたものだ。したがって、これから提示する例には偏りがある。[14] それでも、こうした属性はもともと遠い昔に発展したのだろう。狩猟採集民が今日の社会よりも画一的な社会で暮らしていた時代に、社会にとって脅威であるかもしれない他者がもつしるしへの反応として。それなら、社会のしるしが同じような結果をもたらすだろうと想定するのは筋が通っている（人種と社会にたいする人間の心理学的な反応がほとんど等価であってもおかしくない理由については、後に取り上げる）。

人間の集団を認識することは、人生におけるとても早い時期から始まり、それを止めることはできない。[15] 羊水から、後には母乳から伝わってくる分子で、胎児や乳児は母親が食べている物の味を知る。母親が属する民族集団が好むニンニクやアニスなどの強い風味もそのなかに含まれる。[16] 一歳児に、同じ人種や言語の人々の集団を見せると、そうした人々は同じような食べ物を好み、背景の異なる人々はちがう物を食べると予想した。二歳になる頃には、この予想が自らの好みとなって固まった。二歳以上の子どもたちは、自分の属する集団のメンバーたちが食べる物なら何でも好む。サソリの唐揚げでも、ツナメルト（ツナとチーズをはさんだホットサンドイッチ）でも。[17] これは、なじみのあるものを特に好むことの表れであり、無難なことだ。ほんのわずかに変わった物を見てとつぜん泣き出す赤ん坊の姿を見たことのある人なら誰でもわかっているように。

月齢三カ月の赤ん坊でさえ、自分と同じ人種の人の顔に、あるいは少なくとも自分の親と同じ人種の人の顔に注意を向ける。[18] 五カ月になる頃には、こうした好みは、親の使う言語を同じなまりで話している人にたいしても向けられる。[19] 六カ月から九カ月の赤ん坊は、顔を手掛かりとして自分とはちがう人種の人々を分類するのが上手になる。しかし九カ月以降は、自分の人種以外の人々を見分けることが下手になっていく。[20] これは、五歳を過ぎると外国語を巧みに習得できなくなることの前触れだ。髪型や服装など、同じくらい目立つアイデンティティのしるしへの赤ん坊の反応も、同様に低下していくだろうと私は予想している。

メンバーであることを示すしるしへの反応が、若いアリがコロニーのにおいを識別することや、ひな鳥が母鳥に（あるいは、不運にもボールが母鳥だと思い込んだ場合にはボールに）くっついて回ることと同じように、人間の赤ん坊にとって反射的な反応なのだろうと考える点において、アイブル＝アイベスフェルトは正しい。この刷り込みは、それぞれの種において特有の期間内に行なわれる。人間には高い知能が備わっているのだから、そんな本能は人間よりもひな鳥のほうにしっかりと組み込まれていると言われて安心したいかもしれないが、両者のちがいは明確ではない。すべての生き物にとって、生き延びるためには柔軟性が求められる。それは人間だけにかぎらない。[21] ひな鳥は、母鳥の羽毛が抜け替わり見た目が変わっても、その新しい外見に順応しなければならない。万が一、母鳥がディナーで食べられてしまったら、ひな鳥は別の雌鳥にたいして刷り込みをされることができる。頭のよい脊椎動物でなくても、このような不慮の事態に対処できる。ときにはアリでさえ、成熟する前の別の種の働きアリが外からコロニーに入ってきたら、そのアリのアイデンティティに順応し、同じ巣の仲間として扱うようになっていく。[22]

私たちは大半の動物よりも、自分の社会のメンバーや、自分が生まれた社会の内部にいる集団——いわゆる民族や人種——のメンバーをいっそう柔軟に認識するかもしれないが、そのちがいは程度の差でしかない。一部の脊椎動物は、自分とはちがう種にたいしてこの技能を磨くことができる。月齢六カ月までにサルに接触させられた人間の赤ん坊は、サルを個別に見分けることが上手になり、人間に育てられたサルは同じように、終生、人間を見分ける能力を発揮する。[23] 一九六〇年代にサバンナモンキーがヒヒとつがいで暮らしていたことが観察されたり、クマがトラと遊ぶなどめずらしい交友の事例があったりしたが、子どものうちにちがう種に接触させられたことがその理由ではないかと私は思っている。[24]

要するに赤ん坊は、文字を読んだり言語を話したり理解したりする前に、大人からの助言を受けずとも、人種や民族といったメンバーの区別に難なく注意を向けている。[25] しかし、社会や人種のような基本的な集団のメンバーを認識する能力が生まれつきのものだったとしても、メンバーのとらえかたは、アリがコロニーのにおいを感知するような単なる特徴の識別とはちがって、はるかに重層的である。人は、人間をはじめとする生き物のカテゴリーを、その中核をはっきりと把握した状態で登録しているのだ。この点について、これから検討していこう。

人間の本質と「異邦人」

赤ん坊は月齢三カ月あたりから、すべての生命体には本質があると考え始める。本質とは、そのものの中核にあり、それを他の何かではなく、そのもの自身としているような根元的なものである。[26] この心的な構成物は、狩猟採集民の宇宙観のなかに刻み込まれている。彼らはアニミズムの信奉者であり、世界は精霊で形作られていると確信していた。動物と植物、さらには自身も、本質で満たされているととらえていた。たとえばパラグアイのアチェは、子どもには、その子がまだ子宮のなかにいるときに母親に肉をあげた男から本質が授けられると考えていた。[27]

人は、種の見た目や行動にもとづいて、その種には特定の本質があるとみなす。しかし大切なのは、そうした特徴の根底にある本質であり、特徴そのものではない。脳はそうやって矛盾を処理する。子どもは、椅子の背もたれを切り離したらテーブルに変身するという概念を理解できるが、生き物はそうではないとわかっている。チョウの羽根をむしり取ってもチョウのままだし、アヒルに育てられたハクチョウはそれでもハクチョウだ。

私たちは、ハクチョウの属性が、ハクチョウの原子そのものに埋め込まれているかのようにふるまう。遺伝学者はこの考えかたを支持しようとしてハクチョウのDNAについて語るが、遺伝子は変異するものであり、変化する余地がある。たとえば、ハクチョウのひとつの種が別の種へと進化するように。人は、本質は不変であると信じており、そのような中間を認めない。実験で子どもたちがライオンからトラに変形しつつある画像を見ると、それを二つの種ではなく、どちらかの種であると認識する。たとえ、ライオンの見た目が変化していく過程のどの時点を見たかが子どもによってちがっても。[28] 生き物を、それが属していると私たちが考えるカテゴリーのなかに収めているのは、あくまで本質なのだ。

この点において私は社会を、それもとりわけ初期の人類の時代に存在した社会を、現代にあるほとんどの集団とはちがうと考えている。読書クラブやボーリングのチームに参加することは任意であり、配偶者を選ぶ際にこうしたクラブのメンバーの制約を受けるとは誰も想定しないだろう。同じように、建築家や弁護士たちが互いにたいして暴動を起こしたり宣戦を布告したりするとは予想しない、とフランシスコ・ギルホワイトが指摘している。[29] だからといって、一部の人々が、自身の国よりも、自分自身の信念やニューヨーク・ヤンキースのほうに強い忠誠心を抱いているということを否定するものではない。[30] それでも、ヤンキースのユニフォームやゴス・ファッションや仕事の制服を脱ぎ捨てても、その人が誰であるかという理解が揺るがされることはない。スポーツ愛好家や反体制文化を好む若者たちは、ひとつの局面を通過している最中なのだ。一方、人は三歳以降、自身の社会や人種や民族を、アイデンティティの本質的で不変の特徴であり、本質、すなわち種のありかたによって永久に固定されたものであるととらえるようになる。[31] 国家や民族のアイデンティティのほうが多くの結婚式よりも、「死が二人を分かつまで」私たちとともにあるものなのだ。私たちにとってはそれが、一言で言えば当然なのだ。

こういう原理があって、人類という単一の種が多数に分離している。部外者——別の社会の人々や、昨今では別の民族や人種——は、あたかも別個の生き物であるかのように扱われている。人々の使うしるしは、ハクチョウとアヒルを区別する特徴と同じように無数にあり、ふつうは信頼できるものとして子孫へと受け継がれ、メンバーとしての身分が長年にわたり持続される。それでも、社会や民族は奥底に秘められた——血筋に流れている——ものとみなされているため、ある集団のメンバーのように見える者が別の集団に属しているという可能性を受け入れることができる。ちょうどクジラが、見かけとはちがって魚ではなく哺乳類であるということを受け入れられるのと同じように。一風変わった人が自分たちの集団に属する者だととらえるには、その人物がこの集団のメンバーから生まれた人であり、その人の子どももまたこの集団のメンバーになるということを確信していなければならない。別の集団の生活様式にどっぷり浸かることで血筋を隠そうとすることはできるが、いかに精巧に取り繕っても、よくわかっている人なら誰でも、その人の本質を感じ取るだろう。自分の本質をすっかり取り除くことはほとんど不可能であり、ハクチョウのひながアヒルの子になろうと努力することと同じくらいばかげた考えなのだ。

ハクチョウがアヒルに育てられるように、別の集団の者と結婚したり養子になったりする人たちはどうなのか？　そのようにして家族の一員となった者が愛情深く扱われる場合もあるかもしれないが、完全に受け入れられるまでの道程は長く厳しいこともある。鋭い観察眼によってなおも、ちがいが見抜かれるからだ。たとえば移民の子孫がもつちがいなどが。数世代にわたって異なる集団間で婚姻が繰り返されて生まれた者でさえ、完全には溶け込まないこともあるだろう。[32]このことはまた、二つの人種の両親から生まれた人を指すためにアメリカ人がバイレイシャルという用語を使いながらも、白人の母親とアフリカ系アメリカ人の父親をもつ子どもが、いかに肌の色が白くても、白人優位のアメリカ社会ではアフリカ系アメリカ人と解釈されることの説明にもなる。これは、かつて一滴の血《ワン・ドロップ》・ルールという公的な規定として知られていた考えかただ。黒人の先祖の痕跡がわずかにでもあれば、その人は黒人になるというルールである。

私たちの心はどのようにして混沌から秩序を調合するのか

現代人は人種的なアイデンティティにとらわれすぎているが、実際の身体的なちがいだけがアイデンティティを測る唯一の基準ではない。黒人の血が一滴入った人が、どんな白人とも同じくらい白いこともありうる。また、イスラエル人とパレスチナ人の果てしなく続く対立について理解しようと努力する部外者は、両者がとてもよく似ていることに困惑させられる。ユダヤ教正統派の指導者とイスラム教の導師の生やすあごひげは、まったく同じですらある。遺伝学から、彼らはひとつの小さな範囲の系統から発生していることが判明している。だが、そうした類似性があると彼ら自身が認めるのは難しいだろう。[33]

それでも、そこにある身体的なちがいは無視しがたい。実際、私たちには、頭のなかでそうしたちがいを誇張する傾向がある。過去一万二〇〇〇年のあいだ、社会とは何であるかというルールのなかに、まずは近くに暮らす狩猟採集民の社会という均質的な人々からなる限定された集団が含められ、後には今日、人種ととらえられているような集団が入れられた。人種というものは、おおまかな身体的な特徴に当てはまる人々にたいして今では広く適用されている。私たちは、そうした特徴はきわめて明確だとまで言い切って、白、黒、茶、黄、赤のように色でコード化までしている。このカテゴリーが人為的であることは、容易に変動していくさまを見れば明らかだ。二〇世紀初頭、イタリア人を白人とみなすアメリカ人はほとんどいなかった。ユダヤ人やギリシア人、ポーランド人は言うまでもない。こうした区別をしていたことからすると、私たちは人間の細かなちがいを察知する卓越した技をもっていたようだ。一方、当時のイギリス人は、アフリカ人だけでなく、インド人やパキスタン人も黒人とよんでいた。[34]

このようにぞんざいに定義された人種についての色的カテゴリーを、私が「系譜的な人種」とよぶものと比較しよう。ブッシュマンやアチェなどがそうであり、これらはそれぞれ長きにわたり複数の社会に分かれてはいるが、過去へさかのぼると、かなり緊密につながった人々の集団に行き着くだろう。人間の異なる形態を目ざとく見つける傾向は古くからあるかもしれないが、人間がもつ差異への敏感さが、最初、肌の色のような人種的な特徴にとりわけ反応するために発達したとは考えにくい。肌の色という特徴のほとんどは、とても長い距離——ときには大陸全体——にわたって微妙な色の濃淡が生じた結果であるからだ。

確かに、人種や民族のカテゴリーが、人間がもついくつかの特徴だけで形成されていることはまれである。子どもがライオンからトラへと変化していく画像を見て、それがライオンとトラの両方ではなく、どちらか一方であると理解するように、心は、集団と集団（大半の研究では人種と人種）の中間に位置する顔を、どちらか一方に似たものとしてとらえる。しかし、私たちはまた、アイデンティティに含まれる他の微妙な差異に敏感だ。そうした差異があると、実際のカテゴリーを客観的に見た場合よりも、カテゴリーについてのあいまいさが減り、定義がいっそう明確になる。研究者が、二つの人種の中間に見えるような顔を作り上げ、髪型を一方の人種に典型的なものにしたところ、その人物は、髪型と結びついた人種のカテゴリーに入れられた。アフロやコーンロー（髪を細かな三つ編みにして頭に並べる髪型）などの指標を頭に置けば、被験者は自信をもってその人物は黒人だと答えるのだ。[35]

このようにしてレイチェル・ドレザルはアフリカ系アメリカ人として通り、全米黒人地位向上協会（NAACP）のスポケーン市支部長になった。彼女はヨーロッパ系で、子どものころは肌が白く髪はまっすぐのブロンドだった。彼女は、あたかも要件である「黒人の血」の一滴が入っているかのように、髪の毛のスタイルや質感に特別に気を配り、肌を褐色に焼いていた。二〇一五年に欺瞞が暴露されるまで、彼女が自称するアイデンティティに疑問を投げかける人はほとんどいなかった。[36] 黒人の血が一滴も入っていないことがいったん明かされると、彼女にあった黒人の本質は消え去り、見た目の人種のしるしは表面だけの無意味なものになった。

髪型という標識はとても強力なので、黒い肌の色をもつ人種と結びつけられる髪型が、人種的にはあいまいな特徴をもつ誰かの頭の上に載っていたら、私たちはその人の肌の色を実際よりも黒く読み取る。[37] 肌の色合いがちがって見える現象は、同じ一本の線が、両端の矢印を内側に向けるか外側に向けるかで、長く見えたり短く見えたりするのとよく似たしくみで起こるものだ。[38]

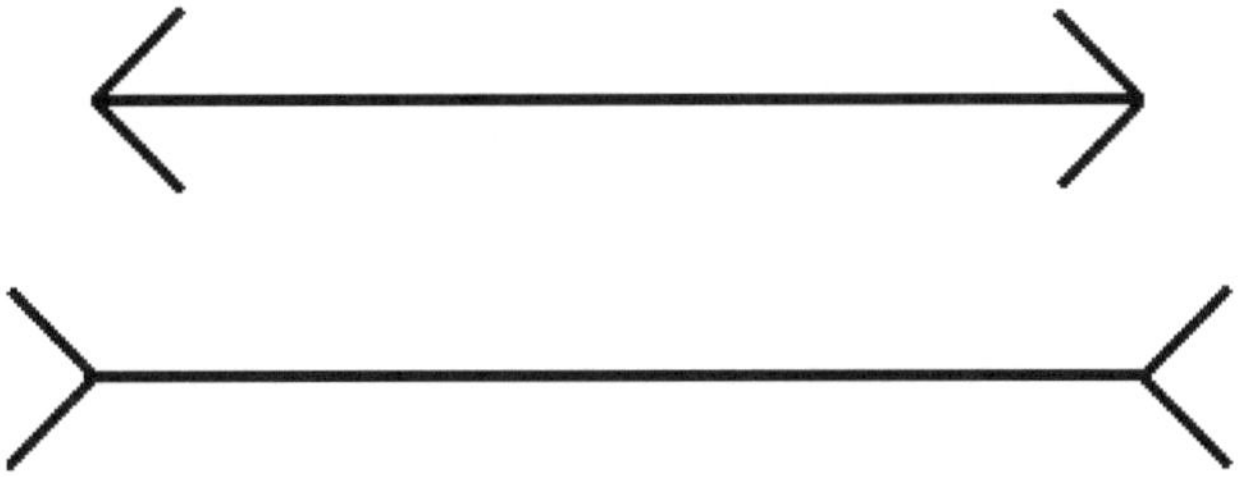

目の錯覚が起こるのは、脳が混乱を嫌うからだ。それは社会的なカテゴリーにおいても同じである。もしも誰かのアイデンティティに困惑させられると、私たちの脳は即興的に、有用と思われる他の情報をつなぎ合わせて、その人がどこに属しているのかを知ろうとする。髪型と同じく、ユダヤ人のかぶる小さな縁なし帽、シーク教徒のターバン、ギリシア人の未亡人がまとう黒い服がわかりやすい例だ。狩猟採集民たちは、もっと抑制された記号を使うだろう。彼らの身体的な外見にはたいてい大きなちがいがなかっただろうし、たとえあっても重要ではなかったかもしれない。こうした心的な手順を経て、人は、人為的な（構築された）カテゴリーを社会的な現実へと転換していく。

先ほど、しるしがいかに集団を認識する速度を速めるかについて論じた。そこで注目すべき点は、いかに素早く、考えることなく、情報が吸収されるかだ。私たちは、ある人のしるし一式を特に考慮もせずに頭のなかに登録する。プリンストン大学心理学部でハッソンの研究室近くにオフィスを構えている、髪の毛がもじゃもじゃの快活なブルガリア人、アレックス・トドロフが、人の顔は、意識されるにはあまりに短すぎる一〇分の一秒間見られるだけで、無意識のうちに、感情の状態、性別、人種、そして（トドロフが言うには）民族と社会という観点から、その人が評価されることを証明し

しるしへの反応が敏捷であることから、認知的な負荷、すなわち私たちが払う意識的な努力が軽減されているにちがいない。そして、社会心理学の草分けであるソロモン・アッシュが一九四〇年代に認めたように、私たちは、メロディを聴かずにいられないのと同様に、こうした印象を受けないようにすることもできないのだ。[40]

しるしが、たとえ全部を合わせても足りない場合には、アイデンティティの合図を見せることがときおり強制されてきた。ユダヤ人は、中世のフランスでは黄色いバッジを、ナチス支配下のヨーロッパではダビデの星を身につけるように強要された。当局からは、バッジは羞恥心を示すためのものだという説明がなされたが、目に見えるしるしを強要する理由は、民族の識別を簡素化するためだったにちがいない。これは、言葉は棒きれや石と同じくらい人を傷つけるという証拠である。口伝えの言葉でさえ、人にしるしをつけることができる。反ユダヤ主義の体制下では、家庭環境についてのうわさをするだけで大勢の人々の破滅を招いた。

いざという場合、人は、見慣れぬよそ者を自分の社会のメンバーとまちがえることを避けたいがために、出会った人を、たとえ同じ社会に属していても、そうではない不可解な人だと決めつけてしまうという失敗を犯す。こうした傾向があまりに強いため、心理学者はこれを内集団超排他効果と命名した（体裁の悪い名前だ[41]）。ときに、内集団から排斥された結果、非常に恐ろしいことが起こってしまう。第二次世界大戦時のニュースにそれが示されている。[42]

ハンブルクから貨物列車で避難してきたドイツ人たちが、ナチスの行政官によって移送されてきたユダヤ人とまちがえられて、ルヴフ近郊にあるユダヤ人強制収容所の「死のガス室」でゲシュタポの役人によって処刑されたと『マンチェスター・イブニング・クロニクル』が本日伝えた。

……列車が到着したとき、空腹で疲れ果てたドイツ人の避難民たちは、ガス室で死を迎えるためにこの収容所へいつも送られてきている空腹で疲れ果てたユダヤ人たちとたいして変わらなく見えた。ゲシュタポの守衛たちは新しく到着した者たちをただちに裸にさせ、「ガス室」送りにした……。

他者に出会ったとき脳は何をするか

私たちの心はどのように、出会った人のアイデンティティを処理するのか？　その人が、動物やコンピュータや他の物体ではないことを見分けると、脳の働きは、その人についての情報を取り入れる作業へと切り替わり、何よりも、その人物が脅威であるかどうかを見きわめる。このような判断は、不確実な世界においては不可欠である。不意に誰かに出くわした狩猟採集民や、戦闘中の兵隊にとっては、生死を分ける問題だ。しかし、それほど危険をはらんだ状況でなくても、こうした評価は、神経系が行なうバックグラウンド的な活動の一環として実施される。

それに続く心の働きは、その人物が誰であるか、その人や集団と自分がどれだけなじみがあるかによって変わってくる。たとえ友人であっても機嫌が悪いかもしれない。これまでに耳にしたことや、相手との個人的ないきさつによっては、あまり近寄らないことが最善な場合もあるだろう。その人のことを知らなくても、自分たちの集団か（ある程度は）信頼できる別の集団の一員であると識別されたなら、その人物の示すアイデンティティのしるしになじみがあることで、見知らぬ人がさほど見知らぬ人に見えなくなる。[43]その人を個体化する――個人として扱う――努力をするかしないかにかかわらず、その人の考えや行動についていくらか安心していられる。しかし、その人がうさんくさかったり、感じが悪かったりすれば、警戒を続けるかもしれない。

よそ者——嫌われているかなじみのない社会からやって来た人は特に——は、どういう行動をするかにかかわらず、無意識のうちに警戒心を引き起こすことがある。少なくとも、そういう人を前にすると不快に感じるだろう。ブッシュマンのあいだでは、たとえば奇妙な形の矢が地面に刺さっているのを見つけるなど、よそ者の痕跡がわずかにでもあれば、不安が生じるだろう。そうしたしるしをどう扱えばよいか測りかねるからだ[44]。グイ・ブッシュマンの研究者が、「見知らぬ人物が同じグイの仲間であるとわかると、安心と緊張の緩和が見られる」と記している[45]。

見知らぬ人《ストレンジャー》（私たちの社会の一員かどうかにかかわらず、私たちの知らない人）とよそ者《フォリナー》、つまりは「部外者《アウトサイダー》」（私たちが知っているかどうかにかかわらず、別の社会のメンバー）のあいだのちがいは、とても大きい。私たち人類において、この二つは明確に別物だ。同じ教室にいる外国人《フォリナー》の交換留学生は友だちかもしれないが、隣に住む人は家に引きこもっていて、会ったことも目にしたこともない。それなのに心理学者はよく、見知らぬ人とよそ者を混同する。英語でこの区別があいまいになっているのは残念なことだ。たとえば、ゼノフォビア（外国［人］や未知の物や人にたいする嫌悪）という単語は、見知らぬ人やよそ者にたいする否定的な反応にたいしてやたらと使われている。実際のところ人間の心はおそらく、見知らぬ人とよそ者にたいしてちがう反応をするように進化してきたのだろう。そして、よそ者であり、なおかつ見知らぬ人である者にたいしては、最も強い反応を示すようになった[46]。

無意識のうちにすぐ人を分類しようとする反応には、明らかに適応的な利点がある。これまでに見てきたように、この反応をすることで、行動が予測できない他者を警戒したり、自分と似ている人にたいする緊張を和らげたりしてきたのだろう。他者の評価は無意識のうちに行なわれるだけでなく、その結果は私たちの骨の髄まで影響する。たとえば、注射針で刺された人の映像を見せられた実験の参加者たちは、針を刺されている人が自分とちがう人種であるときには、発汗量が少なくなり、脳の両側前島皮質の活動が減った。これは、共感が低下したことを示す神経生物学的な反応である。[47] チンパンジーでさえ、このような他者との選択的なつながりを見せる。自分の群れに属する個体のあくびにだけ、あくびを返すのだ。[48] この反応から、人間の相互作用にある根本的な要素が露呈される。すなわち、自分の仲間たちのもつ本質のほうが優れているかのように、自分たちのほうが他の集団の人々よりもいっそう人間的であるかのようにふるまうのだ。自分たちに適合しない誰かに出会うと退却する。極端な状況では、よそ者とみなす人物を見ている人の脳の活動が、動物を見ている人の脳の活動と同等になる。いったんよそ者という役割を割り振ると、心は微妙な差異を認めるのを放棄して、その人物を人間というカテゴリーから完全に排除することもある。これらの反応を総合すると、人間がもつ固定概念《ステレオタイプ》というもろい建築物の足場が組まれることになる。

第13章　ステレオタイプと物語

世界では物事が順序立って起こると予測していなければ、ユリの香りがすることやハチに刺されたら痛いことなどを予想せず、絶えず驚いてばかりだろう。[1] 固定概念《ステレオタイプ》とは心が行なう速記であり、自分の体験を理解可能なカテゴリーへと区分けすることから避けがたく引き起こされるものである。ステレオタイプ（もとの意味は印刷に使われるステロ版）に現代的な意味を与えたジャーナリストのウォルター・リップマンは次のように書いている。「私たちは、よく知られているタイプの特徴となるものを見つけると、頭に入れて持ち運んでいるステロ版《ステレオタイプ》を使って全体像の残りを埋めていく[2]」

つまり、こういうことだ。脚や座面といった特徴にもとづいてある物体を椅子と分類し、それから、その物体が、座るというニーズを満たすと予測して、さらなる思考を費やさず、それに腰を下ろす（もしかするとある日、びっくりするかもしれない。脚が壊れていることに気づかずに、自分と椅子とが床にたたきつけられて。椅子のステレオタイプ化が招いた失敗だ）。

もちろん私たちはふだん、ステレオタイプを家具と結びつけることはない。いつものように人間にたいして用いれば、ステレオタイプは、負荷のかかりすぎた脳が他人の行動を評価するために作り出した、社会で共有される予測という意味になる。それもとりわけ、他人が自分にたいして、あるいは自分の属する社会の人々にたいしてどのようにふるまうかを評価するための。[3] 予測される内容のいくつかは、害のないものだ。私たちは、何も考えずにカフェの店員にお金を渡す。しかも、ぼんやりしていたり急いでいたりすると、人間というよりもカフェインを投与してくれる機械のように、店員をとても無礼に扱う。それでも店員は気にせずに、お返しにこちらを、長い列を作っている客たちのうちのただのひとりとして扱うかもしれない。しかし、他者のなかにあると私たちが想像している本質は、人間がもつ検証可能なしるしだけでなく、しるしをもつ人々について私たちがもっているさまざまな信念や先入観《バイアス》とも対応している。このように一般化をするせいで、ある社会にいる人々やある背景をもつ人々を、好ましくない、そしてだいたいはまったくまちがっている一連の想定と結びつけてしまい、有害な結果を生むことがある。[4]

私たちのもつバイアスは、自分では認めたくないほど広範囲に及んでいる。意識的には気づけないステレオタイプを露呈させる非常に強力なツールのひとつに、潜在連合テスト（ＩＡＴ）がある。このテストでは、スクリーンに二つの画像をどんどん表示していく。ひとつは単語で、もうひとつは肌の色が黒か白の人の画像だ。被験者はルールに従って、表示されたタイプの顔を特定の種類の単語と結びつけるように求められる。たとえば、黒い肌の顔の横に表示された単語の意味が「平和」や「喜び」など肯定的であればボタンを押すように、「暴力」や「病気」など否定的であればボタンを押さないようにと、そして白い肌の顔が表示されている場合にはその反対をするように指示されたりする。

すると、ほぼ全員が人種で判断していることがわかる。ほとんどすべてのアメリカ人が、黒い肌の顔を否定的な単語と、白い肌の顔を肯定的な単語と結びつけるように求められた場合に、この作業をいっそう素早く、いっそう少ない労力で（まちがいを少なく）行なうのだ。ステレオタイプは好ましくないものだと考え、偏見をもたないと自負している人でさえそうである。この結果は、実験を受けた人たちに衝撃を与えている。さらに衝撃的なのが、このテストを開発した社会心理学者の談によれば「隠れた偏見に気づいても、偏見を根絶する助けにはならないようだった」ということだ。[5] つまり、テストを何度も受けても、結果は改善されないのだ。

ミュージカル『南太平洋』で作曲者リチャード・ロジャーズと脚本家オスカー・ハマースタインは、このような偏見が私たちの頭のなかに最初どのように入り込んだかについての従来の考えかたを歌詞に盛り込んだ。

恐れろと教えられるべきだ
奇妙な形をした目をもつ人々のことを
そして肌の色が異なる人々のことを
注意深く教えられるべきだ
手遅れになる前に教えられるべきだ
六歳か七歳か八歳になるまでに
親族が憎むすべての人々を憎むように
注意深く教えられるべきだ！

これはまちがっている。男の子も女の子もこのようなことを入念に教えられる必要はない。むしろステレオタイプの習得は、子どもがパターンに気づく技能を発達させていく過程の延長線上にある。これは、自立に向かう未成熟な生き物すべてにとって最も重要な課題だ。

子どもにとって、人々のカテゴリーを見分けることが最初の一歩となる。子どもはさまざまなカテゴリーを、人々のふるまいのなかに認められるパターンだけでなく、人々がこういうことをしていると他の人たちが言う内容とも結びつける。さらには、そうしたふるまいについての善悪の評価とも結びつける。たとえ集団がまったく恣意的に作られたものでも、このようなバイアスは容易に生まれる。たとえば、二つの集団のどちらか一方にランダムに入れられた子どもたちは、もう一方の集団にいる子どもたちはもっとたくさん悪いことをすると予測する。[6] 要するに、集団――とりわけ国家や民族などの長く存続する重要な集団――とは、「イタリア人はパスタを食べる」のようなあまり害のないものから、「メキシコ人は卑しい仕事をする」などの問題をはらんだ決めつけまで、子どもの頃から見に着けた経験則がたくさん保存された、頭のなかにあるデータ・ファイルによって表現されたものなのだ。

「人種差別は、子どもに降りかかるものではなく、子どもがすることだ」と心理学者のローレンス・ハーシュフェルドは論じている。[7] 子どもは三歳になるまでに人種を認識するだけでなく、人種は表面上だけのものではないと理解してステレオタイプを当てはめるようになる。[8] これは厳然たる事実だ。子どもは、他の人たち――自分の親だけとはかぎらない――の態度に同化し、自分の見解を組み立てる。実際のところ、母親や父親の影響は意外なほど小さいことが多い。[9] 革新的な親をもつ子どもでさえ、社会にあるバイアスを吸収していく。子どもは小さな偏見マシンだ。大人と同じくらい否定的な態度を見せながら、それを隠すのが大人よりもたいてい下手だ。[10]

自分自身がどのカテゴリーに入るかを理解することも子どもにとって重要である。これをするために子どもは、他者を観察することに多くの時間を費やす。鏡に映る自分をじっくり見るよりも、親や面倒を見てくれている人たちと同じ人種や民族の人たちに最も多く注意を向ける。[11] ただし、自分とはちがう民族の人の養子になったり、外国人の子守りに育てられていたりする子どもは、自身の背景をふまえて、周りの人たちからの扱われかたから自分がどのようにふるまうことを期待されているかを理解しているようである。[12] 子どもが他の人たちから押しつけられたアイデンティティを受け入れるということは、自分の居場所を見つけたいという強い願望を人間がもっていることの表れだ。もしもあなたの脳が子どもの頃に、セネガルのジャングルやマカオの集合住宅に住む子どもの頭部に移植されていたとしたら、まちがいなく、今日あなた自身のアイデンティティに慣れ親しんでいるのとまったく同じくらい、そちらの社会的な環境に慣れ親しんで成長していただろう。子どもは二つの文化を吸収することもできる。しかし、大人になるにつれ、自分は主にどちらか一方の文化に属しているととらえるようになるだろう。[13]

遺伝的に決定された偏見はひとつもないが、生まれつきもっているバイアスがやっかいな作用をする。いったん形成されたステレオタイプは書き換えにくい。この不運な事実が「異なる言語や社会の集団間での対立がまん延していて、根絶が難しいことを、一部説明するかもしれない」と有力な心理学者たちが推論している。[14]

速断

こうした一切のことがらにおいて、ふつう使われるのが速断だ。プリンストン大学の心理学者アレックス・トドロフは、人をカテゴリーに収めるのに要する一〇分の一秒のあいだに、私たちはすでに、さまざまなステレオタイプのなかでも信頼性についての見解を固めているということを発見した。自身の集団の外にいる人にたいしては、最も素早く、そして最も表面的な評価が下される。よそ者は、扁桃核という不安を誘発する脳の部位を活性化する。ここは、心臓をドキドキさせながらハチを手で追い払おうとするときに活発になる部位だ。潜在的な脅威とみなすすべてのものにたいする興奮した急場しのぎの反応は、「変化にたいする抵抗であり、一般化されやすい」とある神経科学者が書いている。[15] 私が不思議に思うのは、相手が自分の意識のなかに登録される前にそのような判断を下す点だ。一瞬よりも長く相手の顔を見ても、すでに無意識のうちに形作られた結論を正当化する以上のことにはならない。実際には認知における決定的な最初の瞬間、私たちは人を見てはいない。その代わりに、その人物についてのステレオタイプを登録しており、心の目に映し出された漫画のような姿のほうが、現実の人について見えることとの大方よりも優先される。

ステレオタイプから逸脱する点があれば、それがその人の個性を測る尺度となる。有用な情報だとは思わないか？　それでも私たちは、自分と同じ社会や民族に属する人についてだけ深く考察する。そういう人たちには特別に個性という特権を授け、人となりについての詳細をまずは紡錘状回《ぼうすいじょうかい》に取り入れる。ここは、側頭葉と後頭葉にある顔の認識を司る部位である。たとえば、特徴のはっきりしない顔にアフロという「札《タグ》」をつけて黒人だと解釈した場合、自分自身も黒人であれば、その人についていっそう総合的な印象を構築する可能性が高くなる。もしもその人と、たとえば政治的な傾向が特に似ていれば、この反応はいっそう強くなる。それに応じて、神経細胞の活動が内側前頭前皮質の下部へと移動していく。こちらは、自分自身について思考するときに活性化される領域である。[16]

このように脳が自動的に活性化する代償として、よそ者の理解に支障が生じる。それでも、集団の外の人について名前などの詳しい情報を知ろうとするなど、余分な努力を払おうとみずから決めることができないわけではない。しかし、自分と同じ「種類」ではない人たちを個体化することがいかに下手であるかを考えると、マーティン・ルーサー・キングの語った夢は今なお困難な闘いだ。善意の人であっても、別の集団に属する人々を個人の性格だけから評価することができない場合が多いのだ。

ある意味、本をぱっと見た瞬間に表紙だけから自動的に評価しているのと同じである。表紙が検閲を通ったときだけ、中身に多少は目を通す。そのうえ、自分と同じ集団に属する人であれば、出会ってから数分後、数日後、数週間後に、その人のことをいっそう正確に思い出す。同じ集団の人でなければ、その人について認識したかもしれない具体的なことがらは記憶から薄れていく。それから派生することのなかに、悲しい事実がある。警察に誤って拘束される事例の多くは、容疑者とは異なる人種の人による目撃証言を根拠としたものなのだ[17]。

社会内または社会間での集団どうしの関係について好ましい兆候と思われるものが、十分に強力なしるしが潜在的に有害な偏見に取って代わることが可能であるということだ。たとえば、異なる人種や民族に属する男性が私たちのスポーツチームのジャージを着ていれば、そのジャージが、その人物を評価するにあたって重要な要素となる。同じ対象に忠誠を誓っているなら、その人のもつよそ者という身分が忘れられることもあるかもしれない[18]。残念ながら、そうした変化は一瞬しか続かず、そのジャージを着ている仲間内にしか通用しない。後でその人が別のシャツを着ているところを見かけたり、その人と同じ人種や民族の人が罪を犯したというニュースを耳にしたり、ホームレス生活をしているところを通りかかったりしたら、深く染みついたバイアスがあっという間に元に戻る。自身の否定的な考えを押さえ込もうとすると、「ゾウについて考えない」効果によって裏目に出ることがある。この効果は、たとえばゾウではない他の何かに注意を集中させようとした後に、結局はゾウについてもっとたくさん考えてしまうというものだ。今の議論で言えば、結局のところ以前よりもさらに偏見が強くなってしまうことになる[19]。こうなってしまうのは皮肉にも、ステレオタイプを克服しようとして燃焼させているエネルギーが自分自身を消耗させてしまうからだ。その結果うっかりして、いっそう強い偏見を見せることになりかねない[20]。

民族や社会が互いをもっとよく知れば問題が緩和されるのではないか、と思われるかもしれない。しかし、アメリカの歴史において一貫してアフリカ系アメリカ人への人種的偏見が根強いことからわかるように、たとえ黒人が大勢住んでいる地域にいて彼らと頻繁に接触していても、それだけでは十分ではない。ノーザン・アイオワ大学の心理学者、キンバリー・マクリーンとオットー・マクリーンは、この問題をマンハッタンの交通事情と比較した。歩行者は何千台もの自動車を目にしているが、車を持とうという気がまったくない人は車種を見分けられない。せいぜい、タクシーのマークくらいしかわからない。[21] よそ者を、ステレオタイプの観点からではなく人として見分けるためには、ニューヨーカーがたくさんの車に接しているようなやりかたで彼らに接しているだけではだめなのだ。全くちがっているから比較できないことを言い表す「リンゴとオレンジ」の言い回しをちがう方向で使ってみよう。よそ者にたいして公平であるということは、彼らをリンゴに相当するものとみなし、自分自身をさまざまな興味深い柑橘類とみなすというような簡単なやりかたでは到達できない。これほどの詳細な注意をよそ者に向けることは、努力なしにはできないうえに、頻繁にできることでもない。

偏狭な人や無邪気な幼い子どもだけが偏見をそのまま表に出す。大人のほとんどは、自分が下したと思われる予断や、それから生じた不安を合理化するか意識の奥底に隠すため、そうしたものが存在していることに気づかない。だが、潜在連合テストからは、極端な外国人嫌いでなくても、よそ者にたいして偏見を見せるということがわかる。善意の人間でさえ、意識にのぼらないような認知の内容が自身の反応にも影響し、その結果、二人の社会心理学者の言葉によれば「中傷、格下げ、絶縁」などの対応をするという。[22] ほとんどすべての店主や雇用主、交通警官、通行人は、内集団と外集団の区別をつけ、特定の外集団にはいっそう強い警戒心を見せ、助けの手を差し伸べることが少ない。同じ人でも、個人として具体化されている人のほうに関心を示す傾向が強い——身元の分かる犠牲者効果として知られるものだ。だから、よそ者にたいしては一人ひとりを見分けるのに努力を要するために、公平に扱うことが難しくなる場合がある。それでもほとんどの人は、自分が不道徳なふるまいをしたとはまったく自覚しないだろう。このような作用は、社会間や、社会の内部にいる民族間におけるあらゆる相互作用において展開し、対人関係に予測のつかない影響を及ぼす。[23]人間がもつバイアスは矛盾をはらむ情報に抵抗する。私たちは、自分が嫌う国の国民である友人を偏見の対象から除外する。その友人が、その国の国民にたいする自分の評価を改善させているのでなくても。仲間はルールの例外というわけだ。[24]

このような否定的な面があっても、私たちが見知らぬ人を相手にしたときに見せる傾向は、社会内と社会間の両方の場面で肯定的な相互作用を簡略化するのに役に立つ。社会が機能するためにはメンバーが互いを知っていなくてはならないような種においてはできないことだ。人は、誰かをよそ者と登録しても、その人と生産的な関係を結ぶことができる。多少の嫌悪感を含んだ対応をしてもさほど害を及ぼすこともなく、改まった距離を置きはしても両者の関係が続くことは可能だ。[25]ただしこれは、部分的に良い点もあるという話にすぎない。同じ種類の人たちのほうを他の人たちよりも優遇するという日常的に見られるささいなバイアス以外にも、危険はある。何らかの刺激や機会があれば、そのような嫌悪や嫉妬が、よそ者の集団全体に対抗する行為を正当化するために使われることがあるからだ。[26]

順応を求める社会的な圧力は、ステレオタイプを、社会や民族のメンバーにとって自己達成的な予言に変えることもある。とりわけ侮辱を受けている集団のメンバーたちは、非難されている通りのふるまいを見せるようになり、犯罪行為も合理的な選択だと思うようにさえなるかもしれない。[27]また、自分のなかに取り込んだステレオタイプによって得意なはずだと期待される技能に秀でようと、一生懸命に努力する傾向がある。アメリカでは、黒人はスポーツが得意でアジア系は数学が得意だとよく言われる。そういう努力をすることで、自身のもっている他のあらゆる可能性をつぶし、そのためにステレオタイプを強化してしまっている。[28] 才能のちがいがステレオタイプを生むのか、ステレオタイプが才能のちがいを後押しするのかは、まだ答えのわからない問題だが、もしも集団のふるまいについての期待から逸脱すれば、自身の集団から反発をくらうことがある。[29] このことから、行動のパターンを予測することは外部の集団にたいしてだけ行なわれるのではなく、自分の属する集団のメンバーたちにも特定のふるまいを期待しているということがわかる。

結局、私たちは、偏ったふるまいをしていないと思い込んでいるときでさえ、偏ったふるまいをしている。こうした傾向が高じて、外部の人々との関係が良いときでさえ、自分の属する集団の最善の利益にかなう方向へ動かされるようになったにちがいない。関係が破綻すると、現在そうであるように、あからさまな差別がはっきりと目に付くようになるのだろう。

おぼえて、忘れて、意味づけして、物語を作る

私たちは他人のこととなると自動的に反応し、肯定的あるいは否定的な感情やバイアスが人と出会ってから一〇〇〇分の一秒以内に引き起こされるということが、研究によって明らかにされている。しるしにたいする私たちの反応もまったく同様に自動的であり、後から説明するように求められて初めて、そのしるしが自分にとって何を象徴しているのかを口にすることを通じて、自分の反応を合理化するのではないかと私は予測している。だからといって、そうした意味づけが重要でないというわけではない。子どものころから親しんで育った考えかたや物語は、社会や世界における自分の位置を

解釈するための指針となる。前にも述べたような、人間はすべてのことを一種の物語に変換するという考えを拡張すると、人々がこれは伝えていかねばと選び取った生気に満ちた文化的な史実——たとえばベッツィー・ロスが最初に星条旗を作ったという話——は、後から思い出し継続して伝えていきやすくするような感情的な重みを与えるのに役立っている。物語については、さらに考察する価値がある。情報の沼を通り抜け、他者とのつながりにおいて何が本当に重要であるかを思い起こすための労力が省かれるという点において、物語はステレオタイプに似ているのだ。

社会についての物語は、人々の願いや、過去についての記述を伝えるものであったりする。なかには最近作られた物語もある。その年に開かれたオリンピックに出場した選手の業績を語ったものもあるだろう。しかし、非常に重要な物語は先々まで残っていく。イタリア人はいまだにローマ帝国の歴史を、インド人はマウリヤ朝などの古代王朝の偉業を語り伝えている。とりわけ、社会の誕生を描写した物語はインスピレーションや喜びの源となる。たとえ自分の祖先が独立宣言に署名したのであってもそうでなくても、あるいはアメリカに帰化したばかりであってもそうでなくても。

起源についての物語はどれも、出来事を素直に語ったものではない。歴史を作るということは、繊細で難しい作業なのだ。大切なのは真実ではなくお話だ。つまり、危機に際して集団や価値観を守るために闘ったという、誇り高き過去や勇気を伝える話である。ベトナムが一〇世紀に中国から独立した後、当時の学者たちが自国の歴史についての物語を綴った。それから数世紀にわたり、歴代の雄王《フン》として知られる初代の王朝はベトナムの伝統の一部とみなされ、雄王の物語は、古代の多数の世代を通じて正確に口頭で伝えられてきたと広く信じられていた。しかし考古学的記録から、雄王は中世になって作られた話であると判明している。[30] 二〇世紀前半、革命家たちが、中国の人口の大多数を占めるようになった漢民族についても同じことをした。すべての中国人のための簡素化されたひとつの歴史と祖先、すなわち神話上の黄帝《こうてい》を祭り上げたのだ。[31]

歴史のない国は幸福である。[32] 一八世紀の思想家チェザーレ・ベッカリーアはそう述べた。彼の言いたかったのは、過去を完璧かつ正確に描写することは、集合的な記憶の目的を害するということだと私は解釈している。歴史を、屋根裏で見つかった思い出の品々の入った箱の中身であり、そこから、私たちの望むものを取り出し、忘れたほうがいいことを捨てるようなものだと考えよう。記念の品々を糸でつなぎ合わせていくことから生まれた物語が、誤りのないものか、まったくの作り話か、それともその中間であっても、物語に異議を唱えると良い顔をされなかったり、そうすることが禁じられていたりする。上手に作られた歴史は、その国の人々を最大限に良く見せるのに役立ち、人々の将来を具体的な形にしてみせる。ただし、狡猾なリーダーなら屋根裏部屋にある箱の中身を巧みに操作して、熱狂的な支持者を作り出すことができる。[33] 物語は人々の記憶のなかに焼きついているかもしれないが、歴史家のエルネスト・ルナンが述べたように、「忘れやすいことと、さらには史実についての誤りは、国家の創設においては不可欠なものである」[34]。それでトルコはアルメニア人大虐殺をかたくなに認めようとせず、アメリカ人は独立戦争をあのように語り継いでいるのだ。イギリス人から見れば後者には、反逆を支持したフランスの果たした決定的な役割が過小評価されているなど、多くの誤りが含まれている。[35]

文字で書かれた記録と、皆が動揺するような事実を明るみに出すための手法をもっていなかった狩猟採集民は、選択的な記憶を自在に利用していた。彼らは物語を楽しんだ。しかし、先祖の業績を承認することよりも自然について語ることのほうに夢中になった。すべての社会が歴史を特別なものとして扱ったわけではない。バンドで生活している人々はなおさらだ。火のおこしかたなど日々の生活に必要なものは、できるかぎり途切れることなく伝えられたが、過ぎ去った日々のこととなると決まって集団で忘れ去られた。文字をもたない社会にとって、過去が、記憶に値するような展開が繰り広げられる長い物語であることはまずなかった。人々はむしろ、時間は、無限でありながら同時に、月の位相のようにくるりと循環するものとみなしていた。これは、歴史はそれ自身を繰り返すという哲学者のジョージ・サンタヤナの言葉とほぼ一致している。[36]

これは、現在の私たちが歴史に強い興味を抱いていることと、おもしろいほど対照的だ。どんな話を調べても、バンド社会は現在のことしか頭になかった。狩猟採集民が遠い昔の話を語っていることを示す文献は少ししか知らないが、そのひとつに、アボリジニが三世紀前にインドネシア人の漁師が到来したことについて語ったものがある。[37] 昔についてなぜこれほど関心がないのかとたずねたところ、人類学者のポリー・ウィーズナーは、アメリカ合衆国憲法が規定しているような、世代を通じて正当化して伝達されなければならない政治的なシステムを人々が創設した後に初めて、過去が重要性を帯びるのだろうという意見を述べた。

「この国は君と僕のために作られた」とウディ・ガスリーは歌った（アメリカのフォーク歌手の作品『我が祖国（This land is your land）』より）。空間を、その内部にあるものと、その他すべてのアイデンティティのしるしとともに共同で所有しているという感覚は、人が社会と結びつくにあたって必須であるようだ。狩猟採集民がほとんどつねに縄張りをもっていたという話はすでにした。人というものはおおむねそうだ。国家の精神の中核をなす建国の父についての物語よりも、狩猟採集民の心に最も強く響いていたのが、土地と神聖な場所へのこうした愛着だった。シャイアンが崇拝するサウスダコタ州にあるベア・ビュート山もそのひとつだ。こうした土地との密接なつながりから、人々が、文化の存続にかかわる問題であるとして、祖国のために死ぬことを厭わない場合のあることがわかる。彼らの世界についての知識が当てはめられるのはここ、神聖な習わしが土のなかにまでしみ込んでいるこの場所なのだ。そのうえ、物語と空間とを結びつけることができる。記憶術に長けた人は、想像上の場所や風景のある地点へと割り当てることによって情報を思い出す。じつは、記憶のなかの風景と現実の風景はどちらも海馬にコード化されている。[38] オーストラリアの夢の時代《ドリームタイム》は、こうした記憶術のひとつに該当する。印象深い物語のとても細かい部分までがそれぞれの場所と結びついているために、アボリジニは自分たちの土地の地勢を地図を見ずに再現することができた。[39]

今日の人々は、国家の領土を共有しているという信念をもち続けている。多くの人たちが、個人として、国土の内部に小さな土地を所有するようになってきていても。たとえ、ジェイムズ・ジョイスの物語の登場人物レオポルド・ブルーム（『ユリシーズ』の主人公）が述べたように「国家とは同じ場所に住む同じ人々」[40] であっても、精神的なつながりを感じるために社会の領域の隅々まで歩き回る必要はない。社会の境界は、心の目のなかで固定されている。私たちをあちら側に住む彼らから隔てているアイデンティティの境界線と同じように。実際のところ、広すぎて誰も全体を見ることのできない広大な土地でも、一度も会ったこともないような人ばかりの同胞が暮らす広範なコミュニティとして、人々の頭のなかで具体的にイメージされている。そして、祖国についての感動的な文句が国歌にちりばめられている。フィジーには「黄金の砂浜と太陽の光」があり、ブルガリアの美しさと魅力は「ああ、無限」で、チリの田舎は「エデンの園そのもの」だと歌われる。また、ガイアナは「山と海に囲まれた宝石のように美しい」国であり、レソトは「最高に美しい」。人は、外国の土地を素晴らしいと感じることもあるが、そうした感覚を、生まれた国と自身とを関係づける帰属感、すなわち物語との深い結びつきと同化させる人はほとんどいない。[41]

だが、自身の属する集団との強い一体感をもつために領土がなくてはならないというわけではない。インド北部に起源をもち、しばしばジプシーとよばれるさすらいの民族、ロマの人々は、ひとつの民族として存続しており、一〇〇〇年前にヨーロッパ全域に分散して以来、定住していなくても共通の生活様式を維持している。それでも、故郷がなければ、あるいは少なくともここが祖国であるという主張がなければ、民族集団であれ他の集団であれ、力を失うことがある。[42] それで、国を追われたユダヤ人やパレスチナ人が自身の土地を手に入れようとするという叙事詩が共感を呼ぶのだ。

物語や、それがしばしばよりどころとしている縄張りは、社会を強力に結束させる。たき火の周りに集まったブッシュマンたちの心は、共通の意義をもった物語を話すとき、ひとつになったはずだ。そして、ある専門家が集団心理と称したような、集合的な精神生活が構築されたにちがいない。[43] 学校で教えられるのであれ、たき火の周りで語られるのであれ、世代を通じて受け継がれた物語や、そこに描写された土地や人々が、共有するバックグラウンドや運命を形作る。物語は、私たちがひとつにまとまっているか、あるいは、他の人々——彼ら——が私たちにとって不利益であるかもしれないようなやりかたでひとつにまとまっているかのどちらかを告げる。ホメロスのキュクロプス（『オデュッセイア』に描かれる単眼の巨人）であれ、モーゼが紅海を二つに分けた話であれ、古くから伝わる物語にある直観に反する部分は、記憶に強く残り、他の人々の信じるものと混同されたりしない。それどころか、そんなことは明らかにありそうにないので、よそ者は必然的にそうした話をばからしいとみなすが、内部の者たちは、そうした独特な面を疑問に思わずに受け入れる。[44] こうした神話の役割は、論理を伝えることではなく、感情を引き出して、私たちを自身の住む場所に、さらには互いに結びつけることにある。物語をどう提示するかも重要だ。特別な語り部が小声で語ったり、大きな声で唱えたりすると、物語は記憶されやすくなる。さらに、話を台なしにすることは歪曲行為や罪とみなされることもある。物語を適切に語ることは、子育てにおいてふだんから実践され、まさに魂の一部となっている。

国民が国土と結びつくことから帰属の感覚が生まれる。ちょうど、物語とステレオタイプから重要なアイデンティティが生まれるように。後にわかることだが、これらふたつがなぜこれほど強力なのかというと、それらすべてを、自分についての優れたセルフイメージを保持することに利用できるからだ。それらはまた、私たちと争っている、あるいは私たちを侵害しようとしている集団にたいする武器にもなりうる。ああ、だからこそ、物語とステレオタイプはこんなにも恐ろしいのだ。

第14章　おおいなる連鎖

狩猟採集民のひとつ、マレーシアのジャハイは自身のことをmenra、すなわち本当の人とよぶ。カナダのビーバー・インディアンが自分たちの種族につけたDana-zaaという名前や、ネパールのクスンダが使うmihhaqという名前も同じ意味をもっている。「カラハリ砂漠の温和なサン人［ブッシュマン］でさえ、自分たちのことをクン――まさしく人間――とよぶ。しかし、その地においても、『人間』という名称は、すべてのブッシュマンに使われるわけではなく、クンの社会に属しているブッシュマンだけに用いられる」とE・O・ウィルソンは述べている[1]。

ある社会の人々が優越感を抱くことがあるというのは驚くことではないが、はたと立ち止まって、この感覚がいかに極端になりうるか、そしてときにはいかに邪悪なものになりうるかについて深く考えることはめったにない。このことについて評論家のエルンスト・ゴンブリッチが上手に説明している。

同国人たちに向かって次のように語った賢い仏僧のことを知っている。自分のことを、私はこの世で最も頭が良く力が強く勇敢で才能あふれた人間だと自慢する人間は、滑稽で恥ずかしい人だと思われるのに、「私」がそうだと言うのではなく、「私たちは、この世で最も知性が高く力が強く勇敢で才能あふれた国民だ」と言うと、同国民たちが熱狂的に拍手喝采し、その人物を愛国者とよぶのはなぜかを知りたい、とこの僧侶は述べたのだ。[2]

このようにして優越感を培い、それを保持することと、他の社会に属する人々が相対的にどういう位置づけにあるのかを頭に留めておくことは、あらゆる人間に見られる行ないだ。まさかアメリカ人が、自分の国が最も偉大であるという信念を考案したわけではないだろう。「自分の国の発明や英雄や息をのむような自然の驚異を、競争相手の国々のものと注意深く比べるまでは、母国についての感情的な評価を控えるようにと子どもたちに教える合理主義的な国がどこかにあるかもしれない」、「しかし、その国はおそらく、あなたや私が育った国ではないだろう」と社会心理学者のロジャー・ジナー＝ソロラは述べている。[3] この見解もまた国歌のなかに盛り込まれている。どの国歌でも、ほぼ同じ主題が歌われているのだ。取り上げられているものには、自国の歴史や英雄の過度な称賛や、国民の労働倫理や責任感や勇気にたいする誇り、さらには、平和や安全、解放、そして最も過剰に使われているフレーズとして、国から与えられている自由にたいする誇りなどがある。不寛容な人にとっては、自身の社会と他の社会とにはもっともらしい類似点があるとする考えそのものが、ばかげたものに感じられる。ささいな点が、他のほとんどの点においてはとても似通っている両者のうちの一方に優越感を抱かせることがある。フロイトはこの現象を、小さな差異のナルシシズムと命名した。[4] 物事社会のメンバーは、なぜ自分たちのやりかたが最善であるかを解説される必要がほとんどない。物事がどのようであるべきかを自分たちは知っており、そのように整えられた人生こそが、生きる価値のあるものだからだ。

優越感は、全体像のうちの一部にすぎない。人が、驚くほどたやすく、見知らぬ人の価値を下げることができてしまうために、状況が悪化してゆく。もしも宇宙人が地球に降り立って人間たちのふるまいを目撃したら、人間は社会性に欠けると評価するかもしれない。私たちはじっくり考えもせずに、動物を人間のように扱ったかと思うと、人間を、ときには個々の人のように、あるいはコーヒーの販売機のように、あるいは自分より劣った獣のように扱うというように、ころころと態度を変える。動物を人間化することで実際的な見返りがある一方で（たとえばハンターは、シカの次の動きを予測するためにシカが何を考えているかをよく想像する）、人々がいかにたやすく、自分以外の人間を非人間化するかを知ると衝撃を受ける。[5] 多くの狩猟採集民が彼ら自身に与えている名前には、人間がどのように、自分たちや、自分たちが知っていて信頼している他の集団にたいするときとは異なるやりかたで、しかもふつうは自分たちより劣る存在として、よそ者を扱っているかが表れている。多くの現代国家が自国を指すために用いる名前さえも、彼らの言語において「人々」を意味する語からきている。たとえばドイツ人を意味するDeutschや、オランダ人を意味するDutchのように。

心の構造は、人間の集団には本質があると認識するように作られてはいても、人間全員が平等であるとはみなさない。私たちは、自身の社会と他者の社会を、人間以外の種も含めて、階層《ヒエラルキー》に分けられるものと考える。これは、中世において体系化された、存在のおおいなる連鎖という概念だ。一般的に君主が連鎖の頂点に位置する（これをしのぐのは神と天使のみ）。その次に上から下へと他の人々が並び、アリストテレスいわく、そのなかには「獣が人間より劣っているのと同じように……他の人間よりも劣っている者たちがいる」。[6] この階層は自然界まで下降している。オーウェルが『動物農場』（山形浩生訳／ハヤカワepi文庫など）で皮肉ったように、「一部の動物は他の動物よりももっと平等だ」。[7]

この尺度は、古代ギリシアの象牙の塔において考案されたのではない。言葉が羊皮紙に書きつけられる前に、人々は直観的に世の中をこのように見ていたのだ[8]。これはきっと、私たちの心理の根本にある特徴なのだろう。子どもは、人間は動物よりも優れており、よそ者は、自分の属する集団よりももっと動物に近いと考えていることが研究によって示されている[9]。さらに、狩猟採集民や部族たちが自身を人間という名でよぶ傾向があることから、規模が小さく、近隣の人々との共通点が多い社会のなかでさえこの類いの思考が一般的であるように思われる（そのような共通点は、世界についていっそう広い知識をもった今日のあなたが、チベットでヤクを飼う人とのあいだにもっている共通点よりもはるかに多かった）[10]。こうした人々が、人間以外の者や動物を意味する別称を使っていたことからも、彼らが、少なくとも一部のよそ者を、はっきりと人間以外の種として扱う権利をもっていると感じていたことがうかがわれる。そうした見解は当然、互いの関係に影響を与えるだろう。

他者を格づけする

心理学者は、人がいかによそ者を格づけするかについて言いたいことがたくさんある。私たちがさまざまな集団に割り当てる地位は、その集団の人々がどのように、どれくらい上手に感情を表現するかについての私たちのとらえかたと関連している[11]。まずは、背景を少し説明しておこう。基本的な感情には六種類あるとよく言われる。すなわち、幸せ、恐れ、怒り、悲しみ、嫌悪、驚きである。これらは生来備わっている別々の感情で、生理学的に異なる心の状態であり、幼い頃に最初に表現されるものだ。文化によってちがいがあってもごくわずかであり、世界中で認識される[12]。これらの感情に二次的な感情が加わる。そちらは、自分自身と他者との関係において表現される、文化の影響を受けた感情である。二次感情は、互いの意図を解釈するときや、他者が自分について人としてまたは集団の代表として考えている内容に反応するために用いられる。こうした複雑な感情の多くは希望や名誉など肯定的なものだが、困惑や哀れみなど否定的なものもある。共有されるこれらの二次感情は、社会のメンバーを結びつけるために重要だ。自尊心や愛国心を満たしたり、羞恥心や罪悪感を避けたりして、大きな犠牲を伴うような状況において一丸となって行動する意欲がかき立てられる。[13] 基本的な感情とちがって二次感情には学習といっそうの知力が必要とされ、子どもが自身のアイデンティティを吸収する時期になってようやく出現してくる。[14]

人はおおむね、すべての人間は基本的な感情を表し、それらを一部の動物と共有していると直観的に考えている（犬が嬉しそうにしっぽを振っているところを想像しよう）。[15] しかし、二次感情については異なるとらえかたをする。洗練や自制や礼儀などの品性と同様に、人間に特有なだけでなく、自分たち以外の人々のあいだではあまり発達していないか、備わっているかどうかも疑わしいものととらえる。とりわけ、存在の連鎖の最下段の近くに位置し、嫌われている集団の人々には複雑な感情がないのではないかと思い、そういう人々はほとんど動物的な基本的感情だけで動かされているとみなす。[16] そのような人々は自制心を欠き、さまざまな色合いの感情をもつ能力がなく、合理的に扱われることができないと想定する。彼らが行なったとされる逸脱にたいして彼らが後悔――二次感情――を見せているという証拠を軽視する。彼らの誠意を疑っているからだ。[17] 私たちは自分たちの尊い身分を道徳心と結びつけていることから、社会ののけ者を不道徳と関連づけることもある。彼らは適切な倫理規定に従わない、さらには、従うことができないとまで思いがちだ。道徳的な欠陥があると想定されているために、彼らは、公平な扱いを受ける範疇の外側――正義の及ぶ範囲外――に置かれる。[18] そのうえ、非人間化された人は、今度は私たちからの二次感情をあまり引き出さない。その結果、彼らが私たちは冷淡で感情をもたないと決めつけて、事態がいっそう悪くなる。

人間どうしのまちがったコミュニケーションによって、外集団のメンバーをいっそう不平等に扱うことになる。翻訳において多くのものが失われるが、その原因は、言語のちがいだけでなく、外国人の顔からは基本的な感情でさえ上手に読み取ることができないからだ。[19] 自分たちと似た人々についてはあらゆる種類の微妙な感情を見て取るのに、こちらの心もちを悪くするようなよそ者と交流するときには、最も極端な表情にしか気づかない（とりわけ怒りと嫌悪）。だから、白人のアメリカ人は、白人よりも黒人の顔に怒りの表情があるときのほうがいっそう素早くそれを察知し、人種が判別しにくい顔を見せられると、その顔に怒りが表れているときにはその人が黒人であると決めつける例が多かったという研究結果がある。[20] 民族性を危険と最も結びつけやすい人――つまり人種差別主義者――は、最も素早く最も浅はかな評価を下す。[21] 肌の色が黒いほどいっそう危険だと判断するのだ。一九九四年六月二七日、『タイム』誌が殺人罪に問われているO・J・シンプソンの顔写真を掲載したが、それには肌の色をより黒くする調整が施されていた。そのことは、『ニューズウィーク』誌が加工していない同じ写真を掲載したときに明らかになった。激しい抗議の声が上がり、『タイム』は店頭から同号を回収せざるをえなくなった。

さらに、外国人が本当のことを言っているかどうかを知ることすら、難しい場合がある。トルコ人とアメリカ人を対象とした最近の研究で、被験者は互いの嘘を見抜けなかった。[22] 同様に、中国人は何を考えているのかわからないとよく言われる。ヨーロッパ人は彼らの感情を読み取れないので、中国人の感情は発達していないと思いがちだが、中国人は中国人で別のルールに従って行動していることから、ヨーロッパ人の反応は大げさだと感じる。このことは社会的に大きな影響を及ぼす。ばか騒ぎしている観光客たちが、彼らから見ると「何を考えているのかわからない」中国人やインドネシア人の顔に浮かんだいら立ちに気づいていない場面に遭遇したことがある。中国やインドネシアでは通常、感情はあからさまに表に出されないのだ。[23] ヨーロッパ人やアメリカ人はアジア人のことを消極的と思っているが、アジア人のなかには二重まぶたを手術で一重にしている人がいる、という話で対抗することもできる。[24]

よそ者に感情的な反応をしてしまう背景には、よそ者の認知にかかわる二つの要素がある。ひとつは、温かさとよばれる信頼性を測る尺度であり、第一印象において目にも留まらぬ速さで判定される。もうひとつが有能さだ。こちらは、相手の集団が階層のどこに位置するのかを認識したうえで、時間をかけて評価され、決定される。有能さとは、ある集団の人々の力を測る尺度、つまりは、私たちへの見方にもとづいて、ある集団の人々が行動する能力である。すなわち、私たちを助けることができるのか、それとも私たちに害を及ぼすのかということだ。[25] 私たちは、これらの本能的な評価にもとづいて異なる反応を示す。温かいけれども有能ではないと評価した集団のメンバーには哀れみをおぼえる（たとえばイタリア人を被験者とした実験ではキューバ人にたいしてそうだった）。自分たちにたいしては冷たそうだが有能な者たちのことはうらやむ（同じくイタリア人を対象とした実験では日本人とドイツ人がそう）。そして、有能で、自分たちを温かく扱う集団との交流を望む。最後に、敵対していて無能とみなす者たちへは、ときに怒りを帯びた嫌悪——侮蔑——をあからさまに示す（多くのヨーロッパ人がロマに見せる反応[26]）。

ロマやその他のおとしめられている人々にたいしてわいてくる嫌悪感によって、彼らは、階層の底辺に位置する虫けらのような存在に固定される。こうした思考は、歴史を通じて数え切れないほど出現している。その事例は千の単位で拾い上げることができる。アチェの狩猟採集民たちに近隣で暮らす農耕民たちがつけた名前はグアヤキ、つまり「獰猛なネズミ」だ。[27] ドイツ第三帝国を研究する政治理論学者によれば、ナチスは、「人間の顔をもつすべての存在が人間であるとはかぎらない」と宣言し、ユダヤ人をヒルやヘビになぞらえた[28]。一九九四年に起こったルワンダ虐殺では、フツが、自分たちより少しだけ背が高く人種的にわずかに異なる敵対するツチをゴキブリにたとえた。黒人を類人猿と同一視するという計略は、ヨーロッパ人が初めて西アフリカに接触したときに始まった。こんなひどい評価のしかたは遠い昔の話だろうと思いたいところだが、そのような関連づけが今もなおアメリカ人の心のなかに埋め込まれたままであることが、潜在連合テストによって明らかになっている[29]。これらは、まるでブタのようにふるまうと言って誰かを非難したり、フクロウのように賢いと言って誰かをほめたりすることと同等の、その場かぎりの比較ではない[30]。ある集団の人々を嫌な人たちで人間より劣る存在であると登録すると、彼らをそのように扱うことができてしまう。アブグレイブ刑務所の戦争捕虜たちを待ち受けていたのが、この運命だった。彼らは二〇〇三年から二〇〇四年にかけてアメリカ人の看守から屈辱を受け、それを写真に撮られていた。彼らの不幸は、よくても無視されるか、シャーデンフロイデ――彼らの苦痛を喜ぶ気持ち――で迎えられている。

嫌悪は複雑な感情だ。ゴキブリや特定の人間だけでなく、汚れているものや不衛生なものにも向けられる。歩くチーズのような奇怪な民族料理もその対象に入るうえに、私たちには不潔で動物的な性質があることを思い起こさせるようなもの――あるいは人――はどれも対象に入る[31]。人にたいする嫌悪と、不衛生なものにたいする嫌悪は、本質的に交換可能であるようだ。どちらも、脳のなかの二つの領域の活動の産物である。ひとつは、島《とう》という、大脳皮質の奥に折り込まれた部位であり、もうひとつは扁桃核という、側頭葉の奥にある神経線維がアーモンドの形に集まった二つの部位である。これらは、脳にある急速反応システムの一部だ。一方で内側前頭前皮質という、人との相互作用に関わる脳の部位は、まるで物体を相手にしているだけであるかのように活動しない[32]。ゲシュタポが、列車で到着したドイツ人避難民たちの識別を誤り、「シラミを除去」するためにガス室に送るというまちがいを犯したのは、一部には、避難民たちが、過密で不衛生きわまりない状態の長旅をしてきたために、不快感を与える外見をしていたことが原因だったのではないか、と私は推測している。アメリカでは虐げられた人々が隔離された水飲み器やトイレを使わなくてはならなかったことも、清潔さと神を敬うことは近くにあり、逆にひどく汚れた者は不潔さや不信心さの近くに位置すると考えるなら、つじつまが合う。

移民はしばしば不潔な虫けらのように侮蔑され、とりわけ極端な外国人嫌いの標的にされる。確かに、よそ者との接触地点に隘路を作ることで病気が社会に入り込むのを防ごうとして、嫌悪感が発達したのかもしれない。今日では、鳥インフルエンザやエボラ熱などの感染症によって同様の恐怖が引き起こされている。[33] よそ者が閉め出されている領域は、寄生生物がそこまでたどり着くことが難しい安全地帯のような役割を果たしうる。[34] 植民地にされた社会は、土着の人々が免疫をもっていない病気の貯蔵庫となりがちであり、病気が予期せずに征服を実現させるための武器となった。コロンブスが接触したアラワクは、天然痘で倒れた多数のアメリカン・インディアンの部族のひとつだった。[35]

底辺で生き延びる

より大きな力をもつ近隣の人々との関係を上手に築いている場合でもそうでない場合でも、周縁に追いやられている集団の人々は、地位が低いために、心理的にも経済的にも不利な状況に置かれている。自分たちは劣っていると感じるだけでなく、自分自身についてひどく悲観する場合もある。ブッシュマンのコーのある人物が、自身の部族についての概念を説明したなかに、それが表れている。

［神］Gu/eは最初、すべての人々を同じように作り、後にそれらを別々の部族に分けて、他の部族のために働く部族を作った。しかし、神が最初に人間を作ったとき、まずは白い人を作り、それから黒い人を作った。壺に残った滓《かす》からブッシュマンを作った。そういうわけで、ブッシュマンはこれほど小さく、他の人たちと比べてあまり分別がない。Gu/eは、動物を作ったときにも同じことをした。まずは大きな動物を作ってから、次に小さな動物を作り、残った滓から最も小さい生き物を作った。[36]

しかし、外部の者からけなされ、低い自尊心をもって生きている人々でさえ、自身の集団に特有の、評価に値し、人生に意義を与えてくれるような何かを見つけることで、自分たちの独自性を肯定的に理解しようと努力する。[37] たとえば、コーについて私が知っていることをもとにすれば、彼らが、自然についての知識や、自分たちの追跡能力についてわずかでも誇りをもっていたと考えても意外ではないだろう。

明らかに優れている外の社会を前にしても、社会の価値やアイデンティティを守ることができることから、人間であることの意味が流動的であるということがよくわかる。それぞれの社会や民族集団は、自身についての基準や、人間であることを決定づける特徴に、都合の良い解釈を加える。そうすることで、他の社会や民族の人々を完全には非人間化しなくても、彼らや自分自身に別々の属性を与えることができるのだ。[38] 中国人は自身の国をとても協調性が高いとみなし、一方でアメリカ人は個人主義であることを誇りに思う。外国人のことを賢い人で、自分たちよりも意欲的あるいは表現力が高いとみなすことがあるが、そういう場合、自分たちの率直さや満足感、あるいは控えめな性質も適切で正当な態度だと判断しているのかもしれない。自身の欠点を「だって人間だから」とごまかすことで、ヒエラルキーのできるだけ頂点に近い位置にしがみついているのだ。他の人々が有利な点をたくさんもっていても、別のカテゴリーではうまくいかないというように、都合よく合理化する。たぶん彼らは機械のように働くだけで、自分たちの集団では重要とみなされている人生におけることがらにおいてはまったくだめか、もともと信念をもっていないのだろう、というように。[39]

動物のヒエラルキーと進化

嫌われているよそ者をいやらしい虫けらのようにみなす傾向から、人間にたいする偏見と生き物にたいする恐怖症の根本には、共通の心理があるのかもしれないとうかがわれる。スタンフォード大学の精神医学教授バー・テイラーが、クモ恐怖症患者に治療を施すところを一日中見学したことがある。テイラー博士は患者をクモに徐々に慣れさせた。まずは頭部を描き、次に腹部を描き足し、それから脚を一本ずつ描くというように、クモの体をひとつひとつ見せていく。患者にとって最初は恐ろしい体験だったものが、少しずつ受け入れるにつれて何でもないことになっていった。[40] この事例は、慣れから理解が、あるいは少なくとも耐性が生まれるものだと解釈される。よそ者を個人として適切に登録できないと、理解できないと感じられる人にたいして同じような不快感をおぼえることになるのだ――相手の目を見ると吐き気をもよおすような。[41]

外集団を虫けらと同一視するという人間の傾向は、霊長類のなかに先例が認められるかもしれない。サル向けの潜在連合テストを受けたマカクザルの雄は、群れのメンバーを果物と、よそ者のサルをクモとすぐに関連づける。[42] ということはたぶん、非人間化は言葉に先立って行なわれるものなのだろう。

おおいなる連鎖における社会と民族集団の格づけは、多くの動物の社会の内部における個々の関係を規定する順位制から発生した、というのが妥当な説だ。

マカクザルやヒヒにとって、すべての瞬間は地位の差によって規定され、下位の者たちは優位に立つ者に悩まされる。そのため、外の社会やそのメンバーたちを自身の群れの階層《ヒエラルキー》の下に位置するものとみなすことは、認知的には単純なことであり、集団を非人間化することの前触れだったのだろう。[43]それでも、人間以外の種においては、人間が見せるような微妙な意味合いを含んだ偏見を探すのは難しい。それはひとつに、人間がよそ者を評価する際の土台としておそらく必要とされるような二次感情を、他の動物がもっているかどうかを生物学者たちが知らないからだ。しかし、その問題は脇に置いても、よそ者の温かさや有能さ、感情の深さや地位を見積もることは、たとえ表面的な評価であっても、関係を築く機会が与えられた場合になって初めて意味をなす。こうした評価を行なうことは、たとえばチンパンジーには不可能だ。よそ者の個体に出会ったときに取りうる手段は、逃げるか、相手を叩きのめして殺すくらいしかない（単独行動している雌と出会ったときは例外）。

人々を階層別の集団へ分類することと、それに伴う非人間化は、匿名社会の出現と複雑に絡み合っている。まちがいなくこのプロセスが、よそ者の社会を自分たちとはちがう種として認識するように仕向けたのだ。しるしとは実質的に、自分自身を本物の人間であると立証するための宣伝に用いる特徴である。[44]このように自身の体を展示することは、もしかすると、ネアンデルタール人や、人類の系譜から枝分かれし、すでに絶滅したヒトたちにたいする私たちの祖先の反応から始まったのかもしれない。そうしたヒトたちがもっていた貧弱な顎と、突き出た顔、傾斜した額、特異な行動は、彼らの体を他とは異なる別個のものに見せるしるしだった。それなら、かつては本当に別個の種であったよそ者にたいする私たちの反応が、時を経て、自分と同じ種から構成される異なる社会にも向けられるようになったことになる。[45]

よそ者をこのように評価し、彼らのなかに恐れる対象を認めるということは、遠い昔、それもとりわけ、四万年前か五万年前より以前における賢明な対応だったのかもしれない。その時代には、よそ者との接触はまれであり、そうした人々についての知識は乏しく、親密にわかり合うには寿命が短すぎた。ステレオタイプを作り出すこと（過剰で不確かな情報を食い止めるための直観と大差ないものであっても）によって、私たちの祖先は、よそ者が自分たちの利益になるか、それとも自分たちを害するものかを予測するための、手っ取り早く使える小ずるい指針を手に入れた。ステレオタイプに頼ることは、道徳心や動機や表現方法が一風変わっていて、自分たちとのつながりが不安定であるか一切ないような人々の個々の性格を理解することよりもリスクが低かったのだろう。

哲学者のイマヌエル・カントは、道徳的な問題のなかに人種というものを含めるべきだと主張した。[46] 人間の心はそのような考えかたを容易には受け入れないということが、ここまでくれば明らかなはずだ。ある人の心的または感情的な能力が貧弱で、倫理観に欠いていると判断すれば、その結果、そうした人と通常の手段で交流することを避けるようになる。よそ者について心理学的に評価した内容に後押しされて残虐行為を行なうことは、純粋に進化的な観点から見れば、かなりの見返りが得られるかもしれない。そうした行為をいったん行なえば、不当に扱った人々を人間以下であるとみなすことが、罪悪感を緩和させる自己防衛反応のメカニズムになり、その先へと進むことができるようになる。[47] 私たちの選択的な記憶の成果によっては、自分たちの行為を凶悪なものと認識もせずに、何世代もの時間が経過しうるだろう。実際、誰かから後悔していると言われてもそれを疑ってかかるように、自分たちが（社会として）悪かったと述べるということは、意外にも新しい概念であり、なかなか簡単にはできないものだ。[48] 二〇〇九年に署名された防衛予算法の文章のなかには「アメリカ合衆国民によるネイティブ・アメリカンにたいする多数の暴力、不当な扱い、軽視の事例」にたいする謝罪がまぎれていた。これは、新聞の一面を飾る記事にはならなかった。

ここまでのところ、社会のステレオタイプを、ある特定の社会や民族の個々のメンバーの特性を記述するものとして説明してきた。しかし、私たちのもつバイアスがどのように拡大し、自分自身の集団や、別の集団にたいする認識を形作っていくのかについては、これから検討しなければならない。さらには、社会がどのように単一のものに見えうるのか、社会がどのように声をそろえて感情的に応答しうるのか、社会がどのようにしてひとつにまとまり、一致団結した行動を起こしうるのかを探っていきたい。

（以下下巻）

原　注

序　章

1 p.14, Breidlid et al.（1996）.
2 p.4, Sen（2006）.
3 このおおまかな意味での「部族」のとらえ方については、Greene（2013）を参照してほしい。
4 もちろん人間はこうした衝動を、カルトのように他の集団との強い絆を形成することに向けることもできる（第15章およびBar-Tal & Staub 1997）。
5 さらにいえば、コインを投げて集団に分けられた人たちは、自分以外の集団に入れられた人たちよりも、自分の集団にいる仲間のほうをほぼ即座に重んじるようになる（Robinson & Tajfel 1996）。
6 p.142, Dukore（1966）.
7 人類の進化の継続を示す証拠については、Cochran & Harpending（2009）を参照。

第1章　社会がそうでない姿（および、そうである姿）

1 人々が自己犠牲に向かうには、文化による洗脳を必要とする場合がある（Alexander 1985）。
2 Anderson（1982）.
3『バイオトロピカ』誌の編集者、エミリオ・ブルーナに感謝する。Moffett（pp. 570-71, 2000）に記した私の考えに手を加えて、ここに使うことを許可してくれた。
4 たとえばWilson（p. 595, 1975）は社会を「同一の種に属する個体からなり、協力的な方法で組織された集団」と定義し、「単なる性的な活動を超えた、協力的な性質をもつ相互のコミュニケーション」という診断基準を付け足した。ただし、必ずしも相互のコミュニケーションを必要としないような社会から得られる利益を思い浮かべることもできるだろう。
5 Durkheim（1895）は、よく似た考えや視点にもとづいたアイデンティティを共有するときに生じる協力を想定していた。確かに人間社会における一体化にかんして私がこれから論じていく内容において、信念や道徳原則は非常に重要である。
6 多数の魅力的な議論のなかには、Axelrod（2006）、Haidt（2012）、Tomasello et al.（2005）、Wilson（2012）などがある。
7 Dunbar et al.（2014）.
8 友情という言葉を動物に適用する際の正確性については、Seyfarth & Cheney

（2012）を参照。

9 p.108, Dunbar（1996）. ダンバー数はふつう肯定的な関係の観点で語られるが、おそらくまちがいなく、敵について知っていることも同じように考慮に入れられるべきだ（Ruiter et al. 2011）。

10 これは他の種についても当てはまる。生物学者の Schaller（p 39, 1972）が指摘するように、ライオン間の友情は群れの構成メンバーにたいして影響を一切及ぼさない。

11 p.692, Dunbar（1993）. この文全体を重ねて引用する価値がある。「集団の大きさにたいするこうした明白な認知的制約があるにもかかわらず、いったいどのようにして現代の人間社会は、巨大な集団（国家など）を形成することができるのか？」。ダンバーは、この問いにたいする回答として、人間には、社会的な役割にもとづいて社会のメンバーを分類する能力があると述べたが、人の職業を知ることだけでは、社会のメンバー構成や、社会間にある明確な境界を説明することはできない。

12 Turnbull（1972）. 彼の解釈を疑問視する人もいる（たとえば Knight 1994）。

13 European Values Study Group および World Values Survey Association（2005）。

14 Simmel（1950）.

15 チンパンジーは、他の方法で返礼してくれそうな個体にたいしては、ときには寛大になる（Silk et al. 2013）。

16 Jaeggi et al.（2010）. Tomasello（2011; 2014 も参照）は、あらゆる領域において、狩猟採集民のほうが類人猿よりも協力的であるとしている。「……協力は、人間以外の類人猿の社会にとってはそうではないのに、人間の社会にとってはまさに決定的な特徴である」（p.36）。

17 Ratnieks & Wenseleers（2005）.

18 たとえば Bekoff & Pierce（2009）、de Waal（2006）。

19 たとえ社会にいる個体が直接的な利益を得ず、なおかつ血縁関係にない場合（これが集団選択）でも、あるいは個体と集団の両方にとって利点がある場合（マルチレベル選択）でも、社会生活は集団に利益を与えうる（たとえば Gintis 2000、Nowak 2006、Wilson & Wilson 2008、Wilson 2012）。本書においてはこれら二つについては詳しく論じない。どちらが妥当で重要であるかについては、盛んに議論されているからだ。集団選択には、社会のメンバーが安定していることが必要であるようだ。それでも、大半の種の場合、社会のメンバーであれば、集団選択または血縁選択に頼る必要なしに、個々のメンバーに十分な利益が与えられると私は考える。

20 たとえば、Mosser et al.（2015）を参照。

21 Allee（1931）, Clutton-Brock（2009）, Herbert-Read et al.（2016）.

22 雌はときおり、別の雌の子を連れ歩いたり、嫌っている雌を集団で襲ったりする（Nakamichi &Koyama 1997）。

23 ダニエル・ブルームスティーンの私信、および Kruuk（p. 109, 1989）。雄のマーモットはまた、競争相手の雄を追い払うが、これが自身以外の誰かにとって利益があるかどうかは判断が難しい。マーモットが別個の閉鎖された集団内で生活している

という根拠は明白ではないと思われる（たとえばArmitage 2014を参照）。
24 Henrich et al.（2004）, Hogg（1993）.
25 Zinn（2005）のp.1-2にあるコロンブスの航海日誌からの引用。
26 Erwin & Geraci (2009). 樹冠の生物多様性についてさらに詳しくはMoffett (1994) を参照。
27 Wilson（2012）.
28 Caro（1994）.
29 この場合、異なる種が集団に入ることもある（たとえば、Sridhar et al. 2009）。別々の社会からなる群れについては、第6章で論じる。
30 たとえば、Guttal & Couzin（2010）、Krause & Ruxton（2002）、Gill（2006）、Portugal et al.（2014）。
31 このような遅延型の返礼は、互恵的利他主義として知られている（Wilkinson et al. 2016）。
32 Hamilton（1971）.
33 この種の行動は、以前にも昆虫について記述されていた（Ghent 1960）。
34 p.35, Costa（2006）.
35 ルネ・ファン・ダイクの私信、van Dijk et al.（2013, 2014）。
36 社会がどのように公平さや「ただ乗り」の問題に対処するかについての説明は、たとえばBoyd & Richerson（2005）を参照。

第2章　脊椎動物は社会に属することから何を得るのか

1 スティーヴン・エイブラムズ、アイヴァン・チェイス、カーステン・シュラーディンから魚について助言をいただいたことに感謝する。Bshary et al.（2002）, Schradin & Lamprecht（2000, 2002）.
2 p.87, Barlow（2000）.
3 本章で取り上げた主要な種のほとんどについて、重要な本を数冊だけここに挙げておきたい。ミーアキャットについては、アンドリュー・ベイトマン、クリスティーン・ドレー、ヨーラン・スポング、アンドリュー・ヤングに感謝する。ウマについては、ジョエル・バーガー、ウェイン・リンクレーター、ダン・ルーベンスタイン、アレン・ラトバーグに感謝する（Mills & McDonnell著『*The Domestic Horse*』2005を参照）。ハイイロオオカミについては、ダン・スターラー、デイヴィッド・メック、キーラ・キャシディに感謝する（Mech & Boitani著『*Wolves: Behavior, Ecology, and Conservation*』2003を参照）。リカオンについては、スコット・クリール、ミカエラ・ガンサー、マーカス・ガセット、ピーター・アップスに感謝する（Creel & Creel著『*The African Wild Dog*』2002を参照）。ライオンについては、ジョン・グリンネルとクレイグ・パッカーに感謝する（Schaller著『*The Serengeti Lion*』1972を参照（G・シャラー『セレンゲティライオン（世界動物記シリーズ）』小原秀雄訳

／思索社))。ハイエナについては、クリスティーン・ドレー、ケイ・ホールカンプ、ケヴィン・サイスに感謝する（Kruuk 著『*The Spotted Hyena*』1972 を参照（H・クルーク『ブチハイエナ（世界動物記シリーズ)』平田久訳／思索社))。アメリカ東部海岸のバンドウイルカについては、ランドール・ウェルズに感謝する（彼はバンドウイルカについての多数の専門的な論文を発表している）。ワオキツネザルについては、リーザ・グールド、アン・マートル＝ミルホーレン、アン・ヨーダー、そして残念ながら逝去されたアリソン・ジョリーに感謝する（Jolly et al. 著『*Ringtailed Lemur Biology*』2006 を参照）。ヒヒについては（本書においてはサバンナヒヒ、すなわちキイロヒヒと、チャクマヒヒ、アヌビスヒヒのことを言う）、スーザン・アルバーツ、アンソニー・コリンズ、ピーター・ヘンジに感謝する（Cheney & Seyfarth 著『*Baboon Metaphysics*』2007 および Sapolsky 著『*A Primate's Memoir*』2007（ロバート・M・サポルスキー『サルなりに思い出す事など』大沢章子訳／みすず書房）を参照）。マウンテンゴリラについては、ステイシー・ローゼンバウムに感謝する。チンパンジーについては、マイケル・ウィルソンとリチャード・ランガムに感謝する（Goodall 著『*The Chimpanzees of Gombe*』1986（ジェーン・グドール『野生チンパンジーの世界』杉山幸丸・松沢哲郎監訳／ミネルヴァ書房）および Lonsdorf et al. 著『*The Mind of the Chimpanzee*』2010 を参照）。ボノボについては、イザベル・ベーンケ＝イスキエルド、古市剛史、マーティン・サーベック、徳山奈帆子、フランス・ドゥ・ヴァールに感謝する（Boesch et al. 著『*Behavioural Diversity in Chimpanzees and Bonobos*』2002 および Furuichi and Thompson 著『*The Bonobos*』2007 を参照）。

4 ジェニファー・ヴァードリン、リンダ・レイヤー、コン・スロボチコフにはプレーリードッグについて助言をいただき感謝している。Rayor（1988）, Slobodchikoff et al.（2009）, Verdolin et al.（2014）.

5 エリザベス・アーチー、パトリック・チヨー、ヴィッキ・フィッシュロック、ダイアナ・ライス、シャーミン・ドゥ・シルヴァにはゾウにかんして助けていただき感謝している。サバンナゾウについて知るべきことのほとんどすべては、Moss et al.（2011）に要約されている。

6 De Silva & Wittemyer（2012）, Fishlock & Lee（2013）.

7 Benson-Amram et al.（2016）.

8 Macdonald et al.（2004）, Russell et al.（2003）.

9 Silk（1999）.

10 Laland &Galef（2009）, Wells（2003）.

11 Mitani et al.（2010）, Williams et al.（2004）.

12 p.45, Cheney & Seyfarth（2007）.

13 本書の描写は、ランドール・ウェルズが研究したフロリダのイルカだけを対象としている。他の土地のバンドウイルカは異なる行動を取るかもしれず、別の種に属している場合もあるかもしれない。

14 Linklater et al.（1999）.

15 Palagi & Cordoni（2009）.

16 たとえば、Gesquiere et al.（2011）、Sapolsky（2007）。
17 Van Meter（2009）.
18 だからといって、成功を夢見ることが前進する原動力にならないというわけではない。しかし、ジェイムズ・サーバーが描いたウォルター・ミティの白昼夢（『虹をつかむ男』（鳴海四郎訳／ハヤカワ epi 文庫）の主人公）は現実にはめったに起こらないことで、自分は王であるという妄想は自身が実際に王位の継承候補者でなければ病的だ。人々は、実際の見込みをはるかに大きく上回る目標を達成できるという可能性を信じたがるが、成功しなかったからといって不幸になるわけではなさそうだ（Gilbert 2007, Sharot et al. 2011）。
19 ボノボがときに獲物を捕まえるために協力することが、Surbeck & Hohmann（2008）に示されている。
20 Hare & Kwetuenda（2010）.
21 p.735, Brewer（2007）.

第３章　離合集散する社会

1 Aureli et al.（2008）とはちがい、私は、「離合集散社会」という用語が当てはまる種について不明瞭な点があるとはあまり思わない。
2 大きな集団を攻撃することの困難さは、競争相手と捕食者の両方に当てはまる。ただしヒョウは、攻撃を食い止めようとするチンパンジーたちに関心を示さない。これは例外だろう（Boesch & Boesch-Achermann 2000, Chapman et al.1994）。
3 ストランドバーグ＝ペシキンの私信、および Strandburg-Peshkin et al.（2015）。
4 Marais（1939）.
5 Bates et al.（2008）, Langbauer et al.（1991）, Lee & Moss（1999）.
6 East & Hofer（1991）, Harrington & Mech（1979）, McComb et al.（1994）.
7 Fedurek et al.（2013）, Wrangham（1977）.
8 Wilson et al.（2001, 2004）.
9 ボノボの大きな声には複雑な働きがある（Schamberg et al. 2017）。
10 Slobodchikoff et al.（2012）.
11 たとえば、p58, Thomas（1959）。
12 Bramble & Lieberman（2004）.
13 Evans（2007）.
14 Stahler et al.（2002）.

第４章　個々を見分ける

1 レティシア・アヴィレスの私信、および Avilés & Guevara（2017）。

2 King & Janik（2013）.
3 Boesch et al.（2008）.
4 Zayan & Vauclair（1998）.
5 p.83, Seyfarth & Cheney（2017）.
6 Pokorny & de Waal（2009）.
7 de Waal & Pokorny（2008）.
8 Miller & Denniston（1979）.
9 Struhsaker（2010）.
10 p.37, p.46 in Schaller（1972）.
11 このことは、これまで見落とされてきた。たとえばTibbitts & Dale（2007）では、個体の認識についての多くの側面が論じられているが、社会において生活するための必要条件や、それを助けるものとして、想起が果たす役割が不思議にも見落とされている。
12 Breed（2014）.
13 Lai et al.（2005）.
14 Jouventin et al.（1999）.
15 De Waal & Tyack（2003）および Riveros et al.（2012）では、こうした社会を「個体化された社会」とよんでいる。
16 Furuichi（2011）に言及されている。バンドウイルカの雌は、たいていは集団の縄張りのなかの静かな区域にいるが、ときには、ここで述べたチンパンジーの雌のように、集団のメンバーたちからほぼ孤立する場合もあるとランドール・ウェルズから教えられた。
17 Rodseth et al.（1991）.
18 Jenkins（2011）に引用されている。
19 Berger & Cunningham（1987）.
20 たとえば、Beecher et al.（1986）。
21 排泄物は個々のマングースによって異なり、個体を区別するために用いられるが、そのにおいのなかには集団特有の成分が含まれているという興味をそそられる可能性もある（Rasa 1973, Christensen et al. 2016）。
22 p.143, Estes（2014）.
23 ジョエル・バーガー、ジョン・グリンネルおよびカイル・ジョリーの私信、および Lott（2002）。
24 この記憶の上限は、個々の動物がもつ味方を表すダンバー数を優に超えるはずだ。社会が通常この最大の個体数に行き着くか、あるいは、記憶以外の要因によってそれより少ない個体数が限界となるのかどうかは、問題となる種がもつ社会の再生のルールによって決まってくる。この点については第 19 章で論じる。
25「トゥループ」のほうがより賢明な用語だ。なぜなら、他のサルたちの集団《トゥループ》と同種のものと思われるからだ（Bergman 2010）。ゲラダヒヒはまた、自分の集団から分離して間もない集団外のメンバーたちの一部を認識することもある（第 19 章）。

26 Machalek (1992).

第5章　アリと人間、リンゴとオレンジ

1 ハキリアリについてのさらなる詳細は、Moffett (1995, 2010) を参照。アリ全般についての詳細は、Hölldobler & Wilson (1990) を参照。Moffett (2010) からいくつかの文章を本書で使用する許可を与えてくれたカリフォルニア大学出版局に感謝する。

2 de Waal (2014). たとえば、チンパンジーと人間を比較する論文によくあるように、Layton & O'Hara (2010) では、大きな類似点よりも相違点を論じるほうにはるかに時間を割いている。

3 サルと人間の18カ月未満の赤ん坊は、この自己認識テストに合格しない。これらの点およびその他の論点については、Zentall (2015) を参照。

4 Tebbich & Bshary (2004).

5 Moffett (1985).

6 de Waal (1982).

7 Beck (1982).

8 p.26, McIntyre & Smith (2000).

9 たとえば、Sayers & Lovejoy (2008), Thompson (1975)。

10 Bădescu et al. (2016).

11 私の大好きなアリを優先してシロアリやミツバチを軽く扱ってはいるが、後者についてもっと知りたい人には Bignell et al. (2011)、Seeley (2010) を勧める。

12 規模の大小は、社会だけでなく生物（細胞が集まってできた社会ととらえることができる）の大きさにたいしても重大な影響を与える。Bonner (2006) と、この著者の他の作品を参照すること。

13 アリの市場経済についての説明は、許可を得たうえで Moffett (2010) に修正を加えて使用した。Cassill (2003)、Sorensen et al. (1985) を参照。さらに、ミツバチについては Seeley (1995) を参照。

14 Wilson (1980).

15 農業と食物の栽培に頼って生活する他の昆虫については、Aanen et al. (2002)、Dill et al. (2002) を参照。

16 Bot et al. (2001), Currie & Stuart (2001).

17 Moffett (1989a).

18 Branstetter et al. (2017), Schultz et al. (2005), Schultz & Brady (2008).

19 Mueller (2002).

第6章　究極的な国家主義者

原　注

1 Barron & Klein（2016）.
2 他にも、マグダレナ・ソーガーと私がエチオピアで発見した数キロメートルにも延びるコロニーをもつ種など、数種のアリがスーパーコロニーをもつ（Sorger et al. 2017）。アルゼンチンアリについての詳細と、本章の根拠として用いた文献の論評については、Moffett（2010, 2012）を参照。
3 スーパーコロニーの内部で暴力が発生する状況がひとつだけある。理由は不明だが、毎年春になると働きアリたちが、コロニーの成長を維持できるくらいの数の女王アリを確保して残りの女王アリたちを大量に処刑する。この例外から次のような原則があるとわかる。つまり、社会の完全性は、女王たちが抵抗することもなく虐殺されているあいだもコロニーが円滑に機能しているという点に表れているのだ（Markin 1970）。
4 Injaian & Tibbetts（2014）.
5 しかし、社会の創設者である女王たちがにおいを使って互いを認識しているというまれな事例もある（d'Ettorre & Heinze 2005）。
6 その時点に行なっている仕事によって、働きアリの種類を区別することもできる（Gordon 1999）。
7 ダンシェン・リャンの私信、および Liang & Silverman（2000）。
8 匿名社会という用語を最初に使った後で（Moffett 2012）、アイブル＝アイベスフェルト（1998）がメンバー数の大きい社会を形容するためにこの用語をすでに使っていたことを知った。私の使いかたでは、メンバーの一部が他のメンバーを知らなくてもよい可能性を与えるような標識を使うことによって区別がされるのであれば、小さな社会も匿名社会でありうる。
9 Brandt et al.（2009）. 1年間、統一された実験室の環境で同一の食事を与えられた後でも、スーパーコロニー間での戦いが減少することはない（Suarez et al. 2002）。
10 Haidt（2012）.
11 一部の奴隷は何かがおかしいと感じ、急いで逃げ出そうとするが、たいていは捕獲者が力ずくで連れ戻す（Czechowski & Godzińska 2015）。
12 いくつかの事例では、コロニーのにおいは主に女王から生じる（Hefetz 2007）。
13 奴隷のほうが自由なアリよりも、よそ者にたいして攻撃的ではない。ひとつに、コロニーに多様なしるしがあることで、識別がぞんざいになるのかもしれないという解釈がされている（Torres & Tsutsui 2016）。
14 Elgar & Allan（2006）.
15 この種については、スタン・ブロードとポール・シャーマンから助言をいただいた。Braude（2000）, Bennett & Faulkes（2000）, Judd & Sherman（1996）, Sherman et al.（1991）.
16 p.24, Braude & Lacey（1992）.
17 Burgener et al.（2008）.
18 この種については、ラッセル・ポール・バルダ、ジョン・マーズラフ、クリステ

ィーン・ダーリン、アラン・カミルに教えてもらった。Marzluff & Balda（1992）、Paz-y-Miño et al.（2004）を参照。

19 マウリシオ・カンターとシェーン・ゲロにマッコウクジラについて助言をいただいた。Cantor & Whitehead（2015）, Cantor et al.（2015）, Christal et al.（1998）, Gero et al.（2015, 2016a,b）.

20 マッコウクジラとはちがい、フロリダのバンドウイルカは、発声を用いて社会を識別しているのではなさそうだ（彼らの社会のメンバー数は2、300にも達しており、個体の認識をしているもようだ）。それでも、文化——魚を獲る手法など学習された行動——のちがいがオーストラリアで群れを区別するのにも役立っているという可能性はある。オーストラリアに生息する、サラソタのイルカとはちがう種のイルカの群れが、長年、トロール船の後を追って魚をかっさらっていた。船に頼って狩りをするイルカたちは、船には近寄らずふつうの方法で魚を獲るもうひとつの群れの近くで生活していた。この二つの集団は、トロール船の操業が停止された後、ひとつに合体した（Ansmann et al. 2012, Chilvers & Corkeron 2001）。

21 アリの数は侵入先の最先端で最も密度が高くなる。このことは、境界線から遠くなるとスーパーコロニーが弱体化することを示すというよりも、境界線あたりでは手つかずの食料が豊富にあることを表しているのかもしれない。世界の他の地域では、アルゼンチンアリの個体数がいくらか減少している。とはいえ、スーパーコロニーがいつかは崩壊するという予測（Queller & Strassmann 1998）は時期尚早に思われる（Lester & Gruber 2016）。

第7章　匿名の人間たち

1 ゲラダヒヒは、ちがう社会へのためらいや不快感を示さない例外であり、おおむね他の「ユニット」（群れ）には無関心である。雄のボスが警戒する必要があるのは、たいていはつがいの相手がおらずグループでうろついているよそ者の雄たちだけだ。彼らは、ボスの優位な立場を脅かすかもしれない（le Roux &Bergman 2012）。

2 たとえば、Cohen（2012）、McElreath et al、（2003）, Riolo et al.（2001）。

3 Womack（2005）. しるしの類義語には、「標識《ラベル》」や「札《タグ》」などがある。

4 de Waal & Tyack（2003）, Fiske & Neuberg（1990）, Machalek（1992）.

5 人間の社会的なつながりにあるさまざまなレベルについての詳細は、Buys & Larson（1979）、Dunbar（1993）、Granovetter（1983）、Moffett（2013）、Roberts（2010）を参照。

6 Marsh et al.（2007）.

7 これは、Dawkins（1982）によって提案された延長された表現型というアイデアの文化版である。

8 Wobst（1977）.

9 アレッシア・ランチアーロの私信、Tishkoff et al.（2007）。

10 Simoons（1994）.
11 Wurgaft（2006）.
12 Baumard（2010）, Ensminger & Henrich（2014）.
13 Poggi（2002）.
14 Iverson & Goldin-Meadow（1998）.
15 Darwin（1872）.
16 Marsh et al.（2003）. 長期間にわたり社会的な接触をしている人々は、顔の見た目も似てくることがある。おそらく、顔の同じ筋肉を何度も同じように使うことからそうなるのだろう（Zajonc et al. 1987）。
17 Sperber（1974）.
18 Eagleman（2011）.
19 Bates et al.（2007）.
20 p. 21, Allport（1954）.
21 Watanabe et al.（1995）.
22 Callahan & Ledgerwood（2016）.
23 Nettle（1999）.
24 p. 406, Pagel（2009）.
25 Larson（1996）.
26 Tajfel et al.（1970）.
27 p. 79, Dixon（2010）.
28 ときには、あるピグミーの集団が話す言語が、その時点でつながりをもっている農耕民族の言語に一致していないことがある。これは、ピグミーがときおり移住先を変えることを示唆している（Bahuchet 2012, 2014）。同じように不可思議なのが、母語を捨て、牧畜生活を営むコエの言語を話すようになったブッシュマンだ（かつてホッテントットとよばれていた）（Barnard 2007）。
29 Giles et al.（1977）, van den Berghe（1981）.
30 Fitch（2000）, Cohen（2012）.
31 Flege（1984）, Labov（1989）.
32 JK Chambers（2008）.
33 Edwards（2009, p 5）に引用されている。
34 Dixon（1976）.
35 Barth（1969）, McConvell（2001）.
36 p.38, Heinz（1975）. 実際に狩猟採集民社会は、許容可能な行動の範囲がこのように幅広いことから「ゆるい」とみなされている（Lomax & Berkowitz 1972）。
37 Blanton & Christie（2003）, Guibernau（2013）, Jetten et al.（2002）. もちろん、メンバー構成がどのようなものであれ、行動にはいくらかの期待がかけられる。本書の結びも参照のこと。
38 Gelfand et al.（2011）.
39 Kurzban & Leary（2001）, Marques et al.（1988）.

40 ヴィッキ・フィッシュロックとリチャード・ランガムの私信。
41 通常は順応性に制限があっても、奴隷を使うアリ以外のアリでも、実験的な操作を施して、社会のなかによそ者――異なる種のアリも含まれる――を受け入れるようにしむけることができる（Carlin & Hölldobler 1983）。
42 超生物体についてのこの見解は Moffett（2012）から取った。
43 p. 149, Berger & Luckmann（1966）.
44 トークンを使った研究については、Addessi et al.（2007）を参照。
45 p. 145, Darwin（1871）.
46 Tsutsui（2004）.
47 Gordon（1989）. チンパンジーや、おそらくはその他の多くの動物も同じことをする可能性がある（Herbinger et al. 2009）。ただし、ここでもまた、アリの場合、チンパンジーがするように個体をよそ者と認識するのではなく、集団を認識している。
48 p. 795-6, Spicer（1971）.
49 たとえば、Henshilwood & d'Errico（2011）の議論を参照。
50 Geertz（1973）.
51 p.15, Womack（2005）.
52 ハキリアリはふつう脳が大きく、この傾向に反する（Riveros et al. 2012）。
53 Geary（2005）, Liu et al.（2014）；たとえばブッシュマンは、体の大きさと比べて頭蓋が並外れて大きい（Beals et al. 1984）。
54 Clark & Chalmers（1998）, Rowlands（1999）, Wilson（2005）.
55 Gamble（1998, p 431）が指摘している。
56 心理学者が考案した社会集団の理論のなかで、Postmes et al.（2005）による帰納的・演繹的な集団が、おそらくは個々を認識する社会と匿名社会という私の区別に最も似ているだろう。共通の絆と共通のアイデンティティをもつ集団という区別もまた興味深い（Prentice et al. 1994）。
57 Berreby（2005）.

第8章　バンド社会

1 人類学の多くの用語がそうであるように、「バンド」と、それに代わるホルドやオーバーナイト・キャンプやローカル・グループといった用語については、退屈きわまりないたくさんの定義がある。
2 こうした遊動的な狩猟採集民には他の多くの名称もついている。それらの大半はややこしいが、「バンド社会」は由緒正しい名称で（たとえば Leacock & Lee 1982）、平等主義や狩猟、採集、または道具や火の使用に熟達していることよりも、離合集散の状態のほうが重要であるとしている。よそで「マルチバンド社会」という用語を使ったこともあるが（Moffett 2013）、ここではそれを簡素化している。
3 p.4, Binford（1980）.

4 たとえば、Headland et al.（1989）, Henn et al.（2011）。
5 Roe（1974）, Weddle（1985）.
6 Behar et al.（2008）.
7 Ganter（2006）.
8 p.47, Meggitt（1962）.
9 pp. 83-4, Curr（1886）.
10 トーマス・バーフィールドの助言のおかげである。アジアの「馬に乗る遊動民」にはリーダーがいたが、分散した野営地においては、より平等主義的で狩猟採集民的な様式で暮らしていた（Barfield 2002）。
11 Hill et al.（2011）.
12 Wilson（2012）.
13 Pruetz（2007）.
14 サバンナのチンパンジーについてはフィオナ・スチュワートとジル・プルーツから助言をいただいた。Hernandez-Aguilar et al.（2007）, Pruetz et al.（2015）.
15 火と食べ物の分かち合いの重要性についての説明は、Wrangham（2009）を参照。
16 たとえば、Ingold（1999）と、Gamble（1998）の「境界のない社会的地勢」を参照。
17 p10, Wilson（1975）.
18 Birdsell（1970）.
19 Wiessner（p xix, 1977）は、「異なる言語集団に属するサン人［ブッシュマン］でさえ……外国人であり、疑ってかかるべき者である」と指摘している。
20 Arnold（1996）, Birdsell（1968）, Marlowe（2010）.
21 たとえば、Tonkinson（2011）。ただし、苦難に見舞われて、その地域の人々は従来の狩猟採集生活をずっと昔に捨て去った。
22 p.34, Meggitt（1962）.
23 p.206, Tonkinson（1987）. こうした点のいくつかについては第 17 章と第 18 章で検討する。
24 これらの社会は、言語や、神話や夢見《ドリーミング》が重視される程度などによって区別される（ブライアン・ヘイデンおよびブライアン・コディングの私信）。彼らのあいだの提携関係はもろかったようだ。なぜなら、やはり争いに発展する例もあったからだ（Meggitt 1962）。
25 Renan（1990）.
26 Johnson（1997）.
27 p.231, Dixon（1976）.
28 たとえば、Hewlett et al.（1986）、Mulvaney（1976）、Verdu et al.（2010）。
29 Murphy & Murphy（1960）.
30 たとえば、Heinz（1994）、Mulvaney & White（1987）。
31 p.230, Stanner（1979）.
32 Stanner（1965）は、それぞれのバンドが主な権利をもつ区域を指すために「エステート」という用語を採り入れた。こうした地元という感覚には、じつにさまざま

なものがあった。ハヅァはバンド間をすいすい移動し、バンドもハヅァの縄張り全域を容易に移動したが、そうした彼らでさえ、個人個人は、縄張り全体のなかで自分が最もよく知っている場所に留まっていた（Blurton-Jones 2016）。

33 Heinz（1972）が、ブッシュマンのコン（!kõ）について描写している。第17章も参照。

34 アリについては、たとえばTschinkel（2006）がある。現代では、戦闘中に塹壕を作る軍隊に同じ隔たりが認められる（Hamilton 2003）。

35 たとえばSmedley & Smedley（2005）。

36 Malaspinas et al.（2016）.

37 p99, Bowles & Gintis（2011）、Bowles（2006）も参照。

38 Guenther（1976）.

39 Lee & DeVore（1976）. カラハリ砂漠において、サン人という名称には軽侮的な意味合いが今でも残っている。私はブッシュマンのほうが好きだ。最初にオランダ人の探検家がこの呼び名を考案したとき、否定的な含みはほとんどなかった。ただし、もうひとつの呼び名であるバンツー語のバサルワは、あまりなじみがない。

40 p77, Schapera（1930）.

41 コレン・アピセラの私信、Hill et al.（2014）。

42 p62, Silberbauer（1965）.

43 Schladt（1998）は、Khison語の数は1世紀前には200だったと推定している。

44 そのような特徴は紋章のような様式となる（Wiessner 1983）。Wiessner（1984）は、ブッシュマンのビーズをつけた鉢巻きの様式には特定の部族とのつながりはあまりないとしたが、ビーズは古くからあったものではない。ヨーロッパ人との交易からもたらされたものだった。

45 Sampson（1988）.

46 Gelo（2012）.

47 p.17, Broome（2010）.

48 p.205, Spencer & Gillen（1899）.

49 Cipriani（1966）.

50 Fürniss（2014）.

51 p.36, Clastres & Auster（1998）.

第9章　遊動生活

1 したがって部外者は、所有物を欲しがる狩猟採集民を物乞いと受け止めたが、狩猟採集民は、そのような贈り物は、全員が必ず大事にされる分かち合いの関係に加わることへの寛大な誘いとみなした（Earle & Ericson 2014, Peterson 1993）。

2 Tonkinson（2002）, Hayden（1979）.

3 Endicott（1988）.

4 Wiessner（2002）にある議論も参照。

5 Sahlins（1968）が初めて、狩猟採集民を「豊か」であると評し、これにたいして異議が唱えられた（Kaplan 2000）。意見の相違はひとつに、たくさんの仕事をしながら同時に社交もする人たちにとって仕事と余暇は区別できないという理由から生じていた。

6 Shweder & Bourne（1984）.

7 Morgan & Bettinger（2012）.

8 Elkin（1977）.

9 p.37, Bleek（1928）.

10 p.79, Chapman（1863）.

11 Keil（2012）.

12 優位にある個体から学ぶことも好んだ（Kendal et al. 2015）。

13 Wiessner（2002）.

14 Blurton-Jones（2016）, Hayden（1995）.

15 Baumeister（1986）.

16 Pelto（1968）, Witkin & Berry（1975）.

17 アチェの場合、異なるバンドの男たちが集まって競い合った。ただし、そうしたときでさえ、チームを作るのではなく、自分のバンドのメンバー相手に戦うこともたびたびあった（Hill & Hurtado 1996）。

18 Ellemers（2012）.

19 Finkel et al.（2010）.

20 p.124, Lee（2013）.

21 p.4, Lee & Daly（1999）.

22 たとえば、Marshall（1976）。ひとつに、バンドには競争をして遊ぶことのできるような同年齢の子どもが少ないという実際的な問題があった（Draper 1976）。

23 Boehm（1999）.

24 de Waal（1982）. 同様に、アヌビスヒヒの地位の低い個体たちが協力して、圧政的な最上位の雌を群れから追い出した（アンソニー・コリンズの私信）。

25 Ratnieks et al.（2006）.

26 一方の性が他方の性より優位に立つことは、多くの種において見られる。ブチハイエナやワオキツネザル、ボノボにおいては雌が上に立つが、チンパンジーやヒヒでは雄のほうが上に立つ。人間の場合、生物学的な観点からすれば男性はあまり優位ではない。

27 p.127, Tuzin（2001）.

28 Schmitt et al.（2008）.

29 Thomas-Symonds（2010）.

30 Bousquet et al.（2011）.

31 Hölldobler & Wilson（2009）, Seeley（2010）, Visscher（2007）. 優位にあるリカオンのほうが、群れの他のメンバーたちよりもいくらか影響力が強い（Walker et al.

2017)。
32 Rheingold (2002), Shirky (2008).

第10章　定　住

1 ウナギ「養殖家」の説明については、イアン・マクニーヴンとヘザー・ビルスに感謝する(Broome (2010), Builth (2014), Head (1989), McNiven et al. 2015)。
2 Cipriani (1966).
3 Brink (2008).
4 ゾウの場合、多数の群れ《コア》――別々の社会――が集まるが、狩猟採集民の場合も複数のバンド社会が同様に集まって、同盟関係や交易を促進することもあった(Hayden 2014)。
5 Guenther (1996).
6 必然の出来事を避けることもできた。シャイアンは警察隊を組織して、合同のバッファロー狩りが公正に行なわれるように監視した。狩りが終わると警察隊は解散された(MacLeod 1937)。
7 p.233, Rushdie (2002).
8 Denham et al. (2007).
9 p.290-1, Mitchell (1839).
10 Clastres (1972). この論文には、アチェの別名であるグアヤキという名称が使われている。
11 p.361, Lee (1979).
12 Hawkes (2000).
13 Morgan & Bettinger (2012).
14 Roscoe (2006).
15 太平洋岸北西部のアメリカン・インディアンについての記述は、ケネス・エイムズとブライアン・ファーガソンとのやりとりに多くを負っている。Ames (1995), Ames & Maschner (1999), Sassaman (2004).
16 いくつかの部族は環境に手を加えまでした。たとえば、人の手で作ったプールに一時のあいだサケを保存したり、干潮時に水の引く岩場で二枚貝を育てたりした(Williams 2006)。
17 パトリック・ソールトンストールとエイミー・ステファンの私信、および Steffian & Saltonstall (2001)。アメリカ人博物学者エドワード・ネルソンは、1870年代にアラスカ南西部のユピック語族と生活をともにし、付けていると痛みが生じる石製の唇飾りは「取り外して小さな袋に入れて持ち運ばれた。夜になって村に着くと、唇飾りを取り出して付け直した。人々の前に出るふさわしい身なりにするために」(p 50, Nelson 1899) と書いている。国際的なイベントの期間中に国旗を掲げることと同等だ。

18 Townsend（1983）.
19 Johnson（1982）.
20 Silberbauer（1965）.
21 Van Vugt & Ahuja（2011）.
22 Bourjade et al.（2009）.
23 Peterson et al.（2002）.
24 Fishlock et al.（2016）.
25 Watts et al.（2000）.
26 Baumeister et al.（1989）.
27 たとえばHold（1980）。
28 Dawson（1881）, Fison & Howitt（p. 277, 1880）.
29 p. xv, Hann（1991）.
30 ウィリアム・マーカートの私信、Gamble（2012）、Librado（1981）。
31 Hayden（2014）.
32 Van Vugt et al.（2008）.
33 Hogg（2001）, Van Knippenberg（2011）.
34 たとえばPassarge（1907）には、かつては世襲制の首長がいたが、ヨーロッパのリーダーたちが開くような華やかな儀式や宴会をほとんど行なわなかったので、植民者たちが気づかなかったとブッシュマンから聞いたと書かれている。別の人類学者は次のように書いている。「ナロン Naron とアウエン Auen［ブッシュマンの社会］のいずれにも、今の老人たちが若かった頃、首長がいた。首長は、民を率いてあちこち移動したり、草原を焼き払うよう指示したり、なかでも戦いの先頭に立ったと思われる。敵対するブッシュマンの部族であるナロンとアウエンのあいだでも、四方八方から徐々に侵入してくる他の部族にたいしても、頻繁に戦いが勃発した」（p. 36-7, Bleek 1928）。
35 p.281, Andersson（1856）.
36（=Au//ei）のリーダーにふさわしい言葉は首長よりも「ビッグマン」かもしれない（第26章）。ただし、少なくともいくつかの事例においては、リーダーの地位は世襲だった（マシアス・ガンサーの私信、Guenther 1997, 2014）。
37 Ames（1991）.
38 Testart（1982）.
39 Durkheim（1893）は、技術的に単純な社会において同じような仕事を行なう人々の「機械的連帯」と、分業制の社会における「有機的連帯」とを区別した。
40 これは、自己家畜化と描写されるものの副産物だ。人類やボノボなどの類人猿は、自身と同種の他者に耐えられるように、そしてそうした他者がいなければ無力になるように進化した（Hare et al. 2012）。Baumeister et al.（2016）は、専門化によって人は自分自身をいっそう代わりのきかない存在にしていったと論じているが、大きな国家の国民全体のなかで、おそらくは多数の人々が、専門性が最も高い仕事以外のすべての仕事に従事しているために、今日、本当の意味で代わりがきかない存

在であるのはごくわずかな少数派だけである。

41 もともとはBrewer（1991）が提唱した。

42 今日の社会においても、人々が求める最も快適な、あるいは最適な区別のレベルはさまざまに異なる。ちがいへの注目は、個人主義と資本主義が支配している西洋の文化において最も顕著だが、そうした文化においてでさえ、マーケティング担当者に言わせれば、人々はカテゴリーに分かれ、思っているほどに明確にちがってはいない（JR Chambers 2008）。

43 Hayden（2011）.

44 p.118, Fried（1967）. ポトラッチはヨーロッパと接触する以前からあり、ヨーロッパ人によって太平洋岸北西部における慢性的な戦闘に終止符が打たれた後に、いっそう手の込んだものになったのかもしれない。それはすなわち、祝宴が、戦闘に代わって首長の重要性を見せつけるものになったということを示唆している。

45 Tyler（2006）.

46 この視点から早くに出された主張がHayden et al.（1981）によるものだ。

47 私の知るかぎりでは、この点はTestart et al.（1982）において初めて提示された。

48 南米の事例については、Bocquet-Appel & Bar-Yosef（2008）、Goldberg et al.（2016）を参照。

49 p.108, Berndt & Berndt（1988）.

50 p.36, Cipriani（1966）.

51 Mummert et al.（2011）.

52 O'Connell（1995）.

53 Roosevelt（1999）.

54 私たち人類が心理学的に柔軟であることは、以前の狩猟採集民たちが、遊動的であれ定住型であれ同様に、たとえ移行の過程が困難なものであっても、国家へと統合されていったという事実から明示されている。よそ者にたいする直観的な反応が狩猟採集民として過ごした何千年ものあいだに進化したと考えると、工業化された国々が狩猟採集民に見せる侮蔑は皮肉なものだ。いわゆる原始的な文化は動物や子どもと関連づけられてきた。あたかも、狩猟と採集に依存することが、過去の時代において能力が停滞していたことの現れであるかのように（Jahoda 1999, Saminaden et al. 2010）。

第11章　パントフートと合い言葉

1 Marean（2010）.

2 Behar et al.（2008）

3 Mercader et al.（2007）.

4 Villa（1983）.

5 Curry（2008）.

6 Harlan（1967）が石器を使って集めた野生の小麦の分量は、先史時代のトルコに住んでいた家族が1年分の小麦を採取でき、この地に根を下ろすという選択肢があっただろうということを提示するのに十分だった。

7 Price & Bar-Yosef（2010）, Trinkaus et al.（2014）.

8 Jerardino & Marean（2010）.

9 d'Errico et al.（2012）.

10 Henshilwood et al.（2011）.

11 この見かたにたいして McBrearty & Brooks（2000）が有効に反駁している。

12 p.40-41, Kuhn & Stiner（2007）.

13 Wadley（2001）.

14 しるしが社会を区別することについての最も説得力のある証拠はもう少し後に出てくる。ヨーロッパ全土で発見された、3万7000年前から2万8000年前にかけてのものとされる、多種多様な象牙やシカの枝角、木、歯、貝殻で作った装身具がそうだ（Vanhaeren & d'Errico 2006）。

15 Brooks et al.（2018）.

16 Rendell & Whitehead（2001）, Thornton et al.（2010）.

17 Coolen et al.（2005）.

18 van de Waal et al.（2013）.

19 Bonnie et al.（2007）, Whiten（2011）. 毛づくろいの行動は、母親から子どもたちへと受け継がれていくこともある（Wrangham et al. 2016）。

20 McGrew et al.（2001）.

21 ある雌は、20年前に群れに移動してきてからずっと、相手と手と手を「正しく」組み合わせることができていないが、それでも仲間たちは毛づくろいをしてくれる（中村美知夫の私信）。

22 Brown & Farabaugh（1997）, Nowicki（1983）.

23 Paukner et al.（2009）.

24 チンパンジーが、パントフートにある集団特有の特徴に反応しているのか、パントフートの微妙なちがいからその声の持ち主を個別に認識しているのか、それともその両方なのかは、まだはっきりと解明されていない（Marshall et al. 1999, Mitani & Gros-Louis 1998）。

25 Crockford et al.（2004）. 持続的な群れ社会をもつマツカケス（第6章）は、このようにしてラックまたはカウの発声法を学ぶのかもしれない。

26 Boughman & Wilkinson（1998）, Wilkinson & Boughman（1998）. ミーアキャットは、群れによって異なるコンタクトコール（群れの仲間と連絡をとりあうための発声）をもつが、この種の場合、そのちがいを把握してはいないようだ（Townsend et al. 2010）。

27 Herbinger et al.（2009）.

28 Taglialatela et al.（2009）. 集団のメンバーのパントフートとよそ者のパントフートにたいするチンパンジーの反応を比較するという重要な実験は、まだ行なわれてい

ない。

29 Fitch（2000）. 鳥の種についても群れの合い言葉があるという仮説が立てられている（Feekes 1982）。

30 ザンナ・クレーの私信、および Hohmann & Fruth（1995）。じつはクモザルは、同じく自身の群れに特有のいななくような発声を学習する（Santorelli et al. 2013）。

31 言語の原型は、「分析されていない意味を表現する鳴き声の目録にすぎない」ものからなるのだろう（p 14, Kirby 2000）。

32 Steele & Gamble（1999）.

33 Aiello & Dunbar（1993）.

34 Grove（2010）.

35 たとえば、サバンナのチンパンジーがあまり密集してはいないことから、距離自体が問題ではないとわかることを考えると、「近接性からの解放」（第4章を参照、Gamble 1998）よりもこちらの表現のほうが私は好きだ。

36 少なくともふつうは。だが、コロニーに侵入するクモのような詐欺師はアルゼンチンアリではまれにしかおらず、スーパーコロニーのアイデンティティの暗号を解くことが難しいと察せられる――おそらくメンバーたちが寸分たがわず似ているために、「規範」からごくわずかな逸脱があるだけで警報が発せられるのだろう。

37 Fiske（2010）, Boyd & Richerson（2005）.

38 Johnson et al.（2011）.

39 毛がほとんどないことについては他の説明もできる。たとえば、泳ぎやすくしたり、寄生虫を減らしたり、体を涼しく保ったりするためなど（Rantala 2007）。

40 p.89, Lewis（2006）.

41 p.488, Turner（2012）. Thierry（2005）も参照。

42 Gelo（2012）.

43 p.60, Kan（1989）.

44 入れ墨は女性が誘拐されることを防ぐ（White 2011）。肌にしるしをつける他の例についてはJablonski（2006）を参照。

45 Pabst et al.（2009）は、入れ墨には医療的な価値があっただろうと主張している。たとえそうでも、部族との関連性もあっただろう。

46 アラン・ロジャーズの私信、Rogers et al.（2004）。

47 Berman（1999）.

48 Jolly（2005）.

49 Chance & Larsen（1976）.

50 Boyd & Richerson（2005）.

51 Foley & Lahr（2011）.

52 Tennie et al.（2009）. チンパンジーもまた、ある行動がさまざまな群れによって異なる意味をもちうるという意味において、象徴を用いる初歩的な文化を創造する。たとえば、葉を大きな音を立てて歯で破くのは、ある群れではセックスの誘いであり、別の群れでは遊びへの誘いである（Boesch 2012）。

53 Tindale & Sheffey（2002）. 一例を挙げれば、過去 10 年のあいだに GPS に依存するようになったことで、狩猟採集民が磨き上げてきた空間ナビゲーションの能力が低下してきた（Huth 2013）。

54 Henrich（2004b）, Shennan（2001）. 火をおこすことができない点も含めて、タスマニアの文化の単純さをどう解釈するかは、いくらか論争の的となっている（Taylor 2008）。

55 Finlayson（2009）, Mellars & French（2011）.

56 Hiscock（2007）.

57 Aimé et al.（2013）.

58 Powell et al.（2009）. 社会の複雑さと人口密度や交流の頻度との関連を否定する者もいる。きっと他の要因も関係してくるのだろう（すなわち、Vaesen et al. 2016）。

59 Wobst（1977）.

60 p.251, Moffett（2013）.

第 12 章　他者を感じ取る

1 Wiessner（2014）.

2 Hasson et al.（2012）. そのような結合は、サルの脳のあいだでも起こる（Mantini et al. 2012）。

3 Harari（2015）.

4 一般的な多数の問題についての優れた考察は、Banaji & Gelman（2013）を参照。

5 p. 38, Eibl-Eibesfeldt（1998）.

6 Callahan & Ledgerwood（2013）.

7 Testi（2005）; Testi（2010）も参照。

8 Bar-Tal & Staub（1997）, Butz（2009）, Geisler（2005）. 実際、国旗を目にしただけでいっそう国家主義的な感覚をもつようになることがある（Hassin et al. 2007）。ただしこの反応は社会によって異なる（Becker et al. 2017）。

9 Helwig & Prencipe（1999）, Weinstein（1957）, Barrett（2007）.

10 Billig（1995）, Ferguson & Hassin（2007）, Kemmelmeier & Winter（2008）.

11 Barnes（2001）.

12 コンピュータのプログラムにたいしてこうした反応を見せるだろうという予測を裏づけてくれたセーレン・クラックとヘレン・ギャラハーに感謝する。ロボットが人間そっくりになるにつれ、私たちはロボットをますます人間として扱う（Chaminade et al. 2012, Takahashi et al. 2014, Wang & Quadflieg 2015）。

13 Parr（2011）.

14 Henrich et al.（2010b）.

15 たとえば、Ratner et al.（2013）。

16 Schaal et al.（2000）.

17 Cashdan（1998）, Liberman et al.（2016）.

18 Kelly et al.（2005）.

19 Kinzler et al.（2007）, Nazzi et al.（2000）.

20 Kelly et al.（2009）, Pascalis & Kelly（2009）. 環境が急激に変化したもっと年長の子どもでは、この結果は逆になる（Sangrigoli et al. 2005）。適切な年齢に達した赤ん坊のもつ能力を利用して、自身とはちがう人種や民族の人々を認識する技能を高めていくことができる。集団のなかからわずか３人の顔を見せるだけで、そうした成果をあげられる（Sangrigoli & De Schonen 2004）。

21 奇妙なことに、ひな鳥はこれだけの努力を刷り込みにたいして払っているのに、母鳥が自分の産んだひなを認識できるかどうかはわかっていない（Bolhuis 1991）。

22 もちろん、ひな鳥は社会集団ではなく自分の母鳥だけを学習する。そしてアリは、刷り込みを出発点として、コロニーのメンバーたちを個別に学習するようにはならない。それでも、人間による集団の区別のほうがいっそう複雑ではあるが、区別をするにあたっての土台にある遺伝子学的な要素はそれほどちがわないかもしれない（たとえば Sturgis & Gordon 2012）。

23 Pascalis et al.（2005）, Scott & Monesson（2009）, Sugita（2008）.

24 Rowell（1975）.

25 たとえば Anzures et al.（2011）。

26 Atran（1990）.

27 Hill & Hurtado（1996）.

28 Keil（1989）.

29 Gil-White（2001）.

30 アイデンティティが融合する状態においては、これが極端なまでになる（第 15 章 ; Swann et al. 2012）.

31 Martin & Parker（1995）.

32 文化や民族によっては、異集団間の婚姻から生まれた子どもの分類のしかたがさまざまに異なる（たとえば Henrich & Henrich 2007）。

33 Hammer et al.（2000）.

34 Madon et al.（2001）では、過去数十年のあいだにステレオタイプがどのように変化してきたかを考察している。

35 MacLin & Malpass（2001）.

36 Appelbaum（2015）.

37 Levin & Banaji（2006）.

38 MacLin & MacLin（2011）.

39 Ito & Urland（2003）, Todorov（2017）.

40 p.48, Asch（1946）.

41 Castano et al.（2002）

42 Jewish Telegraphic Agency（1943）.

43 Greene（2013）.

44 p.269, Wiessner（1983）.
45 p.2, Silberbauer（1981）.
46 ドイツ人社会学者のゲオルク・ジンメルは、見知らぬ人《ストレンジャー》を従来とは異なるやりかたで定義することによって混乱に拍車をかけた。つまり、集団のなかに適合しないメンバー、すなわち奇妙《ストレンジリー》にふるまう者と定義したのだ（たとえば McLemore 1970)。ほとんどの辞書では、ゼノフォビアの用法を主に、よそ者《フォリナー》にたいする否定的な反応――その人物に以前に出会ったことがあるかどうかとは関係なく――を描写するものとしている。このことから、私は「よそ者」のほうを使いたい。
47 Azevedo et al.（2013）. 人種がはっきりと別物であればあるほど、共感度が低くなる（Struch & Schwartz 1989)。より人間に似ているとみなす動物にたいしては、痛みにたいする反応がいっそう強くなる（Plous 2003)。
48 Campbell & de Waal（2011）.

第 13 章　ステレオタイプと物語

1 Macrae & Bodenhausen（2000）.
2 p.89, Lippmann（1922）.
3 Devine（1989）.
4 Bonilla-Silva（2014）に興味をそそる議論がある。
5 p.149, Banaji & Greenwald（2013）. このテストには批判もある（たとえば Oswald et al. 2015）。
6 Baron & Dunham（2015）.
7 p.25, Hirschfeld（2012）.
8 Aboud（2003）, Dunham et al.（2013）.
9 Harris（2009）.
10 Bigler & Liben（2006）, Dunham et al.（2008）.
11 Hirschfeld（1998）.
12 カレン・ウィンの私信、Katz & Kofkin（1997）。
13 Edwards（2009）.
14 p.12580, Kinzler et al.（2007）.
15 p.104, Amodio（2011）.
16 今までのところこの研究は、国家的なアイデンティティ自体ではなく政治的な意見が異なる人々にたいして行なわれている（Nosek et al. 2009)。
17 Beety（2012）, Rutledge（2000）.
18 Cosmides et al.（2003）. Kurzban et al.（2001）は、この認知機構は社会内での同盟関係を探り当てるために進化したと述べているが、狩猟採集民や初期の人類において、そのような同盟関係は流動的である場合が多く、何らかの識別できる特徴（しるし）とはまったく結びついていなかった。

19 Wegner（1994）.
20 Monteith & Voils（2001）.
21 MacLin & MacLin（2011）.
22 p.418, Halsam & Loughnan（2014）.
23 Greenwald et al.（2015）. これが起こる多くの状況の一例として、マイノリティが医者から施される治療は、同じ医者が白人に施すものよりも質が劣る（Chapman et al. 2013）。
24 Pietraszewski et al.（2014）.
25 多少の嫌悪感は、差別というよりも区別のための手段である場合もある（Brewer 1999, Douglas 1966, Kelly 2011）。
26 第 17 章を参照。Bandura（1999）, Jackson & Gaertner（2010）, Vaes et al.（2012）, Viki et al.（2013）.
27 Jost & Banaji（1994）, Kamans et al.（2009）.
28 Steele et al.（2002）.
29 Phelan & Rudman（2010）.
30 Kelley（2012）；たとえば多くのノルウエーの伝説も同じく作られたものである（Eriksen 1993）。
31 Leibold（2006）.
32 Beccaria（1764）.
33 Haslam et al.（2011b）.
34 p.11, Renan（1990）. Hosking & Schöpflin（1997）も参照。
35 記憶についてはさらに、Bartlett & Burt（1933）、Harris et al.（2008）、Zerubavel（2003）を参照。
36 Gilderhus（2010）, Lévi-Strauss（1972）.
37 Berndt & Berndt（1988）.
38 Maguire et al.（2003）, Yates（1966）.
39 Léwis（1976）.
40 p.317, Joyce（1922）. 本書の第 9 部で、征服と移民の歴史を経て、何が「同じ」人々とみなされるかという問題が複雑化してきたことがわかる。
41 Bar-Tal（2000）.
42 それで ISIS が国家であると主張するのだ（Wood 2015）。この点が人種や民族にたいしてどう作用するかについては、第 9 部を参照。
43 McDougall（1920）.
44 Bigelow（1969）.

第 14 章　おおいなる連鎖

1 p.70, Wilson（1978）.「部族の境界線において人間は人間でなくなる」（p. 21, Lévi-

Strauss 1952）。
2 p.278, Gombrich（2005）.
3 p.60, Giner-Sorolla（2012）.
4 Freud（1930）.
5 Smith（2011）.
6 戦争で獲得した捕虜であれば奴隷制は正当化されるとアリストテレスは述べている（p. 12, Walford & Gillies1853）。
7 p.112, Orwell（1946）. 擬人化と非人間化は関連している（Waytz et al. 2010）。
8 デイヴィッド・リヴィングストン・スミスの私信、Haidt & Algoe（2004）、Lovejoy（1936）、Smith（2011）。
9 Costello & Hodson（2012）は、6歳から10歳の白人のカナダ人が黒人の子どもたちをどのように認識するかを研究した。人間と動物のあいだの差が大きいとみなす子どもほど、強い偏見をもつ傾向があった。
10 この点から、人々は野営地やバンドではなく社会をもとにして主要なアイデンティティを打ち立てているとする私の論点が補強される。一般的に、外集団の名前が、たとえば彼らのもつ「人間らしさ」を簡潔に表したものである場合、そうしたよそ者との関係は、もっとさまざまな意味のある名前をもつ集団との場合よりも、いっそう辛辣なものになる傾向がある（Mullen et al. 2007）。
11 Haslam & Loughnan（2014）.
12 Ekman（1992）. 基本的な感情についてこれとは異なる分類のしかたをする者もいる。たとえばJack et al.（2014）では、驚きと恐れ、嫌悪と怒りはそれぞれ区別できないと述べられている。しかし、心理学者のポール・ブルームが私に教えてくれたように、嫌悪と怒りはどちらも嫌な気持ちを表す否定的な感情であるが、両者は異なる刺激から引き出され、異なる反応と脳の反応を喚起し、進化的な歴史や発達の道筋も異なっている。
13 Haidt（2012）.
14 Bosacki & Moore（2004）.
15 チンパンジーは互いの表情を読む（Buttelmann et al. 2009, Parr 2001, Parr & Waller 2006）。
16 Haslam（2006）は、私たちは出会った人全員を、程度の差はあれ非人間化すると述べている。また、よそ者には人間の基本的な特徴が欠けているとする考えは、動物的非人間化、すなわち動物のレベルまで非人間化することであると解釈している。そこでは、人を機械的非人間化するときには見られないような、まるで種を区別するような境界が、集団と集団とのあいだに生まれている。たとえば、医者や弁護士が計算する存在とみなされて、生命をもたない物体か、もっと厳密に言えば機械のレベルにまで非人間化されるなど。Martínez et al.（2012）は、機械的非人間化は社会のレベルにおいても出現しうると示している。
17 Wohl et al.（2012）.
18 Haidt（2003）, Opotow（1990）.

19 Jack et al.（2009）, Marsh et al.（2003）.

20 どちらの人種も、ある物が黒人の手にある場合のほうが、白人の手にある場合よりも、それを武器だと誤って認識することが多い。Ackerman et al.（2006）, Correll et al.（2007）, Eberhardt etal.（2004）. Payne（2001）.

21 Hugenberg & Bodenhausen（2003）.

22 少なくとも、嘘をついている人が黙っている場合にはそうだった。こうしたとき、観察者はどうやら、文化によって異なる感情についての微妙な手掛かりを見逃していたようだ。しゃべっているときに、口にする文と文のあいだに不自然な間隔があれば嘘がばれるかもしれない（Bond et al. 1990）。Al-Simadi（2000）も参照。

23 Ekman（1972）.

24 Kaw（1993）.

25 ここで説明した非人間化についての「ステレオタイプ内容」的な説明（Fiske et al. 2007）は、人間性希薄化モデルとは別に発展したものであり、二次感情に重点が置かれている。

26 Vaes & Paladino（2010）.

27 Clastres（1972）.

28 Koonz（2003）.

29 Goff et al.（2008）, Smith & Panaitiu（2015）.

30 Haslam et al.（2011a）.

31 Haidt et al.（1997）.

32 Amodio（2008）, Kelly（2011）, Harris & Fiske（2006）.

33 嫌悪感と、集団のメンバーが「いくつかの共通した根本的な身体的本質」（Fiske 2004）を共有しているという信念として表現された汚れにたいする恐怖が、一種の古い「行動免疫システム」なのかもしれない（p.30, Schaller & Park 2011; O'Brien 2003）。人は、病人の写真を見せられた後のほうが、移民にたいする恐れが大きくなる（Faulkner et al. 2004）。

34 Freeland（1979）. この理論は、すべての寄生生物に当てはまるとはかぎらない。なぜなら、直接的な接触よりも排泄物を介して広がる病気は、領域を超えて容易に移動するかもしれないからだ。また、病気がいったんある領域に突入すれば、その空間に密集して暮らしている人々が病気の拡散を後押しすることになる。

35 McNeill（1976）. 梅毒はアメリカからヨーロッパに逆輸入されたのかもしれないが、その影響は、南北アメリカ大陸における天然痘ほど広範にわたって破壊的ではなかった。

36 p.21, Heinz（1975）.

37 Tajfel & Turner（1979）.

38 Bain et al.（2009）.

39 Koval et al.（2012）.

40 Reese et al.（2010）, Taylor et al.（1977）.

41 私の知るかぎり、この問題についてはほとんど研究されていないが、幼い子ども

は自分と同じ人種の人とのほうが長く目を合わせるということが、ある研究からわかっている（Wheeler et al. 2011）。さらに、白人は黒人の求職者とはあまり目を合わせないということを示す代表的な研究もある（Word et al. 1974）。

42 Mahajan et al.（2011）、しかし Mahajan（2014）も参照。

43 もうひとつの考えかたに、よそ者を嫌悪感と結びつけることは、人間において発生したとするものがある（Kelly 2013）。

44 Henrich（2004a）, Henrich & Boyd（1998）, Lamont & Molnar（2002）, Wobst（1977）.

45 Gil-White（2001）.

46 Kleingeld（2012）によって考察されている。

47 Castano & Giner-Sorolla（2006）.

48 Wohl et al.（2011）.

本書の参考文献は www.hayakawa-online.co.jp/thehumanswarm/ からご覧になれます。

人《ひと》はなぜ憎《にく》しみあうのか〔上〕
「群れ」の生物学

2020年9月10日　初版印刷
2020年9月15日　初版発行

*

著　者　マーク・W・モフェット
訳　者　小野木明恵《おのきあきえ》
発行者　早　川　　浩

*

印刷所　三松堂株式会社
製本所　大口製本印刷株式会社

*

発行所　株式会社　早川書房
東京都千代田区神田多町2−2
電話　03-3252-3111
振替　00160-3-47799
https://www.hayakawa-online.co.jp
定価はカバーに表示してあります
ISBN978-4-15-209963-1　C0040
Printed and bound in Japan
乱丁・落丁本は小社制作部宛お送り下さい。
送料小社負担にてお取りかえいたします。